KB048928

캘리의
판타스틱
CSI 여행

캘리의 판타스틱 CSI 여행

이윤진 지음

생각의힘

사랑스러운 현규에게

그리고 낯선 길을 가는 세상의 모든 캘리에게

머리말

시루떡을 볼 때마다 떠오르는 그리운 이가 있다.

할머니는 붉은팥을 얹은 시루떡을 무척이나 좋아하셨다. 어디선가 구수한 냄새가 솔솔 풍겨와 뒤돌아보면 김이 모락모락 나는 두툼한 시루떡이 접시 위에 놓여 있었다. 할머니는 주름진 손으로 열심히 시루떡을 떼어 내 입에 넣어주시곤 했다. 떡을 먹다 팥가루가 목에 걸릴 때도 있었는데 그때마다 시루떡만큼이나 그녀가 좋아하던 다디단 커피 몇 모금을 삼켜 넘기곤 했다.

내게는 보슬보슬한 시루떡과 달달한 커피만큼이나 기다리던 것이 또 하나 있었는데 바로 할머니의 옛날이야기였다. 한번 시작되면 깜빡 잠들 때를 빼놓고 밤새도록 계속되었다. 할머니의 목소리에 귀를 기울이면 시간 가는 줄도 모르고 정신없이 이야기 속으로 빠져들었다. 할머니에겐 풀어도 풀어도 끝이 없는 이야기 실타래가 있는 것만 같았다.

그렇게 옛날이야기를 듣다 스르륵 눈을 감으면 나는 어느새 할머니의 이야기 속 주인공이 되어 있었다. 한번은 김좌진 장군처럼 용감한 항일 투사가 되어 만주 벌판을 누비기도 했고 어떤 때는 약초를 구하러 산과 들을 누비는 허준 같은 명의가 되기도 했다. 할머니의 무릎을 베고 천장을 바라보고 누울 때면 할머니는 내 머리를 천천히 쓰다듬어 주시곤 했는데 지금도 어제의 일처럼 그 모습이 선명하게 떠오른다. 세상사에 시달려 마음이 씁쓸하고 외로울 때마다 이 소중한 추억들을 살며시 꺼내보곤 한다.

강의를 위해 청년들 앞에 설 때도 그때 그 시절의 기억을 종종 떠올린다. 청년들 곁에 머무는 동안 추억 속에 빛나는 이 보석 같이 소중한 존재들을 아낌없이 나누고 싶다. 바람 잘 날 없는 세상살이에 이리저리 부딪히면서도 아스라한 추억들은 영혼 속에 녹아 언제나 따스한 빛을 발한다. 누군가가 애정을 담아 들려주는 이야기는 시간이 흘러도 지워지지 않는 소중한 기억으로 가슴속에 남게 된다. 어쩌면 그것은 평생 동안 간직하게 될지 모르는, 그래서 한 사람의 인생에 상당한 영향력을 발휘하게 된다. 할머니처럼 이야기 곳간을 그득 채우지는 못했지만 적어도 과학에 관한 것이라면 독자들에게 들려줄 이야기가 꽤 많다. 캘리의 여행기는 이런 내 마음을 담은 과학 이야기책이라 할 수 있다.

언젠가 과학수사 드라마에 푹 빠져 지낸 적이 있다. 드라마에 몰두하며 밤을 지새우기도 했다. 잠깐이라도 시간이 나면 시선은 어느새 화면으로 옮겨가고 있었다. 별 소득도 없는 일에 열중하고 있는 듯 보였을 테지만 어찌 보면 그 시간들은 이 책의 새싹을 틔운 양분이 된 셈이다. 물론 주인공들의 가슴을 절절히 울리는 로맨스나 그들의 희로애락을 엿보는 것도 재미있었지만 내 관심사는 여전히 과학에서 떠나지 않았다. 주인공들이 과학을 도구로 술술 살인 사건을 해결해나가는 장면을 볼 때마다 그 안에 어떤 원리가 숨겨져 있는지 책을 찾아보기도 하고 과연 합리적으로 설명될 수 있는 내용일지 곰곰이 생각에 잠기곤 했다.

우리는 드라마를 보며 울고 웃는다. 드라마에 우리의 삶이 담겨 있기 때문이다. 가상의 세상 속 인물들의 오늘을 엿보고 있노라면 어느덧 우리 마음속에 그들의 삶이 녹아들어간다. 그들의 멋진 활약을 지켜보면서 대리 만족을 느껴 속이 후련해지고 위로를 받기도 한다. 이때 손바닥을 마주치며 함께 볼 사람이 있다면 금상첨화일 것이다. 이것이 내가 드라마의 형식을 빌려 이 책을 펴낸 이유이기도 하다.

과학 수업 시간엔 대부분의 청년들이 무척 과묵하다. 과학은 많은 사람들의 마음속에 이미 지루하고 어려운 것으로 각인되어 있다. 복잡한 수식으로 가득 찬 두꺼운 책을 책상 위에 올려놓고 간신히 몇 장 넘겨볼 용기를 내었다가도 자신도 모르게 한숨을 내뱉고 만다. 이번 한 학기 치러야 할 통과의례라 여기며 얼굴에는 사뭇 비장한 표정이 어려 있다.

우리는 교과서 속에 갇힌 과학만을 줄곧 지켜봐왔다. 마치 장검을 허리춤에 차고 갑옷으로 무장한 기사와 불시에 맞닥뜨린 것처럼 과학과 만나는 순간, 모두들 잔뜩 겁을 집어먹게 된다. 더구나 '기술'이라는 말 위에 올라탄 과학이 '숫자 병정'들의 철통 같은 호위를 받으며 긴 행렬로 눈앞을 지나쳐갈 때면 우리는 최면에 걸린 듯 멍해지고 어쩐지 압도적인 분위기에 몸과 마음이 얼어붙는다. 이제부터 주인공 캘리가 나서서 과학 기사의 무장해제를 시작한다.

학창 시절 누구나 한번쯤 과학 기사들의 기세등등한 모습에 움츠러들었던 경험이 있기 마련이다. 한참이 지나도 이 거북한 감정은 좀처럼 해소되기가 쉽지 않다. 세상이 어떻게 돌아가는지 궁금해 뉴스를 보거나 스타들이 등장하는 쇼를 보며 환호하는 것처럼 과학을 배우는 일이 흥미롭고 신나는 일이 될 수는 없을까? 이 책은 과학과 청년들의 껄끄러운 대면을 강단에서 오랫동안 목격하며 고민에 고민을 거듭한 결과이기도 하다.

이 책은 캘리가 혈흔 형태 분석, 곤충학, 인류학, 환경과학, 화학, 의학, 마약 등과 관련된 총 11개 시즌에서 종횡무진 활약하는 과학 드라마다. 각 시즌은 예고, 본편, 에필로그로 구성되어 있다. 캘리가 살인 사건을 무사히 해결해내기를 바라는 마음으로 예고편에서 본편의 일부를 살짝 맛볼 수 있다. 사건을 풀어나갈 방법을 고심하면서 그녀의 수사 현장으로 출발할 채비를 갖추어보자. 드라마를 즐기는 내내, 당신 곁에 캘리가 함께 하며 여러 사건에 적용된 과학적 원리를 친절하게 설명해줄 것이다. 예고편, 본편, 에필로그를 지나는 동안 그녀의 사건 속에 등장한 과학적 원리를 체험하며 한 시즌에 적어도 세 번 이상 그 의미를 반추할 수 있다.

드라마의 재미는 역시 '폭풍 수다'가 아닐까 싶다. 이 책을 읽는 재미를 배가하는 유용한 팁이기도 하다. 이 글을 읽고 있는 여러분 모두는 이미 캘리의 수사 현장에 초대되었다. 안방극장의 드라마처럼 많은 사람들이 함께 즐기며 과학과 좀 더 가까워질 수 있는 기회가 마련될 수 있기를 바란다. 그래서 혼자보다는 누군가와 같이 이 책을 읽었으면 좋겠다. 부모님, 친구, 연인과 함께 캘리의 과학 여행을 떠나보자. 부디 캘리의 손에 들린 깃발만 졸졸 좇으며 무심히 책장을 넘기는 여행은 되지 않기를 바란다.

과학과의 골이 깊어 이도 저도 썩 내키지 않는 독자들은 먼저 캘리가 수사 과정에 참여하는 모습이 담긴 그림이나 예고편을 슬쩍슬쩍 넘겨봐도 좋다. 물론 모든 주제들을 한꺼번에 읽는 것이 부담스러운 사람들도 있을 것이다. 각 시즌은 독립된 주제로 구성되어 있으므로 관심 있는 시즌을 골라 먼저 읽어도 무방하다.

이 책에는 캘리가 드라마 세상의 과학수사관으로 활약하는 동안 마주치는 삶에 대한 질문과 사색도 함께 담았다. 캘리가 고뇌하는 것들은 비단 드라마 세상에서만 일어나는 일만은 아닐 것이다. 살다보면 누구나 한 번쯤은 정체불명의 세상 어딘가에 불시착한 것만 같은, 그래서 자신을 둘러싼 모든 것들이 문득 낯설고 두렵기만 한 순간들을 경험하게 된다. 이 책은 과학수사관이기 이전에 한 인간인 캘리의 심리적 변화에 대해서도 간과하지 않았다.

조카가 태어나던 날, 그에게 과학과 과학자의 삶에 대해 들려주고 싶어서 이 책을 쓰기로 결심했다. 캘리의 에피소드들은 강의실에서 내가 학생들에게 들려주던 이야기이기도 하다. 초고가 막 완성되었을 때, 캘리의 드라마를 걷어내고 과학적 내용만으로 책을 만들어보면 어떻겠냐는 제안을 받기도 했다. 생각보다 진통이 길었지만 캘리는 무사히 이 책의 주인공으로 태어날 수 있었다. 독자들의 과학 여행에 캘리가 동행할 수 있어 흐뭇하고 든든하기까지 하다. 집필 후반기에는 독자들이 사건 현장의 정황을 좀 더 쉽고 명확하게 떠올릴 수 있도록, 그리고 과학에 친숙하게 다가설 수 있도록 본문 내용의 일부를 만화로 그려내는 작업에 열중했다.

얼마 전 수업을 마치고 강의실을 나오는데 한 학생이 다가와 미소를 지으며 이렇게 말했다.

"이 강의 덕분에 제 꿈에 대한 확신이 생겼습니다."

그 학생은 드라마 세상 속 주인공들의 삶을 지켜보는 동안 마음속의 꿈을 더 이상 외면하지 않고 가능성을 현실로 만들어내는 데 매진해야겠다는 결심이 섰을 뿐 아니라 이를 지속적으로 밀고 나갈 용기와 희망을 갖게 되었다고 했다. 죽음 앞에 고뇌하던 주인공이 돌풍을 건너 꿈을 이루었듯이 책의 독자들도 인생의 망망대해를 항해하며 때로 흔들리고 절망할지라도 결코 포기하지 않고 꿈에 그리던 그 땅에 닿을 수 있기를 소망해본다.

그녀의 여행은 아직 끝나지 않았다. 과학에서도, 물론 삶 속에서도.

차례

등장인물

캘리 버넷
라스베이거스 과학수사대 수사관

윌리엄 로건
라스베이거스 과학수사대 수사반장

스티븐 루이스
하와이 과학수사대 혈흔심리 전문 수사관

앤드류 브루노
해리슨 연구소 책임연구원, 곤충학자

클레어 매컬리
해리슨 연구소 수사연구부 부장, 인류학자

스펜서 존슨
라스베이거스 과학수사대 검시관

헌터 모건
라스베이거스 과학수사대 수사관

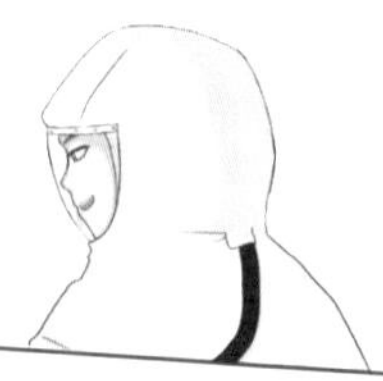

패트릭 틴슬리
해군 과학수사본부 수사관

로렌조 매켄지
뉴욕 과학수사대 수사반장

SEASON 0

여기서 우회하십시오

나이를 먹어가며 생긴 새로운 버릇이 있다. 밤의 적막 속에 우두커니 홀로 앉아 지난 시절의 기억들을 곱씹으며 후회의 늪으로 점점 더 깊이 빠져드는 것이다. 넋두리 섞인 푸념을 쉴 새 없이 늘어놓는 밤이 있는가 하면 또 어떤 밤엔 울컥 치미는 감정을 부여안고 뜬눈으로 지새울 때도 있었다. 결국 내 인생에는 잘못된 선택과 후회만 남게 되는 걸까?

돌이켜보면 한두 번쯤은 원하는 삶 그대로의 모습으로 살 수 있는 기회도 있었으리라. 그때의 일을 떠올릴 때마다 개미 떼처럼 몰려오는 정체불명의 감정들에 명치 밑이 살살 아파왔다.

대학 2학년 때의 일이었다. 교환 교수로 할아버지의 모국을 방문한 헨리 박 교수님의 과학수사 수업을 들을 기회가 있었다. 재미 교포 3세인 그의 한국어 말투는 어눌했지만 그의 강의는 눈앞에 신세계를 열어주는 듯했다. 나는 강의 내용에 궁금한 점이 생기면 박 교수님의 연구실에 들렀고 이 인연을 계기로 그의 연구 보조로 일하게 되었다.

일 년 반쯤 지난 후, 그는 몇 달 후면 고향인 라스베이거스로 돌아갈 것이라 말했다. 그리고 내게 덜그럭거리는 상자 하나를 수줍은 듯 내밀더니 이렇게 말했다.

"지수, 내 곁에 영원히 머물러주겠소?"

너무나도 급작스러운 청혼에 어안이 벙벙했다. 그제야 그의 눈동자에 깃든 그윽한 감정의 의미를 깨닫게 되었다. 그동안 혼자서 마음고생했을 것을 생각하니 가슴 한구석이 먹먹해졌다. 많이 힘든 때였고 그래서 그에게 의지했다. 한지가 물을 빨아들이듯 그를 향한 애틋한 감정이 점점 마음속으로 밀려들어왔고 어느새 그것은 사랑으로 변해갔다. 얼떨결에 반지를 받아들고는 어쩔 줄 몰라 멍하니 서 있는 내게 그는 조심스럽게 말을 꺼냈다.

"더 이상 당신을 멀리서 바라보고만 있지 않을 겁니다. 지수를 놓치면 평생 후회 속에 살아갈 것 같아요. 나와 함께 미국으로 갑시다."

그는 침을 한 번 삼키고는 내 얼굴과 손가락을 번갈아 보더니 반지를 끼워주었다. 그러고는 내가 과학수사대원이 될 수 있도록 돕겠다고 했다. 어쩌면 그 순간은 꿈과 사랑을 동시에 얻을 수 있는 일생일대의 기회였는지도 모른다. 그러나 몇 주 후 나는 반지를 돌려주었다. 박 교수님은 홀로 미국으로 돌아갔다.

그즈음 내 인생은 성난 파도 위의 조각배와 같았다. 삶의 파도가 무겁게 내려칠 때마다 눈 깜짝할 새에 차오르는 좌절의 물거품을 허둥지둥 퍼내느라 육체적으로나 정신적으로나 녹초가 되어 있었다. 아버지가 오빠와 함께 운영하던 사업체가 흔들리면서 큰 빚더미를 껴안게 된 것이다. 가족들은 사채업자들의 폭언과 행패에 시달리며 당장 거리로 나앉게 될 형편이었다.

아버지는 충격을 이기지 못하고 뇌졸중으로 쓰러졌다. 그리고 작별 인사도 없이 끝내 눈을 감고 말았다. 내 스물두 번째 생일을 일주일 앞둔 날이었다. 그날 이후 생일이 다가오면 왠지 모를 씁쓸한 기분에 젖어들곤 했다.

그를 따라 미국으로 가고 싶은 마음도 물론 있었다. 하지만 신음하는 가족들을 뒤로 하고 나 혼자 행복하자고 도망치듯 떠날 수는 없는 노릇이었다. 더군다나 내게는 커다란 나무처럼 늘 곁을 지켜준 고마운 이도 있었다. 결국 견딜 수 없는 이 곤궁한 현실에서 탈출시켜줄 달콤한 도피의 기회를, 나는 놓아버렸다.

그 대신 학교를 휴학하고 세상에 뛰어들었다. 나는 점점 꿈을 잊어갔다. 빚의 굴레가 나를 짓누를 때마다 그날의 기억이 파도처럼 밀려들기도 했다. 언제쯤이면 이 지옥 같은 생활에서 벗어날 수 있을까? 아니 과연 벗어날 수는 있는 걸까? 아등바등하며 살아도 가난의 나락에서 쉽게 헤어나올 수 없었다. 그날, 내가 다른 선택을 했더라면 돈 걱정에 시달리며 청춘을 세상 속에 내던져버리지는 않았을 것이라는 후회가 밀려들었다. 마음속에 아직도 꺼지지 않은 이 열정을 다시 열어볼 수 있기를 바랐다. 가슴속에 웅크리고 있던 혼란스러운 감정들이 불쑥 고개를 쳐들곤 했지만 그때마다 불편한 감정은 해소되지 못한 채 가슴속에 고여갔다. 생각해보면 인생의 중요한 일들을 결정해야 때마다 우선순위는 나 자신이 아니었다. 그저 그들의 웃는 모습이 좋아서, 혹은 나를 향한 기대를 저버릴 수 없어서, 누군가의 시선에 늘 매달려왔기에 축축하고 질퍽한 관계의 굴레에서 벗어날 수 없었던 것이다

후회와 미련 때문에 속이 까맣게 타들어가는 그런 날도 아주 가끔씩은 찾아왔다. 하지만 현실의 매서운 채찍질이 다시 시작되면 일에 파묻혀

하루하루를 버티며 정신없이 살아갔다. 피곤에 지친 몸을 이끌고 집에 들어오자마자 쓰러지듯 잠에 빠지곤 했다. 바쁘게 일하다보면 하루가 어떻게 지나갔는지 모를 정도로 시간은 빨리 흘러갔다. 다른 생각을 할 겨를도 없이 기계처럼 살았다고 하는 편이 더 맞을지도 모른다. 엉망으로 얽혀버린 생각들을 잊기 위해 일터와 집만을 오가며 오로지 일만 파고들었다.

쥐구멍에 볕들 날 있을까 싶더니, 그래도 형편이 좀 나아져 교외에 조그마한 셋집도 마련했다. 그제야 나를 짓누르던 삶의 무게에서 조금은 벗어난 것만 같았다. 오빠가 어느 날인가 불쑥 등록금이라며 내게 도장과 함께 통장 하나를 내밀었다. 내가 학업을 끝내지 못했던 게 내내 마음에 걸렸다고 했다.

그때부터 얼마나 더 지났을까. 나는 학교로 돌아왔다. 그리고 지금껏 배움의 허기를 채우며 그곳에 머물러 있다.

이제 나는 사십 대로 가는 길목에 서 있다. 거울 속에 미간을 잔뜩 찌푸린 화난 표정의 낯선 이가 나를 바라보고 있다. 오랫동안 돈에 시달리고 사람들에 치여서일까. 종종 또래보다 나이 들어 보인다는 소리를 듣곤 했다.

민준, 그 사람마저 다시는 돌아올 수 없는 곳으로 홀연히 떠나버렸다. 가슴 절절한 로맨스는 아닐지라도 추억이라 부르며 떠올릴 만한 순간을 함께해온 사람이었다. 그를 처음 만난 건 고등학교 졸업 후 단짝 친구 손에 이끌려 나간 미팅에서였다. 늘 의지했고 다정한 성품이 좋아 오래도록 함께 하고 싶었다. 하지만 그의 따스함을 내 곁에 오랫동안 붙잡아두지는 못했다. 파일럿의 꿈을 들려주던 그가 나보다 하늘을 더 사랑했던 탓일까. 어느 날 군에 간 그가 헬리콥터 사고로 하늘의 품으로 돌아갔다는 소식을 듣게 되었다. 그가 돌아올 수 없는 먼 곳으로 훌쩍 떠나버린 후 나는 한참을 홀로 슬픔에 잠겨 지냈다. 소중한 누군가가 또다시 내 곁을 떠날까봐 두려웠다.

내 안에 열정도 흥도 사라져버렸다. 아니, 어쩌면 애초부터 그런 사치스러운 감정은 내겐 어울리지도 않았다. 이미 꺼져버린 그 불씨를 되살리기에 몸도 마음도 너무 지쳐 있었다. 언제부턴가 스트레스 때문인지 소화가 잘 되지 않고 늘 속이 더부룩했다. 느닷없이 고꾸라질 것 같은 지독한 통증이 찾아오기도 했다. 신경이 예민해진 탓이겠거니 하며 아플 때마다 진통제를 삼켰다. 별일 아닐 것이라 내 자신을 다독였다. 그러나 통증은 좀처럼 가라앉지 않았다.

나는 지금 침대에 누워 하얀 천장을 바라보고 있다. 몇 주 전에 받은 검사의 결과를 기다리고 있다. 언제 한번 정밀 검사를 받아봐야겠다는 생각은 종종 했지만 이런저런 핑계로 차일피일 미루다보니 어느새 6개월이 흘러버렸다. 끼이익 문이 열리고 앳된 얼굴의 간호사가 들어왔다. 그녀는 신참인 듯 적잖이 긴장한 모습이다. 의사에게 서류를 건네주다 바닥에 떨어뜨리고 말았다. 당황한 간호사는 허둥대며 여기저기에 흩어진 서류들을 주워 모았다. 뒤섞인 서류들을 떨리는 손으로 정리하더니 의사 앞에 놓아주고는 죄송하다며 연신 허리를 굽혔다.

의사는 검사 자료를 훑어보며 길게 한숨을 내쉬었다. 미간의 주름이 미세하게 꿈틀거렸다. 안타까운 눈빛으로 뭔가 말하려 입을 떼려다 다시 입을 다물어버렸다. 잠시 무거운 침묵이 흘렀다. 한참 만에 입을 연 그는 보호자는 함께 오지 않았느냐고 물었다. 고개를 좌우로 흔들자 그가 곤란한 듯 머리를 긁적였다. 그러고는 순식간에 '위암 말기'라는 선고를 내렸다. 얼마나 더 살 수 있냐는 내 질문에 "유감스럽게도 허락된 시간이 일 년도 채 남지 않았다"라고 답했다. 처음에는 내 귀를 의심했다. 그래서 여러 번 그에게 정말이냐고 되물었지만 그때마다 대답 대신 고개를 끄덕일 뿐이었다. 입에서 헛웃음이 새어나왔다. 멍하니 천장을 바라보고 있는 내게 어떻게 이 지경이 되도록 병원을 찾지 않았느냐고 물었다. 눈앞이 흐려졌다. 살려달라고 애원하고 싶지만 이제는 의사도 어쩔 수 없는 일이 아닌가. 나는 침대에서 일어나 말없이 진료실을 빠져나왔다.

울컥 서러운 마음이 들어 이렇게까지 힘들게 살아야 할까 싶을 때도 있었다. 그러나 죽음이 이렇게 불쑥 나를 찾아올 것이라고는 생각지도 못했다. 할 수만 있다면 모든 것을 돌이키고 싶었다. 수렁 같은 의무감에서 하루빨리 벗어나려고 조바심을 내며 여기까지 왔는데 느닷없이 모든 것이 산산조각 나버리고 말았다. 혹시 내가 큰 실수를 한 걸까? 아무리 생각해봐도 무엇이 문제인지 떠오르지 않았다. 아니, 나는 아무것도 잘못한 일이 없었다.

암이라니, 그것도 말기라니 도저히 믿을 수 없다. 일 년을 장담할 수 없다면 내년 이맘때이면 인생의 마지막 날을 맞이하게 될지도 모른다. 그렇게 나는 서른일곱 번째 생일을 맞았다. 유감스럽게도 의사의 마지막 선고가 내려진 그날은 내 생일이었다. 생일이면 슬픈 일이 생기는 징크스는 이번에도 변함없이 반복되었다. 주문에 걸린 듯 이날은 여느 해 보다 더 특별해졌다. 그리고 이제야 깨달았다. 사람들이 생일을 축하하는 이유는 올해도 작년과 다름없이 살아있음을 확인했기 때문이라는 것을.

강한 펀치를 한방 맞고 링에 쓰러져 카운트다운을 힘없이 기다리는 복싱 선수가 된 것 같았다. 심판관인 신은 지금 물끄러미 나를 내려다보고 있을 것이다. 그가 손을 번쩍 들었다. 그리고 거꾸로 숫자를 세어가고 있다. 주위의 사람들은 숨을 죽이며 과연 내가 다시 일어날 수 있을지 지켜볼 것이다.

인생. 내게 이곳은 사각 링보다 잔인한 공간이었다. 적어도 링에서라면

10부터 시작된 카운트는 마지막 순간을 예측할 수 있을 테지만, 이제부터 인생의 링을 떠나야 할 시간은 365번의 카운트 중 언제가 될지 알 길이 없었다.

마음이 조급했다. 얼마 남지 않은 삶을 지금까지 그래왔듯 무심히 흘려보낼 수는 없었다. 아직 해야 할 일들과 해보고 싶은 일들이 너무도 많다. 쓰러질 듯 힘겨웠지만 고통스러운 시간을 참고 또 참아 이제야 겨우 한숨 돌렸는데 남은 건 죽어야 할 운명뿐이라니. 이렇게 끝낼 수는 없다. 견딜 수 없을 만큼 가슴이 먹먹해지더니 나도 모르게 이런 중얼거림이 새어나왔다.

"다시 예전으로 돌아갈 수 있다면 얼마나 좋을까. 단 하루만이라도."

비가 오려는지 하늘이 무거웠다. 차를 몰아 집으로 향했다. 라디오에서 곧 비바람을 동반한 폭풍우가 몰아칠 것이라는 일기예보가 흘러나왔다.

가족들은 마당에서 바비큐 파티를 준비하고 있었다. 오늘따라 이런 익숙한 모습조차도 의미심장하게 느껴졌다. 가족들의 모습을 하염없이 바라보고 또 바라보았다. 코끝이 찡해지고 눈시울이 뜨거워지더니 곧 눈물이 볼을 타고 주르륵 흘러내렸다. 흘러내리는 눈물을 얼른 소매로 닦아내고 거실로 향했다. 조카 규현이가 어머니의 무릎을 베고 소파에 길게 누워 과학수사 드라마를 보고 있었다. 내가 거실로 들어왔다는 것도 알아채지 못할 정도로 드라마에 열중해 있었다. 어머니가 흐뭇한 얼굴로 물었다.

"규현아, 방금 과학수사관이 벽에 약 뿌리는 거 봤지? 형광 빛이 생기니까 수사관이 고개를 끄덕였잖아. 그게 무슨 뜻인 줄 아니?"

어머니가 규현을 지긋이 바라보며 등을 토닥였다. 보저럼 화사하게 웃는 어머니의 모습이 좋았다. 규현은 팝콘을 한줌 손에 쥐더니 팝콘 바구니를 어머니에게 건네며 말했다.

"할머니, 그건 말이죠. 루미놀 테스트[1]라는 거예요. 형광 빛이 나타난 건 누군가의 혈흔이 검출되었다는 뜻이고요."

"그렇구나. 저 드라마를 보고 있으면 과학수사관들이 마법사 같다는 생각이 들곤 했지. 혼자 볼 때는 무슨 말인지 도통 못 알아들었거든. 규현이 설명을 들으니 이해가 되는구나. 우리 강아지 다 컸네."

어머니의 입가에 또다시 미소가 떠올랐다. 칭찬에 신이 났는지 규현이는 중요한 장면이 나올 때마다 재빨리 설명을 덧붙였다. 가족들을 챙길 만큼 잘 자란 조카가 대견스러웠다. 바비큐 준비를 끝낸 가족들이 하나둘 거실로 모여들었다. 규현은 그제야 무슨 생각이 떠올랐는지 자리에서 일어나 주섬주섬 옷가지를 챙겨 입더니 부엌으로 향했다.

어디선가 서늘한 바람이 불어왔다. 하늘이 금세 어두워졌다. 창문에 빗방울이 하나둘 부딪히더니 우울한 잿빛 하늘 가득 비가 세차게 쏟아졌다. 마당에서 식사 준비를 하던 올케가 비를 피해 집 안으로 뛰어들어왔다.

"아가씨, 아무래도 파티는 안에서 해야겠어요."

그 순간 내 뒤에서 가족들의 생일 축하 합창이 들렸다. 돌아보니 규현이가 맨 앞에서 케이크를 들고 서 있었다. 가족들은 어쩌면 내 생의 마지막 생일이 될 수 있는 이날을 축하했다. 거실은 가족들의 환호와 박수로 시끌벅적해졌다. 조카가 가까이 다가와 귀에 대고 나지막한 목소리로 말했다.

"이제 소원을 비셔야 해요."

서른일곱 개의 초가 어두운 방안을 밝히고 있었다. 나를 바라보며 웃고 있는 가족들의 눈에도 환한 빛이 어려 있었다. 촛불은 그렁그렁 맺힌 눈물을 투두둑 흘렸고 빛은 위태롭게 춤을 추고 있었다. 나처럼 마지막 순간을 향해 가고 있었구나….

왜 하필이면 내게 이런 일이 벌어진 걸까? 아직 사십 해도 넘기지 못했는데 알 수 없는 그곳으로 떠밀려가야 한단 말인가. 그 순간이 다가오고 있다. 운명을 느낀 심장에 쉴 새 없이 슬픔이 고여 들었다.

촛불처럼 사라져버릴 수는 없다. 마지막 순간을 위해 준비해놓은 것이 아무것도 없다. 지금껏 촛불 앞에서 빌었던 소원이 현실로 이루어질 것이라고 믿은 적은 없었지만 안타까움에 지푸라기라도 잡아보고 싶은 심정으로 그 어느 때보다 간절히 소원을 빌었다.

'이 땅에서 마지막 소원입니다. 신이시여, 어디선가 나를 보고 있다면 제발 단 한 번만이라도 제 말에 귀기울여주세요.'

나를 바라보고 있는 가족들을 향해 억지로 미소를 지어보였지만 속으로는 이룰 수 없기에 더욱 절박한 애원이 이어졌다.

'허무합니다. 나이 마흔도 안 됐는데 벌써 데려가시나요. 고달프게 살아왔던 지난날과 다른 인생을 살아볼 기회를 단 한 번만 허락해주세요.'

여전히 아무 일도 일어나지 않았다.

'대체 어디에 계신 건가요? 이번에도 묵묵부답인가요? 제 말을 듣고 있다면 더 이상 못들은 체만 하지 말고 제발 대답 좀 하란 말입니다!'

마음속 외침은 계속되었다.

'기억하세요? 사랑하는 이를 데려갔을 때도 저는 원망하지 않았죠. 제게도 남들처럼 행복을 나누어달라고 애원하지도 않았어요. 힘겨워도 묵묵히 삶의 무게를 받아들였는데, 그런 제게 도리어 정든 이곳을 떠나라 하시네요.'

마음속에 울분과 원망이 한꺼번에 치밀어 올랐다.

'그렇군요. 결국 마지막 순간으로 향하는 운명으로 저를 밀어 넣을 셈이군요.'

볼을 타고 눈물이 흘러 입가를 적셨다.

'알겠습니다. 조물주인 당신의 뜻이라면 전 받아들여야만 한다는 거죠? 그렇다면 그곳까지 가는 여정만이라도 이 촛불처럼 환하게 밝혀주세요. 잊으신 것 같군요. 당신은 제게 서른여섯 개의 빚이 있습니다. 생일마다 힘없이 되뇌던 그 소원은 단 한 번도 이루어진 적이 없었죠. 적어도, 이 땅을 떠나기 전에 서른일곱 번째 소원만이라도 들어주세요.'

나는 눈가의 눈물을 닦고서 힘껏 촛불을 불었다.

'내 서른일곱 번째, 아니 마지막 소원은… 가장 아름다운 순간에 떠나고 싶습니다.'

창밖이 번쩍이더니 우르릉 쾅쾅 요란한 천둥소리가 들려왔다. 누군가 식당에서 요리를 하고 창문과 출입문을 열어두었는지 부엌 쪽 창문에서 바람이 세차게 밀려들었다. 식탁 위에 놓여 있던 물건들이 바닥에 나동그라지고 현관문이 꽝 하고 큰 소리를 내며 닫혔다.

이 모든 일이 나의 독백을 신이 듣고 있다는 신호인 것만 같았다. 나는 다시 한 번 하늘을 올려다보며 여러 번 소원을 되뇌었다.

문단속을 하고 돌아온 오빠가 내 어깨를 다정하게 다독이며 말했다.

"생일 소원 한번 요란하게 들어주시는구나."

오빠의 손에 잡힌 주름과 굳은살이 눈에 들어왔다. 슬픔을 더 이상 참을 수 없어 어린아이처럼 소리 내어 울었다. 가족들은 영문도 모른 채 울고 있는 나를 물끄러미 쳐다보고만 있었다. 나는 가족들의 시선을 뒤로 한 채 문을 박차고 밖으로 뛰어나갔다. 쏟아지는 비를 맞으며 집 앞에 세워둔 차로 향했다. 흐느낌 때문에 떨리는 오른손을 왼손으로 붙잡고 핸들에 머리를 기대어 잠시 심호흡을 한 후 시동을 걸었다. 내 뒤를 따라 나온 가족들의 모습이 사이드미러 속에서 점점 멀어져갔다.

빗속을 뚫고 한참을 달렸다. 어디로 가는지는 더 이상 중요하지 않았다. 생각해보면 나는 여기까지 쉼 없이 달려왔다. 한번쯤 정처 없이 어디론가 떠나본들 뭐가 크게 달라질까. 왜 나는 스스로를 위해 좀 더 욕심내지 못했던 걸까.

문득 정신을 차려보니 외딴길을 달리고 있었다. 날씨 때문인지 도로는 한산했다. 한참을 더 가다보니 가족들 앞에서 그런 모습을 보인 것이 슬슬 후회가 되기 시작했다.

'모두들 걱정하고 있을 텐데, 어서 집으로 돌아가야겠다.'

비바람이 점점 더 세차게 몰아쳤다. 이런 날 운전대를 잡는 건 결코 쉽지 않은 일이었다. 퍼붓기 시작한 비 때문에 이제는 앞을 제대로 가늠하기조차 힘들었다. 인적 없는 도로를 계속 달리다보니 아무도 살지 않는 세상에 덩그러니 버려진 것만 같았다.

갑작스레 주변이 한적하고 고요하게 느껴졌다. 와이퍼가 좌우로 움직여 빗물을 닦아내는 소리만이 정적을 깨고 있었다. 모든 생각이 그 리듬에 맞추어져 나타났다 다시 흐려지기를 반복했다. 머릿속을 오가는 수많은 상념들 때문에 심장이 터질 것만 같았다. 쉼 없이 차오르는 생각에 도저히 견딜 수 없을 만큼 감정이 북받쳐 오를 때마다 가속페달을 더욱 깊숙이 밟았다.

얼마나 지났을까. 어느덧 비바람이 잠잠해지는 곳에 이르렀다. 희부연 창문을 좌우로 오가는 와이퍼 사이로 'DETOUR(우회)'라고 적힌 푸른색 표지판이 눈에 들어왔다. 표지판 옆에는 노란 우비를 입은 남자가 서 있었다. 그는 반대편 도로로 돌아가라는 수신호를 반복하고 있었다. 그의 신호에 따라 표지판을 지나자 굽이굽이 경사가 급한 도로가 나타났다. 브레이크 페달을 잠시 밟았다 떼기를 반복했다. 어릴 때 놀이공원에서 롤러

코스터를 탈 때처럼 어지러움이 느껴졌다. 굽이치는 도로에는 화살표가 그려진 표지판이 군데군데 서 있었다. 속도를 더 줄여 표지판이 가리키는 방향을 따라갔다. 타원형의 길게 뻗은 우회 도로를 지나 드디어 큰길에 들어섰다.

갑자기 비가 억수 같이 쏟아져 내렸다. 앞이 보이지 않을 정도였다. 계속 달려가도 어쩐 일인지 도로에는 오가는 차도 없었다. 세차게 부는 바람에 길가에 선 나무들이 출렁거렸다. 의사가 한 말이 반복해서 마음에 떠올랐다. '남겨진 시간이 그리 길지 않다….' 가속페달에 올린 발에 더욱 힘이 들어갔다. 속도계의 숫자가 점점 올라갔다. 그보다 빠른 속도로 수많은 생각들이 뇌리를 스쳐갔다. 뺨 위로 흘러내린 눈물에서 서늘한 감촉을 느끼며 텅 빈 도로를 거침없이 내달렸다. 차라리 지금 세상을 떠난다면 적어도 마지막 순간을 기다려야 하는 고통은 없으리라. 병원에서 힘겹게 생을 마감하는 것보다 그 편이 낫겠지.

그 순간 고라니 한 마리가 도로로 뛰어들었다. 이 속도로 계속 달리다간 부딪힐 것 같았다. 급히 브레이크 페달을 밟았다. 차가 제자리에서 빙글 돌아 바닥에 떨어졌다.

숲속 나무들이 일제히 울부짖는 소리가 들렸다. 하늘이 번쩍이며 천둥이 울렸다. 다음 순간 나는 돌풍 속으로 휩쓸려 들어갔다. 돌풍은 자석처럼 나를 집어삼켰다. 어떻게 해볼 새도 없이 거대한 힘 속으로 빨려들어가고 있었다. 그 힘은 정신이 희미해져 의식을 잃을 때까지 점점 더 깊은 곳으로 나를 끌어들였다. 더 이상 두렵지 않았다. 따뜻하게 불을 지펴놓은 벽난로 앞에서 젖은 몸을 말릴 때처럼 잠이 밀려왔다. 더 이상 눈꺼풀의 무게를 감당할 수 없다고 느껴질 때쯤, 나는 깊은 잠에 빠져들었다.

지수는 돌풍의 중심으로 빨려 들어갔다. 저만치 앞에서 밝은 빛이 번쩍하더니 곧 눈앞이 캄캄해졌다. 순간 그녀는 의식을 잃었다.

SEASON 1

서바이벌 오디션 레디… 액션!

목이 타는 것 같은 갈증과 함께 머리에 통증이 느껴졌다. 누군가를 부르고 싶었지만 입안이 바짝 말라 말이 쉽사리 나오지 않았다. 여기가 어디지?

흰 옷으로 온몸을 감싼 사람들이 분주하게 움직이는 모습이 어렴풋이 보였다. 장례식장일까? 그렇다면 지금 나는 천국으로 가는 길목에 있는 것일 테지. 쉴 새 없이 오가는 사람들의 발소리와 소곤거림이 들려왔다. 누군가 내게 다가왔다. 이곳이 어디인지 물어봐야겠다는 생각에 살며시 눈을 떴다. 나는 한 외국인과 눈이 마주쳤고 그는 깜짝 놀라 자리에서 벌떡 일어났다.

"여기 좀 보세요. 세상에 캘리가 깨어났어요!"

고개를 돌려보니 나를 지켜보던 사람은 그만이 아니었다. 어떤 관계인지는 모르지만 두 외국인이 나를 바라보고 서 있었다. 돌풍을 타고 외국으로 온 것일까. 그런데 그들의 얼굴이 낯설지 않았다. 누구지? 나는 이들이 누군지 기억해내려 애썼다. 가장 먼저 굵직한 목소리에 정장을 차려입은 선량한 인상의 중년 남자가 내게 인사를 건넸다. 이 사람도 어디를 다쳤는지 팔에 깁스를 하고 있었다. 내가 깨어난 게 믿기지 않는 듯 한동안 멍하니 쳐다보더니 눈이 마주치자 입가에 부드러운 미소가 떠올랐다. 그는 대견하다는 듯 내 어깨를 가볍게 두드려주었다. 아는 사람인가? 아무리 애를 써도 기억나지 않았다. 신경을 곤두세워서 그런지 두통이 더 심해졌다. 이번에는 삼십 대 초반으로 보이는 다부진 체격의 남자가 다가와 불쑥 손을 내밀었다. 얼떨결에 그의 손을 잡았다. 이제 마음을 놓았다고 말하는 그의 얼굴에 안도감이 역력했다.

순간 뇌리에 어떤 영상이 스쳐갔다. 이들과 닮은 누군가가 떠오른 것이다. 믿기지 않지만 내 곁을 지키던 이들은 분명 〈프리즈Freeze〉라는 미국 드라마의 과학수사관, 로건 반장과 헌터 요원이었다. 텔레비전에서 보았던 그들이 눈앞에 서 있다니! 이들은 조바심 내며 내가 깨어나길 기다렸던 것 같다. 링거액을 바꾸는 간호사의 체온이 느껴졌다. 그녀의 손을 잡고 이곳이 어디냐고 물었다. 간호사의 입가에 희미한 미소가 떠올랐다.

"캘리, 여기는 라스베이거스에 있는 굿사마리탄 병원이에요. 우선은 안정을 취하셔야 해요. 너무 걱정 마세요. 기억은 차차 돌아올 겁니다."

두 남자는 병실로 들어온 의사와 이야기를 나누고 있었다. 목소리가 또렷하게 들렸다. 그들은 간호사가 그랬던 것처럼 나를 '캘리'라고 불렀다. 이번에는 로건 반장과 꼭 닮은 남자가 입을 열었다.

"캘리, 이만하길 천만다행이지. 다들 얼마나 걱정했는지 몰라. 별일 없으면 며칠 내로 일상생활을 하는 데는 문제가 없을 거라네."

나는 대답 대신 고개를 끄덕여 보였다. 그들이 하는 말을 들어보면 무슨 일이 벌어진 건지 짐작해볼 수 있으리라 기대했지만 상황은 점점 더 알 수 없게 흘러갔다.

"저어 선생님, 도대체 제가 어떻게 된 건가요?"

답답한 마음에 로건 반장을 닮은 이를 바라보며 물었다.

"선생님? 이제부터 날 그렇게 부르기로 한 건가?"

나는 뭐라고 답해야 할지 몰라 잠시 이런저런 말을 떠올렸다. 그는 걱정스러운 눈빛으로 나를 바라보다 다시 말을 이었다.

"사고 후유증이 좀 심한 거 같은데. 일이 어떻게 마무리됐는지 궁금한 거라면 이제 걱정하지 않아도 된다네. 범인은 잡혔으니까. 자네가 찾아낸 피 묻은 담요가 재판에 증거로 채택될까봐 없애려고 했던 거지. 캘리가 이번에도 잘해줬어. 아무튼 일 걱정은 이제 그만하고 건강부터 회복해야 할 거 아닌가."

그는 내가 며칠 동안이나 의식이 없었다고 말했다. 그동안의 상황에 대해 이야기를 나누던 중에 휴대폰 소리가 요란하게 울렸다. 그는 걸려온 번호를 힐끗 쳐다보더니 돌아서서 전화를 받았다. 그러고는 한참 동안 누군가와 심각한 목소리로 대화를 나누었다. 통화가 끝나자 앞주머니에서 작은 수첩을 꺼내 무언가를 바쁘게 메모했다. 무슨 상황인지 눈치만 살피는 내게 그는 본부로부터 라스베이거스 커넬 호텔로 긴급 출동하라는 지시를 받았다고 말했다. 그들은 몸조리 잘하라는 말을 남기고 서둘러 병실을 떠났다. 두 사람과 작별 인사를 나눌 때까지 나는 현실처럼 실감나는 흥미진진한 꿈을 꾸고 있는 중이라고 생각했다. 이 모든 것이 꿈이라면 고통스러운 현실로 되돌아가기보다 이곳에 좀 더 머물고 싶다는 마음이 들 정도였다.

드라마 배우를 닮은 두 사람이 그렇게 금방 자리를 뜰 줄 알았더라면 사인이라도 받아둘 걸 하고 후회가 밀려들었다. 하지만 지금 내가 꿈을 꾸고 있다면 어차피 곧 깨어날 텐데, 한낱 부질없는 망상이라는 것을 깨닫자

픽 하니 웃음이 새어나왔다.

여기가 어딘지 둘러보고 싶었다. 침대에서 일어나자 머리카락이 가슴팍으로 살랑거리며 내려왔다. 낯선 감촉이었다. 이 꿈속에서 나는 허리 아래까지 굽이치는 금발의 긴 생머리를 가진 여성이었다. 이게 대체 무슨 일일까? 얼굴에선 부드럽고 탄력 있는 살결이 느껴졌다.

간호사에게 거울을 가져다 달라고 했다. 그리고 아까 왔던 두 사람이 누구냐고 물었다. 손에 든 차트에 무언가를 열심히 적고 있던 그녀는 콧잔등 위에 걸친 안경 너머로 나를 응시했다.

"두 분은 환자분의 직장 동료예요. 뉴스에서 자주 봤던 로건 반장이 병실에 오다니, 저도 좀 놀랍기는 하네요."

이럴 수가. 그들은 어제 가족들과 함께 보았던 드라마의 등장인물이었다. 설마 내가 드라마 속에 들어와 있다는 말인가. 그녀가 건네준 거울 속에는 우아하고 신비로운 눈빛을 지닌 아름다운 여성이 나를 바라보고 있었다. 그녀는 석회 사막처럼 곱고 눈부신 피부와 잘록한 허리, 건강미 넘치는 매혹적인 몸매를 가지고 있었다. 캘리는, 아니 내 모습은 감탄사를 자아낼 만큼 아름다웠다. 뭇 사내들의 눈길을 끄는 것은 물론이고 같은 여성들의 질투심을 자아내기에도 충분해 보였다.

내가 잠든 사이에 무슨 일이 일어났던 걸까. 아무리 생각해봐도 이 상황을 설명할 방법이 없었다. 뒤바뀐 육체 속으로 들어온 충격 때문인지 모든 기억이 마치 며칠 전에 꾼 꿈처럼 희미하기만 했다. 마음속에 여전히 수많은 의문이 스쳐갔다. 내가 왜 여기에 와 있는 걸까? 이제 난 어떻게 살아야 하지? 분명 그들은 나를 동료 수사관이라도 되는 것처럼 대했다. 바로 얼마 전까지도 죽음이 내 숨통을 조여 오고 있었는데, 기적이 일어난 것이다.

조각난 기억들을 조심스럽게 맞춰보았다. 생일 파티에서 뛰쳐나와 차를 몰고 무작정 길을 달렸고 '우회'라고 쓰인 표지판을 발견했다. 그 순간 돌풍 속으로 휘말려 들어갔다. 그리고 어떤 거대한 힘 때문에 다른 차원의 세계로 빨려 들어간 것이다. 이것만 해도 이해할 수 없는 일인데, 어떻게 내가 캘리의 몸속으로 들어오게 된 걸까. 이 모든 것을 종합해 본다면, 물론 딱히 설명할 방법은 없지만, 돌풍을 타고서 나는 시간과 공간을 뛰어넘어 이곳에 도착하게 된 것이다. 그 돌풍 속에 보았던 하얀 빛은 아마 새로운 차원의 세계로 들어가는 입구였을 것이다.

내 눈앞에 펼쳐지고 있는 신기한 일들을 어떻게든 납득할 수 있는 것으로 설명해보려 했지만 소용없는 일이었다. 그러다 문득 다른 생각이 들었다. 이 생각 저 생각에 안절부절 못하며 시간을 낭비하느니 차라리 황홀한 이 순간들을 누리고 싶어졌다. 만약 이 모든 일이 꿈일지라도, 혹은 내가 정말로 알 수 없는 차원의 세상에 떨어졌다 할지라도 마지막 순간까지 남김없이 즐기리라 마음을 고쳐먹었다.

'이건 정말 말도 안 되는 일이지만 아무튼 나는 과학수사 드라마 속으로 들어와 있는 것 같아. 정말로 그런 거라면 지금 이 드라마는 어디까지 진행된 걸까?'

만일 지금 방영 중인 드라마 속이라면 나를 아는 사람들도 이 모든 상황을 텔레비전으로 볼 수 있을 것이다. 그렇다 한들 이 근사한 여성의 육체 안에 들어와 있는 내 존재는 누구도 알아챌 수 없겠지. 드라마가 진행되는 중간에 왜 내가 여기에 등장하게 된 걸까? 이곳이 드라마 속 세상이라면 내가 맡은 배역이 무엇인지 되도록 빨리 알아내야 할 것이다.

이제는 지척에 다가온 죽음 때문에 밤새 흐느낄 필요도, 병원에 누워 암과 처절한 싸움을 할 필요도 없다. 새로운 세상에서 드라마 같은 근사한 삶이 시작된 것이다.

며칠 동안 담당 의사의 지시에 따라 몇 가지 검사와 치료를 받고 나서 혼자 퇴원 수속을 밟았다. 막상 병원을 나와 낯선 세상으로 나아가려니 두렵고 막막했다. 발길이 떨어지지 않아 병원 출입문 앞에서 망설이며 한동안 멍하니 서 있었다. 라스베이거스라니, 대체 어디로 가야 할까. 당장 오늘 밤은 어디에서 잠을 청해야 할까. 돈 한 푼 없는데 무작정 호텔로 들어가 하룻밤을 묵을 수도 없는 노릇이었다.

그때 뒤쪽에서 경적 소리가 들렸다. 소리는 점점 가까워졌다. 뒤를 돌아보니 강렬한 푸른색의 스포츠카가 내 앞에 멈춰 서 있었다.

"어서 타. 집으로 가야지."

누군데 나보고 함께 가자는 걸까? 스르르 창문이 열렸다. 짙은 갈색의 선글라스를 낀 남자가 부드러운 목소리로 말을 걸어왔다.

"전화를 안 받아서 그저 바쁜가보다 했는데, 자기 정말 괜찮은 거야?"

자기? 나는 아무 말도 하지 않고 물끄러미 그를 쳐다보았다. 수려하고 기품 있는 용모에 건장한 몸집을 가진 청년이 차 밖으로 걸어 나왔다. 그는 가까이 다가와 나를 덥석 껴안더니 입을 맞추려 했다. 놀라서 고개를 돌리자 살짝 얼굴을 붉히며 어깨를 으쓱했다. 그러고는 운전석으로 걸어가 문을 열더니 내 어깨에 슬며시 손을 올렸다. 나는 그의 팔을 아래로 내리며 말했다.

"댁은 누구시죠?"

"잘못했다고 캘리. 미안해. 화 많이 났구나."

그는 여전히 아무 말 없는 나를 바라보며 한숨을 길게 내쉬더니 약간 떨리는 목소리로 말을 이었다.

"얼마나 걱정했는지 알아? 헌터 말로는 사고로 기억 일부가 손상되었다고 하던데. 설마! 나에 대한 기억까지 지워진 건 아니겠지? 나야 나, 데니."

그는 내 무뚝뚝한 대꾸에 삐쳐 있다고 생각하는 듯했다. 그의 행동을 보건데, 데니는 캘리의 남자 친구인 것 같다. 앞으로는 영화 〈트루먼 쇼〉에서처럼 촬영장 세트 속에서 각본대로 살아가야 할지도 모른다.

그렇다면 누군가는 나를 계속 지켜보고 있었을 것이라는 생각이 머리를 스쳤다. 눈을 떴을 때 드라마 세상 속 여행이 시작된 것을 알려주기 위해 로건 반장과 헌터가 등장했다. 마치 영화감독이 "레디, 액션!"이라 외치면 카메라가 차르르 돌아가는 것 같은 상황이었다. 캘리가 집을 찾아가야 할 때에는 거짓말처럼 데니가 불쑥 나타났다.

나는 눈을 흘기며 애교 섞인 목소리로 말했다.

"용서는 이번 한 번뿐이야. 나 혼자 병실에 있었단 말이야."

나는 양 팔로 데니의 넓은 어깨를 감고 힘껏 껴안았다.

데니의 차에 올라 집으로 향했다. 만족스럽다는 듯 그의 입가에 미소가 떠올랐다.

캘리의 드라마는 이렇게 시작되었다.

내가 주인공 캘리야!

며칠째 집 밖에는 한 발짝도 나가지 않았다. 대체 여기가 어디인지, 언제까지 머물 수 있는지 알 수 없어서 마음이 착잡했다. 더구나 당분간 캘리의 몸으로 살아가려면 그녀에 대해 나름대로 정보를 수집해야 했다.

무엇보다 집으로 돌아갈 수 있는 방법이 있다면 그것 또한 찾아내야 할 것이다.

서재에 있는 컴퓨터를 켰다. 책상 위의 서류들과 컴퓨터에 저장된 파일들을 훑어보면 뭐든 좀 알 수 있을 것이다. 컴퓨터에 저장된 예전 사진들을 하나하나 열어보았다. 데니에 대해서도 인터넷 검색으로 어렵지 않게 알아낼 수 있었다. 데니는 리노 호텔의 카지노를 소유한 마이클 쿠퍼의 아들이다. 잘생긴 데다 부자이고 내게 홀딱 반해 있다니. 드라마 속 전형적인 재벌 남자 주인공의 캐릭터다. 그는 아마추어 펜싱 선수이기도 했다. 그래서일까. 그는 늘 꼬챙이처럼 생긴 칼을 지니고 다녔다. 책상 서랍 속에서 발견한 일기에는 캘리가 리노 호텔 카지노의 살인 사건을 수사할 때 데니의 열띤 구애로 교제를 시작했다고 적혀 있었다.

서재에 빽빽하게 꽂힌 과학 서적과 꼼꼼하게 작성된 캘리의 수사 노트를 보면서 그녀가 자신의 일에 열정이 넘치는 과학수사관이라는 것을 알 수 있었다. 캘리는 존F 케네디 대학교에서 화학을 전공했고 장학생으로 학교를 다녔다. 졸업 후 1년간 로스앤젤레스 과학수사팀에서 인턴으로 일하다가 2년 전부터는 이곳 라스베이거스 과학수사연구소에서 수사관으로 일하고 있다. 캘리는 실험실에서 증거 분석을 담당했는데 현장에 나가기를 무척 바라고 있었다. 몇 달 전에 현장출동 수사대원으로 선발되어 교육과정을 밟고 있었던 것 같다. 그녀의 노트에 이런 글이 있었다.

'과학은 세상과 소통하는 언어이다.'

찌르르 온몸에 전율이 느껴졌다. 하지만 내가 어떻게 과학수사를 해낼 수 있을지 걱정이 앞섰다. 헨리 박 교수님의 수업을 듣고 그의 연구 보조로 지냈던 것을 빼고는 과학수사에 대해 아무런 경험도 없었다. 걱정이 밀려올 때마다 나는 천천히 심호흡을 한 후 이렇게 되뇌곤 했다.

'이제부터 내가 이 드라마의 주인공 캘리야!'

과학수사관 캘리로 신세계 방랑을 즐길 기회가 주어졌다. 이제부터 수많은 이들의 삶과 죽음의 순간에 서게 되겠지. 죽은 자들이 미처 말하지 못했던 은밀한 사연들과 베일에 가려졌던 진실을 파헤치게 될 것이다. 이 시간에도 수많은 이들이 고통스러운 현실을 하루아침에 낙원으로 바꿀 수 있다는 기대를 품고 라스베이거스에 찾아들고 있다. 어떤 이들은 그 길에서 어두운 그림자와 동행하는 일을 서슴지 않을 것이다.

이곳에서 나는 평생을 꿈꾸어왔던 방식으로 마지막 인생 수업을 시작하려 한다.

CSI 오디션! '비밀서신 쓰기'

"몸은 좀 어때?"

"덕분에 많이 괜찮아졌지."

"보고 싶어 미치겠다, 캘리. 저녁이나 같이할까, 어때?"

요즘 나는 데니의 전화로 하루를 시작한다. 데니는 매일같이 나를 찾아와 극진히 보살펴준다. 아무리 봐도 이 청년은 빚어낸 듯 잘생겼다. 더구나 그에게선 애써 꾸며낸 것이 아닌 뭔가 격이 다른 품위가 느껴졌다. 이곳이 드라마 세상이라면 텔레비전에서 한 번쯤은 봤을 텐데…. 누구였더라. 데니는 턱을 괴고 나를 물끄러미 바라보다가 느닷없이 입맞춤 세례를 퍼붓곤 했다. 그는 회복될 때까지 당분간 자신의 집에 와 있기를 원했지만 나는 혼자만의 시간이 필요하다는 핑계로 이곳에 줄곧 머물러 있었다. 이런 행동이 내심 서운했는지 사고 이후 그는 내가 낯설게만 느껴진다고 말했다.

'그걸 알아채다니 제법인 걸. 근데 난 낯선 사람처럼 변한 게 아니고 정말 낯선 사람이야.'

로건 반장에게는 다음 주 월요일부터 출근하겠다고 말했다. 그때까지 이곳의 삶에 적응하려면 캘리의 일상과 업무를 파악하는 일에 전념해야 한다. 오늘은 그녀의 고향이 하와이라는 것을 알아냈다. 그뿐 아니라 어린 시절 사진을 모아놓은 앨범에서 내가 아는 누군가를 발견했다(믿기지 않겠지만 그와 다음 시즌에서 극적으로 만나게 된다). 게다가 사진 속의 캘리는 그와 무척 가까운 사이로 보였다.

데니는 캘리가 혼수상태일 때 헌터가 휴대폰을 보관하고 있었고 그에게 사건에 대한 이야기를 전해들었다는 말을 꺼냈다.

"재판이 시작될 즈음에 납치되었다는 이야기는 전해 들었지. 그 일은 잘 끝낸 거야?"

그는 내 대답을 듣기도 전에 진작 찾아오지 못했던 사정과 구구절절한 변명을 늘어놓았다. 카지노 마카오를 설립하면서 아버지를 대신해 그곳으로 자리를 옮겨 몇 주간 근무를 했다는 것이다. 사건 당시 상황을 꼬치꼬치 물을까봐 내심 걱정이 되었는데 다행히도 그 사건에 대해서는 더 이상 묻지 않았다. 하지만 아예 관심이 없었던 건 아닌 듯싶었다. 데니는 내가 어떻게 납치범의 눈을 피해 감금되어 있던 곳의 주소를 다른 수사관들에게 알릴 수 있었는지 물었다.

"위급한 상황에서 그런 아이디어가 생각나다니 정말 대단해. 더구나 그곳은 범인의 집이었잖아. 욕실에 들어갔을 때 어떻게 투명 메시지를 보낸 건지 설명해줄 수 있어?

"투명 글씨라고?"

어떻게 대답을 해야 의심받지 않을까. 그가 한 말의 의미를 곰곰이 생각해보았다. 문득 규현이와 했던 투명 글씨 놀이가 떠올랐다. 데니는 눈을 반짝이며 내 대답을 기다리고 있었다. 그는 내 눈치를 살피더니 휴대폰 하나를 건넸다.

"좀 전에 택배로 온 거야. 자고 있길래 내가 받아놨지. 헌터가 보낸 거였군. 참, 내 정신 좀 봐. 아까 로건 반장님한테 전화 왔었어. 미팅 준비 때문에 문자로 사진을 보냈다던데."

사진이 단서가 되려나? 나는 그동안 경찰이 보관하고 있었다는 캘리의 휴대폰 전원을 켰다. 그리고 반장이 보낸 메시지를 확인했다. '37 TORNADO LV'라는 글자가 눈에 들어왔다.

'음, 그 정도라면 어떻게 된 건지 내가 설명해줄 수 있지.'

그제야 이 드라마에서 내 역할을 깨달았다. 드라마 속 수사관들은 마술을 부리듯 순식간에 사건을 풀어가곤 한다. 이때 어떤 시청자들은 대체 무슨 상황인지 따라가지 못해 어리둥절할 것이다. 규현이가 어머니에게 그랬듯, 사건을 해결할 때 적용한 과학적 원리를 설명해줄 누군가가 필요했던 것이다.

'그렇다면 데니가 프로듀서인지도 몰라.'

그러고 보니 그는 내가 말이 막히지 않고 마음 편히 이야기할 수 있도록 적절하게 도움을 주고 있었다. 지금도 드라마의 특정 상황에 대해 과학적 설명을 덧붙일 수 있도록 자연스럽게 분위기를 이끌고 있다.

'이 상황은 종이 위에 베이킹 소다로 자신이 납치된 장소를 쓴 것임에 틀림없어. 좋아! 이제부터 데니와 장단을 한번 맞춰볼까?'

데니는 마치 내 생각을 읽기라도 한 것처럼 고개를 끄덕였다. 나는 다시 한 번 사진 속의 장면들을 살펴보고 이렇게 말했다.

돌이켜 생각해 보면 그때 나는 오디션을 보고 있었던 것이다. 캘리가 데니에게 비밀서신 쓰는 법을 알려주고 있다. 우리도 드라마에서처럼 비밀서신을 써보자. 종이와 베이킹 소다, 포도 주스만 챙기면 준비물은 끝이다.

"데니, 베이킹 소다는 탄산수소나트륨이라는 염기성 성분이야. 욕실을 둘러보니 청소용으로 베이킹 소다를 사다놓았더라고."

"그래서?"

"그들 몰래 재빨리 주소를 써야 했으니 베이킹 소다수를 묻혀 얼른 종이 위에 손가락 글씨를 썼지. 그리고 어느 정도 마를 때까지 배탈이 났다고 핑계를 대면서 시간을 끌었어."

"그렇구나. 그런데 어떻게 글씨가 없어졌다가 다시 나타날 수 있는지 궁금하네."

"간단한 실험을 한번 해볼까. 직접 해보면 쉽게 이해될 거야."

나는 조카와 실험 놀이를 하던 실력을 발휘해보았다. 냉장고에서 주스를 꺼낸 다음, 이왕 판을 벌인 김에 약장에서 요오드도 가져와 테이블 위에 올려놓았다. 데니에게 베이킹 소다 용액을 묻혀 면봉으로 종이에 글씨를 써보라고 말했다. 그는 나를 보고 씽긋 미소 짓더니 'LOVE U'라고 썼다. 나는 헤어드라이어를 가져와 종이를 건조시켰다.

"아무것도 안 보이는데? 반장은 어떻게 글자를 읽은 거지?"

"그래서 이렇게 주스를 준비해두었지요."

글씨를 써서 준비해둔 종이에 주스를 묻힌 스폰지를 이용해 쓱쓱 문지르자 'LOVE U'라는 글자가 드러났다. 데니는 자신이 쓴 글자가 선명하게 나타나자 탄성을 지르며 내 볼에 입을 맞추었다.

"데니, 염기성인 탄산수소나트륨으로 쓴 글자는 마르면 보이지 않지만 그 종이 위에 산성인 포도 주스를 부으면 글씨가 드러나는 거야."

"뭐라고 했더라. 아까 탄산수소나트륨이라고 했지?"

"응, 맞아. 베이킹 소다는 빵을 부풀리거나 부엌에서 기름때를 제거할 때 흔히 쓰이지. 그들이 늘 사용하는 베이킹 소다를 사용했으니 전혀 의심

받지 않은 거야."

"우리도 이 방법으로 마음속 비밀 이야기를 자주 전하면 좋겠다."

데니와 나는 손을 맞대며 하이파이브를 했다.

"다른 방법도 있는데 가르쳐줄까?"

그는 내 말에 고개를 끄덕였다.

"흔히 쓰는 요오드 소독약을 이용하는 방법도 있어. 아까 미리 레몬주스로 종이 위에 글씨를 써두었거든. 지금쯤 다 말랐을 거야. 저기 종이 보이지? 이쪽으로 가져다줄래?"

데니는 고개를 끄덕이고는 테이블 위에 종이를 올려놓았다. 호기심 가득한 표정을 지으며 약을 만지작거렸다.

"이 약을 종이에 바르면 비밀 메시지를 읽을 수 있단 말이지?"

약을 덧바르자 푸른색으로 변했던 종이에 하얀 색 글씨가 드러났다. 이번에는 내가 쓴 'XOXO'[2] 라는 문구가 보였다.

"원리는 간단해. 종이의 전분 성분이 요오드와 만나면 푸른색으로 변하거든. 하지만 레몬주스로 쓴 글씨는 비타민 C 성분이 있어서 그 작용을 방해하고 무색으로 남게 되는 거지."

"아하! 그렇구나."

"비타민 C를 분석할 때 실제로 이용하는 원리이기도 해."

실험이 끝나자 데니는 나를 향해 살짝 윙크를 했다. 그리고 만족스러운 듯 흐뭇한 표정을 지었다.

데니가 직접 만든 스테이크로 저녁 식사를 마쳤을 때 전화벨이 울렸다. 그는 내일 아침 일찍 긴급 임원회의가 열린다는 연락을 받았다며 아쉬운 표정을 지었다. 그리고 서둘러 집으로 돌아갔다. 신기하게도 캘리의 집 어디에도 데니의 흔적은 없었다. 그가 떠난 후 어쩌면 데니가 캘리의 남자 친구가 아닐지도 모른다는 생각이 뇌리를 스쳤다. 그는 정말로 드라마 세상 속 프로듀서일지도 모른다. 그는 내가 과학수사 여행을 시작하기 전, 며칠에 걸쳐 내 곁에서 모든 준비사항을 점검하는 역할을 했던 것이다. 비밀서신 실험을 했던 그날도 데니는 앞으로 내가 시즌을 스스로 진행할 수 있을지 오디션을 보았는지 모른다.

그렇다면 나는 오늘 오디션을 성공적으로 마쳤을 뿐 아니라, 이 여정에서 캘리의 캐릭터와 역할을 대략적으로 파악하는 성과도 올린 셈이었다. 세상을 건너온 후 모든 것이 혼란스러웠던 것이 사실이다. 지금 이곳이 어떤 세상이든 내 몫의 일이 아직 남아 있다면 마지막 순간에 도달할 때까지 최선을 다할 것이다.

그날 이후 나는 데니와 몇 번 더 데이트를 즐겼다. 그리고 2주쯤 지나 그는 또다시 마카오로 출장을 떠났다. 그 후로 이곳에 머무르는 동안 우연히라도 그와 다시 마주친 적은 없었다.

오랜 시간이 지나 루브르박물관에 갔을 때 한 그림에서 데니와 소름 끼칠 정도로 닮은 이를 보았다. 데니는 정말 이 땅의 존재가 아니었던 걸

이 그림은 라파엘로 산치오Raffaello Sanzio의 1518년 작품인 〈성 미카엘의 승리Le Grand Saint Michel〉이다.
성 미카엘은 미술작품 속에서 칼과 창으로 악마를 제압하는 모습으로 묘사된다.

까. 그림 속 그는 악의 세력을 물리치는 천국 군대의 전사, 성 미카엘 대천사였다. 그는 경찰과 군인의 수호성인이며 영혼을 하늘로 이끄는 죽음의 천사이기도 하다. 어쩌면 그는 나를 천국으로 데려가려고 이곳에 온 천사였는지도 모른다. 그렇다면 어쩌다 하늘에 계신 그 분의 계획이 바뀌게 된 걸까.

어느 날 책상 서랍 안에서 'Quis ut Deu?'[3] 라고 쓰인 황금색 방패 모양의 상자를 발견했다. 뚜껑을 열자 안에는 편지와 함께 권총, 신분증, 배지가 나란히 들어 있었다. 편지지에는 아무것도 적혀 있지 않았다. 누군가 투명 편지를 쓴 것이다. 편지지에 요오드를 바르자 메시지가 선명하게 드러났다.

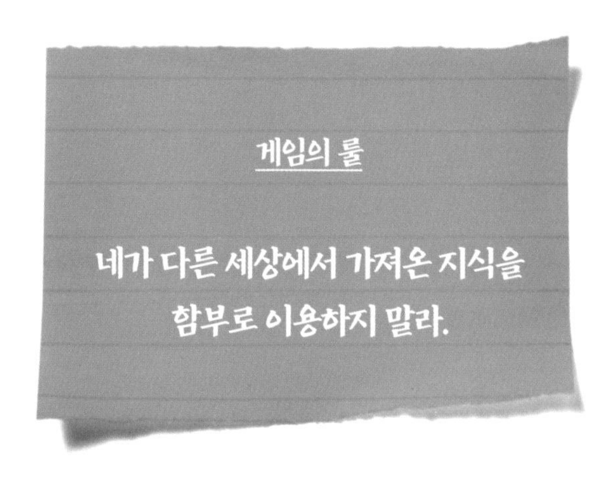

혹시 데니가 보낸 것일까? 데니, 그는 누구일까?

SEASON 2 예고

앞서 말한 것처럼 이곳이 정말 드라마 세상이라는 확신을 갖게 된 것은 캘리의 책꽂이에서 발견된 사진첩을 훑어보고 난 후였다. 거기에는 혈흔심리 전문 수사관 스티븐의 사진이 있었다. 그는 범인이 남기고 간 혈흔을 분석해 관련된 사람들의 심리를 분석하여 살인 사건을 풀어가는 혈흔심리학 전문가였다. 그는 호놀룰루에 있는 퍼시픽 대학교에서 수학과 심리학을 전공했고 둘 다 수석을 놓치지 않았다. 졸업 후에는 유수 대기업의 수많은 러브콜도 거절하고 본인의 신념대로 수사관의 길을 가고 있다.

나는 예전에 스티븐이 출연한 〈벤간자〉라는 인기 드라마를 몇 번 본 적이 있다. 그는 정의감이 투철한 모범 시민이자 수사관으로 살아가지만 한편으로는 놀랍게도 하와이를 장악한 마피아 조직의 중간 보스이기도 했다. 복수를 위해 살아가는 스티븐의 눈동자에 어린 서늘한 빛을 한눈에 꿰뚫어본 보스가 엘리트인 그를 곁에 두고 후계자로 삼고 싶어 했던 것이다. 대학 시절, 스티븐은 마피아 조직 보스의 끈질긴 제의를 받아들여 그의 양아들이 되었고 마피아 일에도 가담하게 된다.

스티븐을 직접 만나게 된다니. 나는 상상조차 하지 못했다. 이곳 사람 누구도 그의 존재를 눈치채지 못하고 있는 듯했다. 하지만 황금방패 상자에서 발견한 경고처럼 드라마 세상 밖에서 온 내가 그의 비밀을 함부로 발설할 수는 없는 일이다. 이 규칙을 위반했을 때 어떤 결과가 닥칠지는 알 수 없지만, 이 세상에 머무르는 동안 이곳의 질서를 어지럽힐 생각 따위는 추호도 없다. 오늘도 이곳에는 드라마 속 상황들이 실시간으로 펼쳐지고 있다.

아무런 경험도 없는 내가 범죄 사건을 맡았을 때 잘해낼 수 있을지 걱정부터 앞섰다. 과학수사 경험이 없는 내가 사건 현장에 나가면 어떤 일부터 해야 할지 몰라 우왕좌왕하게 될지도 모른다. 오디션 편에 등장했던 데니처럼 나의 끊겼던 기억의 필름을 편집해줄 사람은 더 이상 없기 때문이다.

스티븐과 캘리, 이들이 성장해서도 같은 분야에서 일하게 된 것은 어쩌면 어린 시절 애틋한 사이였기 때문일지 모른다. 스티븐은 나와 만났을 때도 숱한 시간을 살인 사건 현장에서 보내야 했다. 어느 날 스티븐이 땀을 뻘뻘 흘리면서 여기저기에 빨랫줄을 매고 있는 모습이 눈에 들어왔다. 처음에는 그가 왜 그러고 있는지 의문이 들었다. 시신 밑에는 피가 질척하게 고여 있었다. 일정대로 따라가려면 쉴 틈 없이 움직여야 했다. 드라마에서처럼 근사한 모습으로 수사를 한다는 것은 도저히 있을 수 없는 일이었다. 증거를 수집하던 손은 벌벌 떨렸고 온몸은 땀으로 흠뻑 젖어버렸다. 요 며칠 스티븐과 함께 일했더니 온몸이 욱신거려 팔도 위로 올리지 못할 정도이다. 그와 지금 하는 일이 대체 뭔지 알 수 없는 노릇이었지만 그렇다고 이것저것 물어봤다간 정체가 탈로 날까봐 입을 다물어버렸다. 시신 밑에 혈흔 증거라도 챙겨야 할 것 같다. 증거 수집에 열중하고 있을 때 내 모습을 물끄러미 지켜보던 스티븐이 입을 실룩거리며 내게 다가왔다.

"지금 뭐하고 있는 거야? 설마 고인 피를 모두 증거 백에 퍼 담으려는 건 아니겠지?"

"실은 스티븐, 사정이 있어서 말이야. 얼마 전 사고를 당해 기억을 잃어버렸지 뭐야. 어떻게 수사를 했는지 가물가물하네. 친구 좋다는 게 뭐야. 지금 내가 잘못하고 있는 거라면 그게 뭔지 알려줄래?"

순식간에 목덜미에서 귀 끝까지 새빨갛게 달아올랐다. 부끄러워하며 고개를 숙이자 그가 손사래를 치며 가까이 다가왔다.

"무안을 줄 생각은 추호도 없었어. 기분이 상했다면 사과할게. 내가 도와줄 일 없나 해서 와본 것뿐이야."

"내가 욕심만 앞섰나봐. 하나라도 증거를 놓치고 싶지 않아서 그랬을 뿐인데. 그러는 너는 지금 뭐하는 거야? 혈흔분석을 한다면서 빨래줄 걸어 놓고 여기저기 뛰어다니기만 하네. 일은 나한테 다 맡겨놓고 너무하는 거 아니야?"

평소 속을 잘 드러내지 않는 스티븐이었지만 이 순간만은 튀어나오는 웃음을 참아낼 수 없었던 것 같다. 그는 몇 번이나 입술을 깨물며 참아내다 결국 한바탕 웃음을 쏟아내고 말았다.

"정말 빨랫줄이라고 생각했던 거야? 그래서 내내 그런 표정이었구나. 흠, 예전 기억을 잃어버려서 힘들겠어, 캘리. 아무튼 꼭 그거 때문은 아니더라도 요즘은 컴퓨터로 시뮬레이션 하는 사람이 많아서 이 방법을 몰랐을 수도 있지."

그는 더 가까이 오라고 손짓하더니 다시 말을 이었다.

"오해는 없길. 네 앞에서 잘난 척하고 싶은 마음은 추호도 없으니까. 하지만 피에 관한 거라면 이 오빠가 설명해줄 수 있어."

"훗, 근데 언제부터 네가 오빠였어?"

그 앞에서는 비죽거렸지만 마음속으로 쾌재를 불렀다. 이거 잘됐군! 이제 혈흔 전문가한테 제대로 배울 수 있겠구나.

"캘리야."

그가 입가에 은근한 미소를 띠며 다정다감하게 내 이름을 불렀다. 무슨 말을 하려고 저런 야릇한 표정으로 나를 내려다보고 있는 걸까. 드라마 주인공과의 어색한 상황이 낯설어 침을 꼴딱 삼키고 말았다.

"잘 들어봐. 핏자국들이 울부짖는 소리가 들리지 않니?"

스티븐은 비밀이라도 되는 것처럼 내 귀에 손을 대고 소곤거렸다. 그의 차분하고도 묵직한 목소리에 가슴이 설렜지만 시큰둥하게 대꾸했다.

"소리? 이 소리 빼고는 아무것도 안 들리는데?"

손가락으로 내 배를 가리켰다. 그의 마피아식 교육에 하루 종일 먹지도 마시지도 못하고 일했더니 뱃속에서 우렁찬 오케스트라 연주가 들려오고 있었다.

"이제 거의 끝나가니 조금만 더 힘내자. 고생했으니 저녁에 맛있는 거 사줄게."

그는 주머니에서 얼른 딸기 젤리를 꺼내더니 내 입에 넣어주었다.

"그 소리는 저절로 들리는 게 아니라 노력해야 들려. 지금 우리는 피의 비행경로를 분석하고 있단다. 분석가는 사건 현장에서 혈흔을 통해 사건 당시에 있었던 사람들의 행동을 예측해내지."

스티븐은 벽에 튄 혈흔들을 손으로 가리키며 말했다.

"다시 말하면 이 혈흔들에 담겨 있는 메시지를 읽어내는 거지."

"스티븐, 통 무슨 말인지 모르겠다. 쉽게 설명해줄래?"

"충격과 혈흔이 흩어지는 관계를 생각해보라는 거야. 그러면 혈흔의 속삭임이 들릴 거야."

그는 다시 한 번 주변의 혈흔들을 부지런히 훑었다.

"그동안 혈흔에 담긴 사건의 스토리를 해석하고 있던 거였군. 아직까지 핏자국들이 나한텐 입 다물고 침묵시위 중인 듯."

캘리가 혈흔 전문가 스티븐에게 혈흔 형태 분석법을 배우고 있다. 스티븐은 캘리에게 피해자의 발혈점을 찾는 데 삼각법을 응용하는 방법을 소개한다.

스티븐은 빙그레 미소를 지었다.

"그럼 이리 와서 빨랫줄 놀이 같이하지 않을래? 혈흔들이 말을 걸어올 거야. 자 이거 봐. 줄을 잡고 있으니 이만큼이나 떨어져 있는데도 우리가 연결되어 있다는 게 느껴지잖아."

우리는 한참 동안 혈흔의 이동과 충돌 각도를 고려해서 줄을 연결했다.

"어휴, 힘들다. 스티븐, 피의 속삭임 들으려다 골병들겠어. 조금만 쉬었다 하지 않을래?"

"쉴 새가 어디 있어. 이제 막 입을 열었는데. 잊지 마, 힘들더라도 분석해두면 피는 침묵하지 않을 거야. 법정에서도 마찬가지고."

그 말이 끝나기도 전에 스티븐은 내 손을 덥석 잡았다. 다른 한 손에 들고 있던 레이저 포인터로 혈흔 집중점을 가리키더니 그 방향을 향해 걷기 시작했다. 그는 마치 사건이 일어났던 상황이 모두 눈앞에 보이는 것처럼 고개를 갸웃거리며 무언가를 열심히 메모했다. 한참을 중얼거리다 질문을 던지고 답변하는 과정을 반복했다. 마치 혈흔들과 대화를 나누는 것 같았다. 나 역시 스티븐과 함께 걸으며 그 은밀한 웅성임에 귀 기울였다. 딸기 젤리를 삼키자 새콤달콤한 향이 혀끝에 맴돌았다.

SEASON 2

진실의 베일을 벗기는 피의 증거

서재의 널찍한 책상 위에는 혈흔 패턴 분석에 관한 책들이 여러 권 놓여 있었다. 현장에 나가는 일이 걱정되기도 해서 한 권을 골라 훑어보기로 했다. 핏자국을 분석해 사건을 재구성하는 내용이었다. 한번 보면 도저히 못 잊을 만큼 끔찍한 사진들이 눈에 띄었지만 사건 수사에 도움이 될 것 같아 캘리가 그랬던 것처럼 가까운 곳에 두고 자주 읽기로 했다. 내일부터 시신과 범죄자들을 대해야 할 텐데 어찌해야 할지 자신이 없었다.

방으로 들어와 옷장을 열어보았다. 수십 벌의 옷들이 빼곡했다. 차례로 갈아입고 거울을 바라볼 때마다 탄성이 절로 흘러나왔다. 그때 테이블 위에 올려두었던 휴대폰에서 진동이 울렸다. 로건 반장이었다. 수화기 저편에서 출동을 알리는 그의 음성을 듣자 숨을 고를 수 없을 정도로 가슴이 울렁거렸다. 로건 반장은 방금 장비를 모두 차에 실었으니 보내준 주소로 가능한 빨리 출동하라고 말했다. 이곳에 온 첫날부터 현장에 나가는 날만을 손꼽아 기다렸는데 드디어 그 순간이 온 것이다.

피는 정말 물보다 진하다

사건 현장은 라스베이거스 근교에 위치한 골드포인트의 한 주택이었다. 어두운 집 안으로 들어서자마자 역한 피비린내에 코를 움켜쥐었다. 마치 놀이공원 귀신의 집에 들어온 것처럼 등골이 오싹해졌다. 침대 위의 시신은 잠들어 있는 듯 당장이라도 깨어날 것 같아 보였다. 나도 모르게 구역질이 치밀어 올랐다. 올라오는 구토를 참으려고 반사적으로 고개를 돌렸다. 바닥 이곳저곳에는 시신에서 흘러나온 피가 흥건히 고여 있었다. 한쪽에 쭈그리고 앉아 아만다의 죽음에 오열하는 다니엘의 모습이 눈에 들어왔다. 그 역시 온몸이 피투성이가 되어 있었다. 현장을 물끄러미 살펴보던 로건 반장이 입을 열었다.

"캘리, 속은 괜찮은가?"

"참을 만합니다. 반장님."

"곧 익숙해질 걸세. 그나저나 이곳은 자네가 혈흔 패턴을 배우기에 안성맞춤인 장소야."

난생 처음 피투성이의 차가운 시선을 마주하고 있으려니 성경의 한 구절[4]이 떠올랐다.

'그분께서 말씀하셨다. 네가 무슨 짓을 저질렀느냐? 들어보아라. 네 아우의 피가 땅바닥에서 나에게 울부짖고 있다.'

카인이 자신이 저지른 일이 아니라고 발뺌했을 때 신은 피의 증거를 언급했던 것이다. 신은 인간의 죄를 판결할 때도 물리적 증거를 챙겨두는 것을 잊지 않았다. 이제 그 신의 한 수를 배워야 할 때가 왔다.

"본격적으로 수사를 시작해볼까. 유죄를 입증하기 위해서는 단서를 찾고 특정 행위와의 연관성을 확인해야 하지."

"하늘에 계신 그분이 그랬던 것처럼 말이죠?"

로건 반장의 입가에 빙그르 미소가 번졌다.

"이제 뭐가 보이지?"

그가 초급 대원인 캘리를 훈련하는 상황임에 틀림없다.

"시신 밑에는 피가 흥건하게 고여 있습니다. 그리고 여기저기에 핏자국이 보입니다."

"사람이 얼마나 많은 피를 가지고 있는지 알고 있나?

"물론입니다. 남녀의 차이가 있지만 약 4L에서 8L의 혈액을 보유하고 있습니다."

우리의 몸뚱이는 1.5L 페트병 3~5개 정도의 피를 보유하고 있다는 말이다. 그중 2L 이상이 손실되면 죽음에 이를 수 있다.

경험을 통해 알고 있는 바와 같이 혈액이 물체에 부착될 때는 혈흔의 가장자리부터 건조가 시작된다. 다시 말해 사건 현장에서 응고된 혈흔이 발견되었다는 것은 혈흔 발생 후 관찰할 때까지 어느 정도 시간이 경과했다는 것을 의미한다. 물론 혈액의 건조 시간은 온도, 바람 등 시신이 있는 환경조건에 따라 달라질 수 있다. 일반적으로 볼 때 외부 환경으로 나온 피는 10~90초 정도가 지나면 응고되며 30~90분 후에는 혈청분리 현상이 생긴다.

혈흔 수사에 들어가기 전에 우선 피에 대한 생물학적 기본 사항을 점검해보자. '피는 물보다 진하다'라는 말이 있다. 문장 그대로, 이 말은 틀린 말이 아니다. 피의 구성 성분을 살펴보면 쉽게 이해할 수 있다. 피의 55%는 혈장이라는 액체이고 나머지 45%는 적혈구, 백혈구, 혈소판 등 고체 세포구성물 건더기로 구성되어 있으니 확실히 물보다 진하다는 말은 사실이다.

피의 구성 성분들을 간단히 살펴보자. 흔히 '몸의 빨간 순환버스'라고 불리는 적혈구의 크기는 약 7~8μm(1μm는 1mm의 1,000분의 1이다.)이다. 적혈구의 운행은 개체의 생명이 다하는 날까지 멈추지 않는다. 피 특유의 색은 철을 함유하고 있기 때문에 나타난다. 혈소판은 지혈 작용에 관여하고 백혈구는 감염원이 침입했을 때 방어하는 역할을 한다. 혈장의 약 90%는 물이고 나머지는 단백질, 당류, 염류 등으로 구성된다. 살인 사건 현장에서 보면 혈액 주변의 노란색 액체가 바로 이 혈장이다. 그리고 혈장에서 섬유소원fibrinogen을 제거시킨 것을 혈청이라 부른다.

'시뻘건 피'. 이것이 우리가 가지고 있는 피에 대한 보편적인 인식일 것이다. 하지만 실제 현장에서는 때로 특정 물질의 고유 색과 전혀 다른 색으로 발견될 수 있다는 것을 염두에 두어야 한다. '빨간 피'라는 고정관념을 깨는 혈흔들도 존재한다는 것이다. 혈액 방울은 햇빛, 열, 바람에 의해 변색되는데 잿빛을 띠기도 하며 암적색이나 녹색, 회백색인 경우도 있다. 그뿐 아니라 혈흔은 벽지 색 때문에 다른 색상으로 바뀌거나 커피, 소변, 녹 등에 의해서도 색이 변할 수 있다.

혈흔의 모양도 고정관념을 여지없이 흔들어놓는다. 많은 사람들이 핏방울을 떠올리며 광고 속 우유 방울 모양처럼 매끈한 원형이라고 생각한다. 그러나 실제는 다르다. 핏방울은 낙하 후 목표물 표면에 닿을 때 삐쭉삐쭉 돌기가 발생하며 모양이 원형이 아니라 길쭉한 타원형일 때도 있다. 또한 혈액은 표면에 충돌하면서 부서지기도 하는데 이때 딸린 식구들이 생기기도 한다. 가장 큰 것을 모혈흔parent stain이라 하고 그 식구들을 자혈흔satellite stain이라고 부른다.

살인 사건을 수사하는 과정은 직소퍼즐 게임에 비유할 수 있다. 처음 사건 현장에는 증거의 퍼즐 조각들이 마구 흩어져 있지만 이 모든 조각이 맞추어지면 범인과 피해자, 혹은 목격자가 당시에 어떤 상황에 처해 있었는지 그림을 보듯 한눈에 들어오게 된다.

다니엘은 이 상황이 믿기지 않는지 의자에 앉아 멍하니 허공에 시선을 두고 있었다. 그에게 다가가 위로의 말을 전한 다음, 입고 있던 잠옷을 증거물로 가져가야 한다고 말했다. 다니엘은 아내를 잃고 슬픔에 잠겨 있는 자신을 의심하는 것 같아 불쾌하다고 투덜거렸다. 그는 못마땅한 표정을 지으면서도 순순히 옷을 벗어주었다. 이 모습을 쳐다보고 있던 로건 반장이 우리 쪽으로 다가와 말했다.

"시신과 혈흔들을 번갈아 바라보고 있으면 사람들 가슴 속에 맺힌 사연들, 욕망들이 한데 섞여서 웅성이는 것 같은 느낌이 들곤 하지. 그 수많은 소리 중에서 진실의 소리를 골라내는 일은 쉽지 않아. 자, 이제부터 자네는 이 카메라를 들고 나를 따라오게나."

나는 그의 지시에 따라 사진을 찍고 증거물을 정리했다. 아직 얼떨떨했지만 과학수사관이 된 것이 비로소 실감 났다.

"로건 반장님과 함께 일하게 되다니 꿈만 같아요. 그런데 제가 잘 해낼 수 있을까요?"

그는 콧잔등까지 내려온 안경을 눈 가까이로 끌어 올리며 말했다.

"두말할 필요도 없지. 자네가 누구 딸인가? 캘리가 회복해서 업무에 복귀하니 나도 무척 기쁘군. 그리고 우리 둘이 있을 때는 편히 말해도 된다네."

나는 그의 말이 무슨 뜻인지 몰라 아무 대답도 할 수 없었다.

"사고로 기억이 나지 않는가 보군. 자네는 나를 삼촌이라고 불렀지."

로건 반장과 캘리의 아버지는 하와이 마우이 섬에 추락한 여객기를 조사하느라 몇 달간 함께 근무를 하면서 꽤 가깝게 지냈다. 그 인연으로 로건 반장은 캘리의 대부가 된 것이다. 그가 그동안 살뜰히 나를 보살펴준 이유도 그 때문이었다.

"반장님, 기억이 돌아올 때까지만 이렇게 부를게요. 아직은 좀 그래요."

캘리가 사고를 당한 날, 로건 반장도 그곳에 있었다. 그 역시도 팔이 부러지고 허리를 다치는 부상을 입었고 아직까지도 통증이 있는 것 같았다. 로건 반장은 일에 정신없이 매달리다가도 가끔씩 주머니를 뒤져 작은 약병을 꺼내 들었다. 그러고는 알약 하나를 꺼내 물도 없이 삼켰다. 드라마에서 볼 때와 달리 몹시 기력이 없어 보였다.

"로건 반장님, 혈흔 형태 분석과정을 배우고 싶습니다."

그는 허리에 통증이 오는지 뒷짐을 지고 얼굴을 약간 찌푸렸다.

"그게 지금 우리가 하고 있는 거라네. 피는 누군가의 몸에서 나왔을 테고, 그 분석은 이때 특정 힘이 어떻게 가해졌는지 관찰하는 과정이라고 할 수 있지. 현장에 남아 있는 혈흔의 수, 크기, 모양 그리고 사건 발생 순서에 따른 생성 관계 등을 주시하면서 움직임이 있었던 시절로 거슬러 올라가보는 거야."

"나 홀로 스무고개를 하는 셈이네요."

그는 미소를 지으며 가볍게 어깨를 으쓱했다. 로건 반장의 말을 간단히 노트에 메모한 나는 잠시 생각을 정리한 후 입을 열었다.

"그러니까 핏자국으로 살인의 흔적을 찾아낸다는 거네요. 범인은 누군가에게 힘을 가해 출혈을 일으켰고 우리는 그 흔적을 찾을 수 있으니 그것으로 과거에 있었던 일을 알아낼 수 있다는 거잖아요."

로건 반장은 벽에 튄 핏 자국들에 시선을 고정한 채 고개를 끄덕였다.

"설명을 덧붙이자면 혈흔 형태 분석은 충돌 각도, 이동 방향, 혈흔 형태를 통해 그것을 만들어낸 대상이나 무기의 가격 횟수, 가해자와 피해자의 위치, 행위의 순서 등을 유추해나가는 거라네. 당시 상황을 객관적으로 설명해줄 수 있는 가설을 구성하는 과정이라고 할 수도 있지."

"가설은 어떻게 입증하면 될까요?"

"가설이 맞는다면 실험을 통해 같은 조건으로 재현했을 때도 유사한 형태의 혈흔이 드러나게 되지. 그리고 처음의 가설뿐 아니라 내 가설에 반박하는 내용도 설명할 수 있어야 한다네."

"그런 과정을 거쳐 최종 결론에 이르면 확신 단계라고 할 수 있는 건가요?"

미간을 모은 채 생각에 잠겨 있던 로건 반장은 내 쪽으로 다시 고개를 돌리더니 자못 진지한 표정으로 말했다.

"그렇지만은 않네. 그래서 과학수사 과정에서 하찮다고 무시해버릴 수 있는 증거는 결코 없는 법이지."

그는 바지 주머니에서 손수건을 꺼내 이마에 흐르는 땀을 닦아내고는 얼른 말을 덧붙였다.

"오랜만에 살인 사건에 참여하면서 많이 힘들었지? 지금 부딪히는 수많은 문제들도 시간이 다 해결해줄 걸세. 나도 변화된 상황이 믿기지 않을 정도로 당황스럽고 힘겹다네. 자네 아버지가 그랬듯 숨겨진 진실을 찾아내는 우리 일에 자부심을 가질 거라 믿네."

혹시 내가 잘못 본 걸까? 방금 로건 반장이 내 쪽으로 살짝 몸을 돌리더니 엄지를 척 들어 올리며 오늘 잘했다고 나지막이 속삭였다. 당황스럽고 힘겹다는 건 뭘까? 일전에 드라마에서 아내가 그에게 이혼을 통보하는 장면을 본 적이 있는데, 혹시 그것 때문인 걸까? 이럴 줄 알았다면 그 드라마를 좀 더 열심히 봐둘 것 그랬다는 후회도 들었다. 어쩌면 로건 반장이 내 비밀을 모두 알고 있는 건 아닐까라는 생각을 좀처럼 지울 수 없었다.

이것이 네 피가 맞느냐

"준비됐나. 이제부터 본격적으로 혈흔 패턴을 통해 사망 당시 상황을 재구성해보는 거야."

나는 고개를 끄덕이고는 다시 한 번 크게 심호흡을 했다.

"혈흔의 형태는 생성 원리와 관련 있다네. 아까 자네는 시신 아래 피가 흥건히 고여 있다고 말했지? 그것을 풀pool이라고 부른다네."

"아, 그렇군요."

"풀은 고여 있는 혈흔이지. 중력에 의해 혈흔이 특정 부위에 모인 패턴이라고 할 수 있네. 풀장에 받아놓은 물처럼 피가 누적된 상태라고 볼 수 있어."

"그렇다면 혈흔 패턴의 형태마다 이름이 다 있는 모양이네요."

"잠깐만 기다려보게나."

그는 한참 동안 노트에 무언가를 열심히 쓰더니 그 부분을 찢어 내게 건네주었다.

"당분간 이걸로 공부하게나. 도움이 될 걸세."

그가 건네준 종이에는 혈흔 분류법이 적혀 있었다. 중력 낙하 혈액, 혈관 손상으로 분출된 혈액, 발혈부에 힘이 작용해 부서진 혈액 등 다양한 종류의 패턴을 묘사한 그림들 아래쪽에는 간략한 설명이 덧붙어 있었다.[5] 코끝이 찡했다. 로건 반장은 사소한 부분까지 자상하게 나를 배려해 주었다.

"학자들마다 분류법이 조금씩 다르기는 하더군. 그걸 참고는 하되 현장의 혈흔들을 분류법에 너무 끼어 맞추려들지는 말게나. 그리고 시신을 본부로 보내려면 스펜서와 의논을 해야 하니까, 그동안 자네가 혈흔 사진을 찍어보게나. 할 수 있겠지?"

"물론이죠. 열심히 하겠습니다. 반장님!"

나는 이렇게 말하고 그에게 경례를 하는 시늉을 해보였다.

혼자 남겨진 나는 로건 반장의 노트를 들고 혈흔 패턴의 이름을 중얼거리며 사건 현장을 둘러보았다. 거실 탁자 위에 수동형 혈흔이 눈의 띄었다. 아마도 다니엘은 침대에서 정신을 잃은 아만다를 흔들어 깨우며 온몸이 그녀의 피로 범벅되었을 것이다. 탁자 위의 혈흔은 거실로 뛰어나가 누군가에게 전화를 걸 때 그의 손에서 낙하한 혈흔일 것이다. 중력에 의해 낙하한 수동형 혈흔의 예로는 세수를 하다 코피가 났을 때 세면대 위로 떨어진 핏자국을 들 수 있다.

누군가 상처를 입고 피를 뚝뚝 흘리며 움직인다면 그로부터 떨어진 혈흔은 장소를 옮기는 곳에 따라 하나로 이어진 혈흔으로 남게 된다. 이를 연결 혈흔이라고 한다. 바닥을 살펴보니 다니엘의 이동 경로를 따라 혈흔들이 그의 동선을 그대로 드러내고 있었다. 연결 혈흔의 중간에 혈흔이 누적되어 있는 지점이 관찰된다면 그 대상이 한 지점에서 지체하고 있었음을 나타낸다.

이번에는 아만다의 시신으로 다가갔다. 침대에 쓰러져 있는 아만다의 시신에서 흐름형 혈흔이 발견되었다. 이 형태는 피가 많이 흐를 때 피해자의 몸이나 옷에서 종종 관찰된다. 초기 출혈량에 따라 혈흔 패턴은 피해자의 움직임에 관한 자료를 제공한다. 피해자가 바닥에 쓰러져 숨져 있을 때에도 혈흔의 방향이 아래로 향하지 않는 경우가 있는데 이것은 피해자가

캘리가 로건 반장과 함께 살인 사건 현장의 혈흔을 관찰하며 각각의 혈흔들을 기록하고 있다. 이렇게 현장에서 나타난 혈흔 패턴을 통해 사건을 재구성해볼 수 있다.

피를 흘릴 때 선 채로 있었다는 것을 나타낸다. 혈흔의 흐름을 막는 방해물이 존재한다면 그 역시 사건의 중요한 단서가 된다.

피가 채 마르기 전에 다른 곳으로 전달된 혈흔도 있다. 일반적으로 쉽게 발견할 수 없는 개인 특유의 상처나 지문 같은 특정적 부위나 상황일 경우에는 결정적인 증거로 활용될 수 있다. 아만다의 베게와 블라우스에서 피 묻은 지문 자국과 손바닥 크기의 흔적이 발견되었다. 특이하게도 이 손의 주인공은 여섯 개의 손가락을 가지고 있었다. 다니엘은 흔히 육손이라고 불리는 다지증 기형을 갖고 있었다. 바닥에는 피를 밟았을 때 생긴 족적도 발견되었다.

비산형 혈흔은 주먹, 권총 등에 의해 혈액이 자유비행 하다가 충돌할 때 생겨난다. 한편 살인 현장의 벽에서 자주 볼 수 있는 선상분출 혈흔은 심장이나 혈관이 절단될 때 혈액이 뿜어져 나와 V자형이나 물결 모양 등의 특정 패턴을 형성한다.

이탈 혈흔은 혈액이 물체에 부착되었다가 떨어져 나간 혈흔을 말한다. 혈흔이 선형으로 발견될 때는 무기를 휘두른 힘에 의해 혈흔이 시간 순서대로 이탈되며 방향성을 갖게 되므로 가격 횟수를 짐작할 수 있는 실마리를 얻게 된다. 이곳 천장에도 가해자가 둔기를 휘두를 때 이탈된 것으로 보이는 혈흔이 발견되었다. 차고를 조사하다가 가해자가 흉기로 쓴 것으로 보이는 야구방망이를 찾아냈다. 한편 변형 혈흔은 옷에 흡수되거나 곤충에 의해 이동하는 등의 원인으로 생겨난다.

이처럼 혈흔분석가들은 외력과 핏자국들의 크기에 의미를 부여해 이를 설명하려 한다.[6] 로건 반상은 측미계를 건네주며 안방의 침대 측면 벽에 비산한 핏방울의 크기를 측정해보라고 지시했다. 나는 측정한 혈흔의 직경이 2.5mm라고 알려주었다. 로건 반장은 내 말에 중속 비산혈흔이라고 답했다.

1971년 맥도넬McDonell, H.과 비아루즈Bialousz, L.의 비산혈흔 속도별 분류에서 시작된 이론에 따르면 저속, 중속, 고속 충격 비산혈흔은 각각 직경이 4mm, 1~4mm, 1mm이다. 저속, 중속, 고속 비산혈흔은 각각 1.5m/s 이하, 1.5~7.6m/s, 30.5m/s 이상의 힘으로 분류된다. 이 이론은 둔기, 총상과 같은 외상과 연결하여 신속한 결론을 내릴 수 있기 때문에 불확실성에 대한 논란에도 불구하고 현장 수사에서 정황을 파악할 때 널리 받아들여지고 있다.

현장 수사가 거의 끝나갈 무렵, 사건 미팅을 마친 로건 반장이 안방으로 들어오는 것이 보였다. 나는 현장의 혈흔패턴을 정리한 수사일지를 내밀었다. 첫 현장이었는데 혼자서도 조사를 성공적으로 마쳤다는 생각에 나도 모르게 우쭐해졌다.

"반장님, 이 정도 증거면 유죄 입증에도 문제없겠죠?"

말없이 수사일지를 훑어보던 로건 반장의 얼굴에 흡족한 미소가 떠올랐다.

"혼자서도 잘 해냈군. 앞으로 혈흔을 분석할 땐 단서들이 왜곡되어 사건의 핵심이 혼란해지거나 증거의 가치가 폄하될 수 있으니 주의해야 하네."

"명심하겠습니다, 반장님. 다른 가능성이 존재할 수 있다는 점을 늘 염두에 두겠습니다. 여러 변수를 검토해서 발견된 증거들에 대한 논리적 설명을 찾아보겠습니다."

로건 반장은 내 말에 무척 만족한 듯 여러 번 고개를 끄덕였다.

그게 정말 피일까

사건 조사는 아직 끝나지 않았다. 모든 정황은 분명했지만 창고에서 발견한 야구방망이를 사용해 다니엘이 아만다를 살해했다는 것을 입증해야만 했다.

범행에 이용한 후 닦아낸 것인지 방망이에서 혈흔은 눈에 띄지 않았다. 혈흔예비테스트를 위해 준비해온 페놀프탈레인을 면봉에 묻혀 방망이에 도포한 후 색깔 변화를 관찰해보았다. 페놀프탈레인은 학창 시절 화학을 배웠던 이들이라면 누구나 한번쯤 들어보기는 했을 것이다. 산, 염기 적정 실험을 할 때 시료를 분홍색으로 변화시켰던 지시약이 바로 이것이다. 수사관이 아니더라도 이를 체험해보고 싶은 사람들이라면 교육용 시약세트를 구입해 이용해볼 수 있다. 수사 드라마의 전 세계적인 인기 때문에 요즘은 혈흔분석 시약들이 시중에서 많이 판매되고 있다.

혈흔예비테스트에는 카스틀-마이어Kastle-Meyer 시약을 사용한다. 이 시약은 페놀프탈레인에 수산화나트륨, 아연파우더를 넣고 끓이면 얻을 수 있다. 현장에 나갈 때는 반드시 시약병에 에탄올을 첨가해야 한다. 현장에서 혈흔예비실험을 수행할 때 준비해온 시약과 과산화수소를 차례로 적용하여 분홍색이 나타나면 혈액 양성이라고 판단한다. 다니엘의 야구방망이에서도 양성반응이 나타났다.

간이 검사용 스트랩도 이용한다. 병원에서 소변검사 할 때에 쓰는 것과 비슷하다고 생각하면 된다. 상품화된 헤마스틱스Hemastix™는 한 개의 스트립에 TMB 염료(3,3′,5,5′-Tetramethylbenzidine)와 과산화수소가 갖추어져 있다. 여기에 혈액을 묻히고 60초 정도 지나면 색깔이 변한다. 테스트지에 묻히는 것만으로도 혈액의 존재 유무를 쉽게 알아낼 수 있는 것이다. 그래서 혈뇨 테스트지로 활용되고 있기도 하다.

수사 드라마에 종종 등장하는 화학발광물질인 루미놀luminol(5-amino-2, 3-dihydro-1, 4-phthalazinedione)도 있다. 만약 관심 대상에 헤모글로빈이 존재한다면 청백색 빛을 발하게 된다. 이 용액은 루미놀과 수산화나트륨을 혼합해 알칼리성 용액으로 만든 후 이를 과산화수소 수용액에 섞으면 얻을 수 있다.

그 외에도 나는 로건 반장의 지프에 구비된 이런저런 혈흔 간이검사 키트들을 접해볼 기회가 있었다. 그중 헤마트레이스hematrace와 같은 검사 방법은 면역학적 항원-항체 반응 분석기술을 이용해 사람이나 포유동물의 혈액임을 알려주는 검사 방법이다. 양성반응이면 T라인에 청색선이 나타나 혈흔의 존재를 나타내지만 사람의 혈액임을 확정하려면 추가 실험이 필요하다. 앞서 다니엘의 야구방망이를 발견했던 차고의 한쪽에서 전기톱을 발견했다. 톱날에서 시료를 채취해 키트에 사용해본 결과 양성반응이 나타났다.

그뿐 아니라 마당에서 토막 낸 시신이 담긴 가방과 절단된 뼛조각을 차례로 찾아냈다. 이처럼 혈흔의 형태를 분류하기에 앞서 현장에서 발견한 증거가 사람의 혈흔인지를 확인하는 일도 필요하다.

정원에서 발견된 시신은 몇 년 전 실종된 웨스트라스베이거스 대학교의 줄리 킴벌리와 스트립 클럽 '홀리데이'에서 댄서로 일했던 에바 신들러로 밝혀졌다. 어이없게도 다니엘의 진술과 달리 아만다는 그의 아내가 아니었다. 그들은 아만다가 웨이트리스로 일하는 펍에서 처음 만나 석 달간 교제해왔던 것으로 밝혀졌다.

친모의 학대를 받으며 성장한 다니엘은 여성에 대한 강한 증오와 분노를 품고 있었다. 그의 어머니는 남편이 자신을 버린 이유가 다지증을 가진 아이를 낳았기 때문이라고 생각했기에 어린 아들에게 이유 없이 호된 매질을 가하거나 며칠씩 밥을 굶기기도 했다. 그러던 어느 날 어머니는 다니엘을 보육원에 맡기고 알코올의존자 모임에서 만난 남자와 어디론가 떠나버렸다. 다니엘은 여성에 대한 깊은 혐오증에 빠져 살인을 저질렀고, 살인을 자신을 버린 어머니에 대한 유일한 앙갚음이라 여겼다. 다니엘은 이번에 발견한 아만다, 줄리, 에바뿐 아니라 실종된 또 다른 다섯 명의 여성을 살해한 혐의로 체포되었다.

드라큘라 백작이 환자라면

피에 대한 이야기가 나왔으니 뱀파이어 사내를 만났던 이야기를 해볼까 한다. 사건은 도심지에서 제법 떨어진 곳에 위치한 어느 교회의 묘지 주변에서 일어났다. 두 자매가 부활절 연극 연습을 마치고 집에 돌아오던 길에 무참히 살해된 채 발견되었다. 범인은 자매의 몸에서 장기를 빼내고 그 자리를 진흙으로 채워놓았다. 이는 '새크라멘토의 뱀파이어'라 불리는 연쇄살인범 리처드 체이스Richard Chase의 행적과 유사한 점이 있었다. 그는 피해자의 장기를 떼어버리고 피를 마신 것도 모자라 시신을 강간하기까지 했다고 전해진다.[7]

나는 세 개의 주에서 같은 혐의로 용의자로 지목된 마크 사사키를 수사하기 위해 그의 집으로 향했다. 이웃들의 증언에 따르면 일식 셰프인 마크는 늘 밤늦게야 일을 마치고 집으로 돌아왔고 야심한 시각에도 어김없이 산책을 나가곤 했다. 그의 식당에서는 VIP 고객에게만 '사사키 모츠나베'라는 일본식 곱창전골요리와 '사사키 육회'를 비밀리에 판매하고 있었다. 특히 해마다 핼러윈에만 한시적으로 내놓는 특제 교자는 꽤 고가인데도 일찌감치 품절될 정도로 폭발적인 인기를 누렸다. 교자 속 재료가 무엇인지는 철저히 비밀에 붙여졌다. 손수 요리를 하는 그의 모습을 볼 때마다 리처드 체이스의 모습이 자꾸만 떠올라 등골이 오싹해지곤 했다.

마크의 집에서는 90cm가 넘는 일본도를 포함해 여러 종류의 칼이 꽂힌 휴대용 가죽 지갑과 칼갈이까지 발견되었다. 그는 자신이 검도 유단자로 평소 도검에 관심이 많고 직업상 칼을 다루다 보니 여러 종류의 칼을 구비해놓은 것뿐이라고 변명했다.

하지만 일본인 아버지에게 물려받았다는 그의 일본도를 수거해 혈흔 예비테스트를 하자 양성반응이 나타났다. 이때는 검사를 위해 류코말라카이트 그린leucomalachite green을 준비해갔다. 앞서 연쇄살인범의 방망이에 카스틀-마이어 시약을 테스트하자 분홍색으로 변하며 양성반응이 나타났던 것을 기억할 것이다. 류코말라카이트 그린을 사용하면 양성일 때 청록색이 나타난다.

마치 그는 전설 속 인간의 간을 빼 먹은 구미호처럼 섬뜩한 일을 실제로 행했던 것이다. 마크를 보고 있으니 문득 드라큘라의 모델이었던 블라드 3세가 떠올랐다. 그는 성기와 항문 부위를 도려내고 그 자리에 꼬챙이를 꽂아 넣고는 죽어가는 사람들의 모습을 바라보며 식사를 즐겼다고 한다.

마크는 포르피린증porphyria이라는 유전병에 걸린 환자였다. 일부 학자들은 블라드 3세, 조지 3세[8] 역시 포르피린증 환자였을 가능성을 제기한 바 있다. 공포의 대상이던 뱀파이어의 특징이 이 병에 걸린 환자들과 증세가 비슷하다. 유전 질환인 포르피린증은 헴heme의 체내 합성 과정 동안 효소 결함 때문에 전구물질이 쌓이는 대사 장애다. 헴의 합성 단계에 따라

일곱 가지 형태로 분류된다.

영국의 조지 3세 역시 포르피린증 환자들의 증세들, 즉 극심한 복통, 혈뇨, 간헐적 정신착란 등의 증상들을 보였다고 한다. 포르피린증에 걸리면 빈혈 증세가 나타나고, 심하면 다른 사람의 피를 수혈해야 한다. 때로 햇빛에 화상을 입은 것처럼 피부가 벗겨지기도 한다. 빈혈과 함께 환상, 발작 등의 증상을 보이기도 하고 잇몸이 작아져 이가 길어진 것과 같은 모습으로 변할 수 있다. 이 모습은 우리가 흔히 상상하는 흡혈귀와 흡사하다. 안색이 창백한 데다 햇빛을 차단하기 위해 두꺼운 커튼이 드리워진 곳에서 살아가기에 밤에만 나타나는 것처럼 보일 것이다. 따라서 이 증세를 가진 사람은 공포의 대상이 될 수 있다.

수집한 여러 증거들을 제시하자 마크는 예상과 달리 범행을 굳이 부인하려 애쓰지 않았고 그동안의 일들을 순순히 자백했다. 그리고 묻지도 않았는데 식당에서 판매되는 비싼 음식들의 비밀에 대해 떠벌리기 시작했다. 그 특급 메뉴들은 모두 시신에서 가져온 재료들로 만들어졌다는 것이다. 수사 중이던 내게 식당에 들르면 생피로 만든 칵테일을 대접하겠다며 가임기 여성은 엽산folic acid(비타민B_9) 결핍에 주의해야 한다는 말을 능청스럽게 늘어놓기까지 했다. 엽산은 비타민B_{12}와 결합해 적혈구를 만드는데

왈라키아 공국의 왕 블라드 3세Vlad Ⅲ는 브램 스토커Bram Stoker의 소설 『드라큘라』의 모델로 알려져 있다.

관여하므로 그에게는 초미의 관심사였을 것이다.

과학자와 셰프, 무엇이 똑같을까

과학자의 실험이나 연구는 셰프가 요리를 하는 과정과 공통점이 많다. 요리에 레시피가 있다면 실험을 할 때는 프로토콜이 있다. 재료를 잘 준비하는 것도 성공적인 요리를 위해 꼭 필요한 과정이다. 마찬가지로 재료들을 실험 조건에 맞게 다듬는 작업, 즉 과학자가 실험을 준비하는 과정도 결론에 성공적으로 도달하기 위한 중요한 부분이다. 셰프가 칼을 갈고 요리에 필요한 식기와 도구들을 점검하는 것처럼 과학자들은 실험 장비나 도구가 갖춰지고 작동하는지를 살펴보며 상당한 시간을 소비하기도 한다. 실험이 다 끝나도 산더미 같이 쌓여 있는 도구들을 정리할 것을 생각하면 한숨이 저절로 나올 때도 있을 것이다. 하지만 어떤 셰프도 주방 정리가 싫다고 해서 요리를 포기하지는 않는다.

똑같은 레시피와 도구를 이용해 요리를 해도 셰프 각자의 개성과 실력에 따라 요리의 맛은 제각각이기 마련이다. 셰프의 손맛이 음식에 베어나 듯 과학자들의 연구에도 그들의 경험과 노고가 묻어난다. 요리의 맛을 알아주는 사람은 따로 있다. 어떤 셰프가 특정 요리에 능숙하지 못하거나 요리 대회에 나가 수상하지 못했다 하더라도 영원한 낙오자가 되는 것은 아니다. 물론 연구 과정에서 몇 번의 실패를 겪었을지라도 이는 성공을 위한 발판이 되기도 한다.

바쁘게 살아가는 현대인들은 정확한 계량과 레시피로 공장에서 생산된 즉석 조리식품 덕분에 전자레인지의 가열 버튼만 누르면 당장이라도 뜨끈한 음식을 먹을 수 있다. 큰 노력을 기울일 필요 없이 즉석요리만으로도 끼니를 때울 수 있다. 그러나 즉석요리의 편리함은 인정할지언정 사람들은 이를 식사다운 식사로 여기지는 않는다. 그래서 정성이 깃든 어머니의 밥상은 늘 그리움의 대상이다. 그뿐 아니라 발효시키거나 숙성시키는 과정을 포함해 상당한 노력과 시간이 요구되는 조리법도 여전히 많은 이들의 사랑을 받고 있다. 조리를 하다보면 특별한 맛이나 레시피가 개발되기도 하고 이를 통해 자신만의 독특한 요리 방식을 만들어나갈 수도 있다.

요리는 재료를 양념에 그저 버무려놓은 것이 결코 아니다. 재료에 맛이 들 때까지 참고 기다리는 시간도 필요하다. 과학자들에게도 이는 동일하게 적용된다. 과학자들은 연구를 기획하여 실험을 수행하고 결과가 도출될 때까지 끊임없이 자신의 한계를 넘나드는 인내심을 발휘해야 한다.

한편 요리를 만드는 데 있어서 절대적인 레시피란 있을 수 없다. 오랫동안 많은 이들에게 인정받아왔던 전통적인 개념과는 전혀 다른 방향으로 나아갈 수도 있으며 그동안 굳게 믿어왔던 방식이 눈앞에서 순식간에 산산이 조각나버리는 순간도 경험하게 된다. 모두가 틀렸다고 손가락질하거나 남들이 말리는 길을 홀로 걸어가야 할 때도 있을 것이다.

또한 조리 시간을 잘못 조절하여 몽땅 태워버리거나 바보 같은 실수를 저질러서 잘 되어가던 요리를 한순간에 망쳐버리는 순간을 경험하기도 한다. 연거푸 실패를 반복하며 극복의 터널을 지나는데 긴 시간을 보내기도 한다. 더구나 오랜 시간 힘겨운 노력을 쏟아부었는데도 선보인 결과가 타인의 기대에 미치지 못할 때도 있을 것이다.

로건 반장은 신참 수사관들에게 소설 『브리다』의 다음 글귀를 들려주곤 했다.

셰프와 과학자, 무엇이 똑같을까? 지수는 드라마 세상으로 건너와 과학 여행을 하고 있다. 그녀는 과학자와 셰프가 닮은 점이 있다는 것을 깨닫게 된다.

"길을 찾으면 두려워하지 말게. 실수할 용기도 내야 하는 거야. 잊지 말게나. 실망과 패배감, 좌절까지도 신이 우리에게 길을 보여줄 때 활용하는 도구라네."

우리의 입맛은 점점 더 자극적이고 기름진 인스턴트 음식에 길들여져 가고 있다. 또한 실패를 줄이기 위해 누군가가 성공을 보장한 레시피를 찾기에 분주하다. 이렇게 되면 새로운 시도는 엄두도 내지 못하게 된다. 하지만 바쁘다는 이유로, 혹은 실패가 두려워 나만의 인생 레시피 개발을 내일로 미루기만 한다면 현실의 정글 속에 살아가는 동안 이를 결코 맛볼 수 없을지도 모른다.

요리 솜씨는 결코 시행착오 없이 주목받을 만한 수준에 도달할 수 없다는 것을 잊지 말자. 특정 영역의 전문가로 성장하는 길은 냉동피자 박스 뒤편의 조리법처럼 단숨에 해치울 수 있는 것이 결코 아니다. 그보다는 곰국이나 묵은지를 조리하는 과정처럼 맛이 들 때까지 상당한 시간이 걸릴 수도 있다. 재료들이 어우러져 숙성될 때까지 긴 시간을 아무런 자격 없이 견뎌야 할 수도 있다. 기다림의 결과 또한 언제나 만족스러운 것도 아닐 것이다.

과학이라는 요리를 할 때는 자신의 결과물을 가장 잘 어울리는 그릇에 담아내는 것도 간과할 수 없는 일 가운데 하나이다. 수행한 연구는 논문이나 구두 발표와 같이 사람과 사람 사이의 커뮤니케이션을 통해 세상에 알려지게 된다.

설명할 길은 없지만 나는 돌풍을 타고 드라마 속 세상에 와 있다. 그리고 이곳에서 매일 과학자들과 만난다. 그들은 화학자, 곤충학자 등 전문 분야에서 활약하는 과학자이기도 하지만 우리의 가족, 친구, 친척, 이웃, 동료일 수도 있다.

당분간은, 그 당분간이 얼마가 될지는 묘연하지만, 나는 그들과 희로애락이 넘실대는 인생의 파도를 함께 타고 갈 것 같다.

에필로그

무엇이 보이는가?

다음 그림은 방금 내 파일 철에서 꺼낸 사건의 한 장면이다. 이 사건은 도심 지역의 한 가정집에서 발생한 살인 사건이다. 사건 현장에는 한 남녀가 응접실 바닥에 누운 채로 사망해 있었다. 아내인 수지의 머리와 가슴에 화살이 박혀 있었고 남편의 시신 옆에는 활이 나동그라져 있었다.

이번에는 당신 차례다. 지금부터는 당신이 담당 과학수사관이 되어 현장을 꼼꼼히 둘러보고 관찰한 내용을 토대로 살인 사건이 발생했던 당시의 상황을 예측해보자. 어떤 혈흔 패턴을 발견했는가? 살인 사건이 있던 그날, 과연 무슨 일이 벌어진 걸까?

라스베이거스의 평범해 보이는 가정집에서 발생한 또 다른 살인 사건. 이 장면은 캘리의 파일 속 사건 현장이다.

물과 비밀의 공통점

하와이에 막 도착했다. 휴가차 온 것은 아니고 이곳에서 열리는 범죄학 워크숍에 참여하기 위해서다. 일정을 보니 야자수가 늘어선 금빛 해변을 거닐 시간 따위는 없을 것 같았다. 그래도 그동안 듣고 싶었던 법곤충학 강연에 참가할 수 있다는 기대에 마음이 부풀었다. 최근 로건 반장은 범죄연구소에 곤충분석 실험실을 새로 꾸몄다. 그의 일을 도울 기회가 부쩍 늘면서 벌레들에 관심이 생겼다. 워크숍에는 원래 로건 반장이 참석해 '혈흔 해석의 이론과 범죄 현장에서의 실제'라는 제목의 연구 포스터 발표를 할 예정이었다. 하지만 며칠 전 오랜 지병인 심장병이 악화되어 병원에 입원하는 바람에 로건 반장을 대신해 내가 워크숍에 참석하게 되었다. 범인의 습격을 받고 부상을 당한 후 가까스로 회복된 지 얼마 되지도 않았는데 그는 또다시 병원 신세를 지게 되었다. 갑자기 결정된 출장이라 준비도 제대로 못한 채 급한 대로 가방 안에 이것저것 챙겨 넣고 바로 출발했다.

다니엘K이노우에 국제공항에 내려 밖으로 나가려는데 전혀 예상치 못한 문제가 생겼다. 내 여행 캐리어가 사라진 것이다. 검은 컨베이어 벨트를 몇 번이나 빙빙 돌며 눈이 빠지도록 찾아보았지만 벨트가 완전히 멈추고 그 위에 놓였던 여행객들의 가방이 모두 사라질 때까지도 나타나지 않았다. 완전히 빈손으로 이 섬에 내린 것이다. 어떻게 해야 할지 몰라 나는 그 자리에 얼어붙고 말았다.

"혹시 캘리?"

누군가 나를 불렀다. 이곳에서 내 이름을 아는 누군가를 만나다니, 누구지? 맞다. 이곳은 캘리의 고향이니 어쩌면 그녀의 가족이나 친구가 얼굴을 알아본 것인지 모른다.

슬며시 뒤를 돌아보았다. 뜻밖에도 그곳에는 낯익은 이가 서 있었다. 스티븐, 드라마 〈벤간자〉의 배우였다. 그가 점점 가까이 다가왔다. 얼굴이 달아올랐다. 텔레비전으로만 보았던 스티븐은 실제로 보니 훨씬 더 근사했다. 키는 보통 사람들보다 머리 하나는 더 있었고 하와이의 뜨거운 태양 아래에서 그을린 구릿빛 피부가 남성미를 물씬 풍기고 있었다. 그는 조금 피곤해 보였지만 강렬한 눈빛 하나만으로도 묘한 매력이 느껴졌다.

스티븐은 나를 만나러 공항에 온 것이 아니었다. 며칠 전 공항의 컨베이어 벨트에서 피투성이 시신이 한꺼번에 밀려나오는 사건이 발생했기 때문이었다. 수사 중에 가방을 찾아 우왕좌왕 하고 있는 나를 발견한 것이다. 그는 말없이 힘줄이 불거진 팔뚝을 올리더니 나를 와락 껴안았다. 스티븐의 도움으로 항공사 직원의 착오 때문에 여행 가방이 시카고에 가 있다는 사실을 알게 되었다. 스티븐은 이를 확인해준 직원에게 자신의 명함을 건네주며 가방이 하와이에 도착하면 연락달라고 부탁의 말을 남겼다.

"설마, 이게 꿈은 아니겠지. 캘리가 날 만나러 하와이에 다시 오다니."

당황해 하는 내 모습을 물끄러미 보고 있던 그가 싱긋 웃었다.

"그동안 잘 지냈어?"

"스티븐, 실은 범죄학 워크숍에 참석하려고 왔어."

"이거 좀 서운한데? 설마 호텔에 묵을 생각은 아니지? 이곳까지 왔는데 그건 말도 안 돼. 그럼, 그렇고 말고. 어서 집으로 가자."

스티븐의 눈길이 한참이나 내게 머물렀다. 그의 검고 깊은 눈망울에는 오래 묵은 그리움이 가득 어려 있었다.

"그동안 연락 한번 없더니 이제야 나타났군. 여전히 예쁘네."

스티븐은 아랫입술을 지그시 깨물더니 내게 더 가까이 다가왔다.

"네가 말없이 하와이를 떠나버리고 나서 나는 오랫동안 슬픔과 그리움 속에서 헤어 나오지 못했지."

"넌 지금까지 쭉 하와이에서 살았나보구나."

스티븐은 말없이 고개를 끄덕였다. 일전에 캘리의 휴대폰에서 스티븐의 사진을 본 적은 있었지만 어른이 된 그를 이렇게 만나게 될 줄은 몰랐다.

"이 사이언스 긱은 하와이 경찰본부 소속, 하와이 과학수사대에서 근무하고 있지요."

그는 나를 향해 빙그레 미소를 지어보였다.

"저런, 이 낭만전사는 라스베이거스 법과학연구소의 과학수사대에서 일하고 있답니다."

사이언스 긱과 낭만전사. 이들은 어린 시절 서로를 그렇게 불렀다. 우리는 약속이나 한 듯 이렇게 외치고는 어린아이처럼 깔깔거리며 웃었다.

'스티븐, 난 네 비밀이 무엇인지 알고 있지. 하지만 다른 세상에서 가져온 정보이니 비밀은 지킬게.'

반짝이는 배지를 주머니에서 꺼내 보여주는 그를 바라보며 나는 마음속으로 이렇게 외쳤다.

로건 반장에게 들어서 수사관 스티븐에 대해서는 익히 알고 있었다. 그는 혈흔심리분석이라는 특수 분야의 전문 수사관이다. 현장의 혈흔 패턴을 관찰해 살인자의 범행을 날카롭게 분석해낼 뿐 아니라 살인자의 심리를 정확히 꿰뚫어 범행 동기를 유추해낸다고 한다.

캘리가 스티븐을 처음 만난 것은 네 살 때의 일이다. 동갑내기인 그들은 자연스레 친구가 되었다. 그들은 둘 다 열다섯 살이 되던 해에 끔찍한 사고로 부모를 잃었다. 출장을 간다던 캘리의 아버지와 스티븐의 어머니는 함께 싸늘한 시신이 되어 돌아왔다. 그들은 스티븐의 집, 침실에서 발가벗은 채 피투성이가 되어 발견되었다. 경찰관이었던 캘리의 아버지와 프로파일러였던 스티븐의 어머니는 연쇄살인범의 뒤를 함께 쫓으며 특별한 감정에 빠지고 말았다. 그리고 두 사람은 그들이 쫓던 잔혹한 살인광의 칼에 여덟 번째, 아홉 번째 희생자가 되어버렸다. 어린 스티븐은 두 사람이 죽어가는 과정을 홀로 지켜보아야만 했다. 그날 이후 스티븐과 캘리의 인생도 많이 달라졌다. 캘리는 슬픔과 배신감으로 괴로워하는 어머니와 함께 로스앤젤레스로 이주했고 스티븐도 그날 충격으로 온 실어증으로 한동안 입을 열지 못했다.

그날 밤 나는 그의 손님용 방에서 잠을 청했다. 잠결에 누군가 내 머리를 부드럽게 쓸어 올리는 걸 느꼈다. 눈을 뜨자 스티븐이 애정 어린 눈길로 나를 내려다보고 있었다. 테이블에 김이 모락모락 나는 찻잔이 보였다. 벌써 밖에 나가 조깅을 하고 왔는지 셔츠가 온통 땀으로 젖어 있었다. 스티븐은 상냥한 목소리로 아침 인사를 건넸다.

"잠은 잘 잤어?"

나는 아직 반쯤 감긴 눈으로 겨우 고개를 끄덕였다

"마음 같아서는 하루 종일 같이 있고 싶지만, 일 때문에 하와이에 왔으니 보내줘야겠지? 주방으로 와. 어서 아침 먹고 나갈 준비해야지. 워크숍이 열리는 하우올리 호텔까지 바래다줄께."

창문을 열고 하와이의 아침 공기를 음미했다. 싱그럽고 따뜻한 바람이 불어왔다. 공기만으로도 이 섬의 강렬하고 역동적인 생명력이 충분히 느껴졌다.

스티븐의 차를 타고 호텔에 도착했다. 앞서 말했듯 이번 워크숍에서 가장 관심이 큰 것은 앤드류 브루노 박사의 '곤충을 활용한 마약 수사' 강연이다. 브루노 박사 같은 저명한 범죄학자에게 미해결 사건들에 대해 꼭 한번 조언을 구하고 싶었다. 로건 반장을 대신해 발표를 간단히 마친 후 브루노 박사의 강연이 열리는 세미나실로 향했다. 그곳으로 가려면 수영장이 내려다보이는 긴 복도를 가로질러 가야 했다. 천천히 걸어가며 브루노 박사에게 질문할 내용을 마음속으로 정리했다. 유리창 밖으로 내려다보이는 수영장에는 하와이안 꽃무늬 셔츠를 입은 한 남자가 금발의 두 비키니 미인들과 즐거운 한 때를 보내고 있었다. 종종걸음으로 이것저것 챙겨야 하는 나와는 전혀 다른 모습이었다.

그때 전화벨이 울렸다. 로건 반장이었다. 내심 걱정이 되었는지 내게 발표에 대해 이것저것 물었다. 그러고는 느닷없이 하와이 경찰국으로 이동해 혈흔 전문 수사과정에 등록하라는 지시를 내렸다. 출장 건을 국장에게 보고할 때 내려진 급작스러운 결정이라고 했다. 그동안 하와이 경찰국과 업무 협약을 맺었으나 쏟아지는 사건 사고와 재정적 어려움으로 수사관을 파견하기가 쉽지 않은 상황이었는데, 하와이 출신인 내가 이곳을 방문한 김에 교육생으로 관련 업무를 수행하라고 지시했다는 것이다.

로건 반장은 내가 하와이 경찰국에서 앞으로 2주간 교육받을 예정이며 교육 기간 동안 현장 근무를 겸할 것이라고 말했다. 그러니까 이 교육과정은 전문가 강의와 실무가 결합된, 다시 말해 이론과 실제를 동시에 배울 수 있는 프로그램인 것이다. 갑작스런 결정으로 하와이에서 생각보다 긴 범죄수사 워크숍에 참여하게 되었다. 아쉽게도 브루노 박사의 강연은 들을 시간이 없었다. 출구를 찾아 복도 반대쪽으로 되돌아갔다. 유리창 아래 긴 곱슬머리의 남자도 자리에서 일어나 미녀들과 작별 인사를 나누더니 어디론가 바삐 걸어갔다.

하와이 경찰국 앞에 도착하자 칼라마 부서장이 문 앞까지 나와 나를 기다리고 있었다. 그녀는 앞으로 내가 참여할 살인 사건의 경위를 간략히 설명해주었다. 그러고는 옆에 서 있던 여경에게 혈흔분석 교육 담당자에게 나를 안내하라고 지시했다.

스티븐도 여기 어딘가에서 일하고 있을 텐데. 나는 두리번거리며 그와 마주치지는 않을까 내심 기대했다. 여경이 나를 데려간 곳은 복도 끝에 있는 실험실이었다. 아니나 다를까 그곳에 스티븐이 있었다. 이 교육 과정의 강사가 다름 아닌 스티븐이었던 것이다. 스티븐도 나를 보고 놀란 표정이었다. 라스베이거스의 연구소처럼 큰 규모는 아니었지만 이곳은 혈흔분석을 위해 특화된 실험실이었다. 책상 뒤편에는 그가 현장에서 촬영한 것으로 보이는 다양한 혈흔 사진이 전시되어 있었다. 사진 속의 핏자국들이 살아 움직이는 것만 같았다.

우선 세미나실로 이동해 두 시간 동안 혈흔분석법에 대한 그의 강의를 들었다. 실험실로 돌아온 후, 스티븐은 공간상의 기법인 '줄 연결법stringing'을 실습해보자고 했다(예고편의 빨래줄 놀이가 바로 그것이다). 그는 이 방법이 범행 당시에 어떤 일이 있었는지 스토리를 구성해내는 데 도움이 된다고 말했다. 스티븐은 말이 끝나기 무섭게 실험실 한쪽에 서 있던 더미 인형을 가져왔다. 그는 인형 내부에 인공 혈흔을 가득 채우고는 여러 방향과 도구로 인형을 내리쳐 벽에 다양한 혈흔 패턴을 만들어냈다.

스티븐은 책상 위에 있던 자와 노트를 가져왔다. 사건 현장으로 나가기 전에 실내에서 미리 혈흔 집중 부위를 결정하는 방법에 대해 학습해보자고 했다.

"자, 이제부터 혈흔 집중 부위를 결정해보자. 이중에 타원형인 혈흔을 골라봐. 방향성을 결정하는 데 도움이 될 꺼야."

스티븐이 먼저 시범을 보였다. 그는 혈액의 방향과 반대 방향으로 직선을 그었다. 그러면서 혈흔의 움직임이 그 직선의 연장선상에서 출발하게 된다고 덧붙였다. 두 번째 혈흔도 마찬가지였다. 앞서 했던 것과 똑같이 직선을 긋고 두 직선이 수렴하는 지점을 찾으면 두 혈흔에 대한 집중점이 된다. 이 부위는 점일 수도 있지만 넓은 지점일 수도 있다. 집중점을 찾는 데 있어서 혈흔의 개수가 많아질수록 신뢰도가 높아질 것이다. 스티븐은 실험실 한쪽 구석에 서 있던 보드를 내 쪽으로 밀고 왔다. 그는 혈액 방울과 이동 경로를 그려가며 설명을 계속했다.

"지금부터는 충돌 각도를 구해볼 거야. 만약에 이렇게 생긴 혈액이 있다고 가정해보자."

그는 빨간색 마커로 핏방울 하나를 그렸다.

"그다음에는 길이를 측정해야 해. 왜 그렇게 멀찍이 서 있어. 여기 와서 직접 구해봐야지."

그는 주머니에서 플라스틱 자를 꺼내 내 손에 쥐어주었다. 나는 재빨리 핏방울의 길이를 측정했다.

"이 둘의 관계를 설명하려면 삼각비를 쓰면 되지. 생각보다 간단하지?"

스티븐은 나와 눈을 맞추며 진지한 표정으로 설명을 계속했다.

"예전에 배웠던 사인sine 기억하지?"

"이번에는 수학까지?"

"전혀 복잡하지 않아. 삼각형의 생김새만 기억하면 돼. 여기 이 각의 비스듬한 면과 마주보고 있는 면의 비만 구하면 되는 거야."

혈액이 바닥에 충돌한 각도는 이처럼 삼각형의 내부에 삼각비를 이용하면 간단히 구할 수 있다. 핏방울의 충돌 각도는 사인으로 알아낼 수 있다(사인은 대변/빗변에 해당된다). 내가 보드판에 그린 혈액의 크기는 길이가 6mm, 폭이 3mm였다. 그렇다면,

$$\sin\theta = 3/6 = 0.5$$

캘리에게 혈흔분석법을 가르치는 교관은 우연찮게도 스티븐이다. 캘리는 삼각비를 이용해 발혈 부위와 혈흔 충돌각을 구하는 방법을 배우고 있다.

이 값, 즉 0.5가 나오는 충돌 각도 θ는 30°가 된다.

"역시, 잘하는데!"

"그러게 말이야. 범인 너 딱 걸렸어!"

나는 손가락으로 권총 모양을 만들어 더미를 겨누는 시늉을 해보였다.

"풋, 능청스러운 건 여전하구나."

스티븐과 나는 어린 시절에 그랬던 것처럼 한바탕 소리 내어 웃었다.

"자, 이제 피가 나온 지점이 어디인지 결정할 차례야. 이번에는 탄젠트tangent를 이용해보자."

그는 집중점에서 직각 방향으로 직선을 연장한 후 혈액, 집중점, 발혈점을 연결해 삼각형을 그렸다. 이제 집중점에서 발혈점까지의 거리를 구해야 한다. 탄젠트라는 말이 익숙지 않다면 탄젠트의 T 모양을 기억하면 된다. 즉, 삼각형 모양대로 T, 즉 높이/밑변에 해당한다.

"캘리, T자만 생각하면 돼. 혈흔으로부터 집중점까지의 거리를 발혈점까지의 수직거리로 나누면 되는 거지. 그렇다면 발혈 부위까지의 수직거리는 Tan(충돌 각도) 곱하기 혈흔으로부터 집중점까지의 거리가 되는 거야."

스티븐은 설명한 내용을 보드에 그리기 시작했다.

"예제를 풀어보면 이해가 더 잘 될 거야. 이번에는 문제를 낼 테니 한번 풀어봐. 현장에서 발견된 두 혈흔의 충돌 각도는 30도, 교차점까지의 거리가 64.5센티미터라면 발혈 부위까지 수직거리는 얼마일까?"

"음, 탄젠트 30도가 얼마더라?"

"0.577이야."

"그렇다면 문제없지. 방금 탄젠트 30도가 0.577라고 했지? 그럼 출혈 부위까지의 수직거리는 0.577 곱하기 64.5이고, 이걸 계산해보면 37.2센티미터입니다. 교관님!"

그는 손가락으로 딱 소리를 내며 답했다.

"여기까지는 오케이! 자, 지금부터는 줄 연결법을 좀 더 설명할게."

나는 그의 말에 고개를 끄덕였다.

"이 방법은 혈흔에 관한 지식들을 공간상에 배치해서 사건 상황을 시각적으로 재현해낼 수 있지. 하지만 요즘은 수사관 교육 과정이나 재판에서 배심원들에게 보여주기 위한 자료로 활용되는 정도라고 할까. 컴퓨터 프로그램으로 대체되었거든."

"어떤 단점이 있었나보지?"

"맞아. 현장에 줄을 붙이고 삼각대를 세우는 건 상당한 노동력과 시간이 필요한 일이야. 더군다나 결과 해석에 있어서 주관성을 배제할 수 없거든."

"아직도 드라마에서는 종종 등장하던데."

그는 고개를 끄덕이며 벽에 걸린 시계를 흘낏 쳐다봤다.

"벌써 퇴근 시간이네. 캘리와 함께 있으니 시간 가는 줄도 모르겠어. 그나저나 괜찮니? 피곤해 보이는데."

스티븐은 정이 그득한 눈빛으로 나를 바라보았다.

"응, 온종일 피만 쏘아봤더니 이제는 빨간 점이 눈앞에 따라 다니는 것 같아. 나보다 네 얼굴이 더 피곤해 보이는데. 사건의 비밀을 알아내는 과정에 쉬운 일은 없네."

그는 자못 진지한 표정으로 속삭이듯 이렇게 말했다.

"비밀이라… 영원한 비밀이란 존재하지 않아."

"정말 그럴까?"

"물과 비밀의 공통점이 뭔지 알아?"

"글쎄, 뭐지?"

나는 어깨를 살짝 으쓱해 보였다

"비밀은 댐 속의 물처럼 밖으로 나가길 원한다는 거야."[9]

나는 마음속으로 그 말의 의미를 곰곰이 생각해보았다. 스티븐이 지금껏 어떤 마음으로 살아왔는지 어렴풋하게나마 이해할 수 있을 것 같았다.

에필로그

도대체 어떤 게 진실이니?

하와이 경찰국에서의 2주 교육이 거의 끝나가고 있었다. 내일이면 이곳을 떠나야 한다. 이별의 순간까지 스티븐과 이 애틋한 감정을 남김없이 나누고 싶었다.

오늘 스티븐과 나는 서장의 비서로 일하는 데보라의 결혼식에 참석했다. 경찰 제복 대신 웨딩드레스를 입은 데보라는 눈부시게 아름다웠다. 사람들의 환호성 속에 데보라가 던진 부케가 내 품으로 들어왔다. 악단의 지휘자는 다음 곡으로 〈마지막 춤을 나와 함께Save the Last Dance for Me〉를 연주할 것이라고 말했다. 스티븐이 다가와 내게 춤을 청했다. 그의 손을 감싸 쥐고 한동안 음악에 몸을 맡겼다. 노래가 끝날 때 즈음 이번엔 데보라가 하얀 장갑을 낀 손을 스티븐에게 살며시 내밀었다.

그들은 손을 잡고 파티장의 한가운데로 나아갔다. 악단은 기다렸다 듯이 신나는 음악을 연주했다. 하객들이 스티븐과 신부에게 길을 열어주나 싶더니 그들 밖에 일렬로 원을 만들어 춤을 추기 시작했다.

그때였다. 어디선가 가늘고 긴 비명이 들려왔다. 사방에서 웅성웅성 하는 말소리가 들렸고 순식간에 식장은 아수라장이 되고 말았다. 음식과 술을 즐기고 있던 수많은 하객들은 뿔뿔이 흩어졌다. 나는 비명이 들리는 방향으로 달려갔다. 스티븐의 하얀 셔츠가 붉게 물들어 있었다. 그리고 한 중년의 여인이 공포에 몸을 부들부들 떨고 있는 모습이 보였다. 스티븐은 고개 숙인 데보라를 품에 안고 있었다. 그녀의 등에는 칼이 꽂혀 있었다. 스티븐이 멍하니 하늘을 바라보다 입을 열었다.

"그녀는?"

데보라의 몸에 손을 대보니 온기가 남아 있었지만 이미 죽음의 그림자가 드리운 상황이었다. 나는 고개를 좌우로 흔들었다. 스티븐을 노린 누군가의 칼에 함께 있던 데보라가 희생된 것이다. 본부에 전화로 상황을 보고하고 차에서 분석 장비를 꺼내왔다.

앞서 스티븐에게 배운 대로 줄 연결법으로 혈흔을 분석했다. 측정 결과, 혈흔의 충돌 각도는 30°, 혈흔에서 집중점까지의 거리는 60cm이었다. 데보라의 키는 170cm이었다. 따라서 출혈 부위까지 수직거리는 다음과 같다.

H = tan(　　) × (　　)cm = (　　)cm

새신랑 올리버는 눈앞에 벌어진 광경이 도저히 믿겨지지 않는지 멍하니 허공만 바라보고 있었다. 황급히 달려온 데보라의 어머니가 오열하며 울음을 터뜨리자 둑이 무너진 듯 결혼식장은 온통 눈물바다로 변했다.

사람들은 막연히 내일이라는 시간이 항상 기다리고 있을 것이라 생각한다. 하지만 마지막 순간은 예기치 못한 순간에 불현듯 찾아온다. 이곳의 많은 이들처럼 누군가의 비극적 순간을 지켜보며 중요한 일들을 무작정 다음으로만 미룰 수 없다는 것을 비로소 깨닫게 되기도 한다.

스티븐은 아직도 현장의 상황들을 쉼 없이 사진으로 담고 있다. 그에게 천천히 다가갔다.

"스티븐, 아직도 네 진실을 모르겠어. 나에게만이라도 솔직해질 수 없겠니?"

잠시 침묵이 흘렀다. 잠자코 있던 그가 입을 열었다.

"난 언제나 그대로였어. 어린 시절이나 지금이나 변함없이 너를 사랑해."

스티븐은 나의 표정을 살피려는 듯 잠시 말이 없었다.

"과거의 기억들은 아직도 내 가슴속에 얼어붙은 채 남아 있지. 가까이 다가서려 해봐도 치솟은 시간의 얼음 기둥들 사이를 어떻게 건너가야 할지 모르겠어."

"이런 일은 언제라도 다시 일어날 수 있어. 제발, 스티븐, 이제 그만 멈추어야 할 때가 온 게 아닐까?"

우리는 말없이 서로를 바라보았다. 그는 끝내 대답을 하지 않았다. 누구에게나 가슴속에 간직한 비밀 하나쯤은 있다. 꽁꽁 숨겨 놓은 비밀이 비록 아름답지 않더라도 이것 역시 우리의 한 부분이다. 그와의 추억은 찬바람 불 때 할머니가 꺼내놓으시던 무명 이불에 누운 느낌, 바로 그것이었다. 과거는 때로 우리를 무겁게 짓누르기도 하지만 여전히 따스하고 포근하다.

많은 사람들이 곁에서 지켜보고 있는데도 스티븐은 몸을 구부려 내 어깨 위에 살며시 팔을 둘렀다. 그의 시선은 슬픔을 삼키고 있는 내게 잠시 머물렀다. 그는 내 이마에 입술을 포개며 다시 힘껏 나를 끌어안았다. 우리는 서로의 눈꺼풀 사이로 흘러나오는 뜨거운 존재를 가슴으로 느낄 수 있었다.

SEASON 3 예고

'이번 살인 사건의 범인은 누구니?'

이 질문에 충직하게 답변해줄 파트너가 생겼다. 사건을 함께 풀어갈 새 파트너가 생겼다고 하니 누구일까 무척 궁금할 것이다. 누구냐 하면 방금 내가 시신에서 채취한 바로 이 녀석! 다름 아닌 곤충이다. 하지만 곤충들의 조언을 들으려면 이들이 어떻게 살아가는지부터 파악해야 한다.

이번 시즌에서 나는 리치몬드로 파견 근무를 나가게 된다. 해리슨 연구소에서 일하는 천재 과학자 앤드류 브루노 박사와 함께 수사에 참여하기 위해서다. 스티븐에게 혈흔분석을 배우느라 브루노 박사의 강연을 듣지 못해 아쉬웠는데 웬걸, 그와 함께 일할 기회가 생긴 것이다. 로건 반장과 사건 현장에서 작업할 때 구더기를 채집하던 그의 모습을 먼발치에서 얼핏 본 적이 있다. 하지만 카우보이모자를 푹 눌러 쓰고 있어서 얼굴은 제대로 보지 못했다. 브루노 박사의 인턴 연구원으로 일할 기회를 갖게 된 것은 기쁜 일이지만 만약 소문이 사실이라면 늘 집시처럼 들판을 헤매는 그와 함께 온갖 곤충을 만지작거리는 일로 많은 시간을 보내게 될 것이다. 더구나 여기저기에서 채집한 곤충을 연구소로 가져와 잡다한 실험을 벌여놓는다면 그 뒤치다꺼리는 모두 내 몫이 될 것 같다.

이제야 해리슨 연구소에 도착했다. 문을 열고 막 들어서려는데 마침 현장으로 나가는 연구원이 나를 알아보고 인사를 건넸다. 서둘러야 한다고 말하는 그녀 쪽으로 몸을 돌려 대답을 하려는데 벌써 저만치쯤에서 자신을 따라오라고 손짓을 하고 있었다. 나는 얼떨결에 그녀에게 달려갔다.

"저, 죄송합니다만 무슨 일이죠?"

"어서 따라오세요. 케이크 안에서 시신이 발견되었답니다."

50년간 제과 제빵 전문회사로 국내외에서 상당한 입지를 굳혀온 임브레이즈 사는 브랜드 이미지 마케팅을 위해 매년 페스티벌을 개최해왔다. 올해는 기네스 세계기록에 도전하는 자이언트 케이크를 선보이기로 했다. 이를 위해 공장 내부에 어마어마한 크기의 수조, 케이크 틀, 오븐 등을 특수 제작하여 설치했다는 뉴스가 금세 화제가 되었다. 자이언트 케이크를 만드는 리허설 과정이 지역 케이블 방송을 통해 생중계되기도 했다. 드디어 케이크가 완성되는 날, 디저트 애호가, 미식가 동호회, 지역 주민, 기자 등 수많은 사람들이 케이크를 맛보기 위해 이벤트에 참석했다. 사람들의 환호와 열띤 박수 속에 관계자들이 입장했고 그들은 기념사진을 찍기 위해 케이크를 가운데 두고 뻥 둘러섰다. 회사의 대표가 거대한 칼을 붙잡고 자이언트 케이크의 커팅을 시작했다. 그런데 옆에서 이를 지켜보던 한 여인이 갑자기 외마디 비명을 지르더니 눈을 가리고 뒤로 돌아섰다. 케이크 안에서 까맣게 그을린 여인의 머리와 긴 머리카락이 삐져나왔기 때문이었다.

시신에서 발견된 물질의 분석은 브루노 박사에게 맡겨졌다. 그것은 다름 아닌 꼬마오리나무좀 black twig borer *(Xylosandrus compactus)*라 불리는 나무좀이었다. 그녀가 건네준 보고서에는 이 나무좀이 커피 산업에 피해를 입히는 해충이며 커피를 재배하는 말레이시아, 수마트라, 피지, 브라질 등에 분포한다고 기록되

임브레이즈 사는 브랜드 마케팅을 위한 페스티벌을 개최했다. 올해는 50주년 이벤트 행사로 어마어마한 크기의 케이크를 선보였다. 해리슨 연구소로 옮겨간 후 캘리의 첫 살인 사건 현장은 바로 이곳이었다. 박수 소리와 함께 회사의 대표가 케이크를 자르는 순간, 어디선가 사람들의 비명이 터져 나왔다. 케이크 안에서 여성의 사체가 발견된 것이다.

어 있었다.[10]

"브루노 박사님, 커피 해충이라면 하와이 코나 지역에서도 서식이 가능하겠죠?"

"물론입니다. 하와이 지역에도 분포하죠. 근데 왜 자꾸 나를 브루노 박사라고 부르지요? 그러고 보니 우리 아직 정식으로 소개를 하지 않은 것 같군요. 나는 수사연구부의 부장을 맡고 있는 클레어 매컬리라고 해요. 이곳에 오신 걸 환영합니다."

나는 너무 놀라 말문이 막혔다. 이 사람이 브루노 박사가 아니라고? 내 표정을 살피던 매컬리 박사가 손을 내밀었다.

"캘리 버넷 요원이죠? 반가워요. 하지만 어차피 곤충 분석은 브루노 박사 담당이죠. 부재중이라 난처했는데 캘리가 때마침 와줘서 다행이네요. 브루노 박사는 대체 어디에서 뭘 하고 있는 건지 알 수가 없군요."

제과 인기에 힘입어 임브레이즈 사는 1년 전부터 커피 프랜차이즈 시장에 본격적으로 뛰어들었다. 케이크 안에서 발견된 피해자는 경쟁 회사인 코나포에버 사에서 스카우트 된 이곳 직원으로 밝혀졌다. 그녀는 임브레이즈 사로 자리를 옮기며 인기 주력 상품들의 커피 블렌딩과 로스팅 방법을 건네주었고 이를 대가로 홍보이사 자리를 약속받았다. 최근 하와이에서 열린 커피 박람회에도 참여했던 것으로 확인되었다. 코나포에버는 독특하고 달콤한 풍미의 시에나 커피를 선보여 최고의 인기를 누리고 있었다. 우리는 그녀가 회사 내 극비 정보를 빼돌린 일로 살해된 건 아닌지 의문을 품지 않을 수 없었다. 이처럼 사체에서 발견된 곤충의 특성은 범죄의 특정 행위나 조건을 입증하는 증거로 활용될 수 있다. 최근에는 곤충을 이용해 사후 경과 시간을 추정하는 기법도 관심을 받고 있다.

브루노 박사와 곧 만난다고 생각하니 벌써부터 가슴이 설렜다. 하지만 이곳에 도착해 벌써 나흘이 지났는데도 아직까지 그와 마주칠 기회조차 없었다.

현장에서 수집한 뼈들을 정돈하고 있는데 매컬리 박사가 심각한 표정으로 누군가와 이야기를 나누며 실험실로 들어왔다. 매컬리 박사에게 인사를 하려고 고개를 들었을 때 함께 온 연구원이 나를 향해 환한 미소를 지어보였다. 그는 눈웃음을 흘리며 내게 악수를 청했다. 그리고 아직 얼떨떨해 있는 내게 이렇게 말했다.

"여기 눈에 확 띄는 미녀가 누군가 했네. 또 만났네요. 캘리! 우연이 세 번 겹치면 운명이라던데요."

SEASON 3

증인석에 오른 곤충들

비행기에 탑승해 좌석에 앉았다. 잠시라도 눈을 붙이려 했지만 쉽사리 잠이 오지 않았다. 아직 입원 치료 중인 로건 반장을 대신해 이번에는 해리슨 연구소를 향해 가고 있다. 로건 반장은 몇 년째 해리슨 연구소의 과학자들과 '곤충을 이용한 사후시간 추정'이라는 공동 연구를 추진하고 있었다.

누군가의 시선이 느껴졌다. 고개를 살짝 돌리자 장난기 어린 눈매의 한 남자가 의뭉스러운 표정으로 희죽거리고 있었다. 그 남자였다. 하와이 수영장에서 보았던 바람둥이 같은 사내였다. 무안하게 왜 자는 사람을 빤히 쳐다보고 있는 걸까. 다시 눈을 감고 반대편으로 돌아앉았다. 하필이면 이 남자와 함께 가게 되다니.

이상 기류를 만나 기체가 흔들리고 있으니 안전벨트를 매라는 기장의 안내 방송이 들려왔다. 잠시 후 비행기가 들썩거렸다. 나는 눈을 감고 요동이 멈추기만을 기다렸다. 고개를 가로저으며 억지로라도 불안을 떨쳐버리려 했지만 쉽지 않았다. 자세를 고쳐 앉다가 무릎에 놓여 있던 책이 바닥에 떨어졌다. 옆자리의 그 남자는 기다렸다는 듯 얼른 책을 주워 내게 건네주었다.

"많이 힘드시면 제가 손잡아드릴까요?"

나는 고개를 가로저어 보였다.

"아니요. 괜찮습니다."

얼마 지나지 않아 흔들리던 비행기가 안정을 되찾았다. 객실 내에 밝은 조명이 들어오고 승무원들은 다시 기내 서비스를 시작하기 위해 카트를 밀며 분주히 복도를 오갔다.

"우리 사실 구면인데, 나는 한눈에 알아봤어요. 이제나저제나 당신이 깨기만 기다리고 있었지요."

그의 얼굴이 상기되었다.

"정말 나 기억 안나요? 하우올리 호텔 로비에서 당신을 처음 봤어요. 당신 같은 미인은 여간해서 기억에서 지워지지 않죠. 정신 못 차릴 정도로 아름다운 분이다 생각했는데 이렇게 책 읽는 모습을 보고 있으니 한 폭의 멋진 그림을 감상하고 있는 것 같네요. 근데 당신의 관심을 끈 이 책은 무슨 내용인가요?"

그는 쉴 새 없이 말을 이어갔다.

"이렇게 친절하게 책도 주워주시고 감사합니다. 이건 곤충에 관한 책이죠."

그는 무릎 위의 책을 힐끗 내려다보았다. 해리슨 연구소에서 브루노 박사와 함께 곤충학 관련 업무를 해내려면 이 분야에 대한 전문적 지식을 습득해야만 했다.

"보기와 달리 숙녀분의 독서 취향이 특이하네요. 책에 있는 사진들이 꽤 끔찍해 보이는군요."

"좀 그렇죠? 그래도 처음 이 일을 시작할 때보다 많이 익숙해졌어요. 직업상 시신을 자주 봐야 하거든요."

"흠, 장의사이신가보죠?"

"네?"

풋 하고 웃음보가 터지고 말았다. 다른 사람의 시선에도 한참 동안 웃음을 멈추지 못했다.

"뭐 비슷한 거라고 해두죠."

이렇게 나는 옆자리의 재기발랄한 남자와 다양한 주제로 대화를 시작했다. 그는 다방면에 걸쳐 해박한 지식을 가지고 있었고 선한 눈빛과 맑은 음악 같은 목소리는 묘한 안정감을 느끼게 했다. 언제 부탁을 했었는지 승무원에게 종이와 펜을 받아들고는 열심히 무언가를 그리기 시작했다.

그림 속의 곤충은 폭탄 같은 방귀를 뀌는 일명 '폭탄먼지벌레 *Pheropsophus jessoensis*'라고 했다. 이 벌레에서 큰 소리를 내며 품어 나오는 독한 가스에 대한 이야기에 빠져 있을 때, 승무원이 샌드위치와 커피를 가져다주었다. 그는 음식을 씹으면서도 설명을 멈추지 않았다. 그리고 느닷없이 킁킁거리다 뭔가 머릿속에 떠올랐는지 시신 부패 과정을 담은 책 속의 사진을 유심히 보며 이렇게 말했다.

"어제 만든 샌드위치인가? 상한 거 같은데요."

"제 건 괜찮아요. 이거 드세요."

나는 샌드위치의 다른 한 쪽을 그의 접시 위에 놓아주었다.

벌써 세 번째 시즌인데도 시신을 보는 일은, 더군다나 부패한 시신 위에 꿈틀대는 곤충들을 유심히 관찰하는 일은 여전히 쉽지 않다. 먹다가 아무렇게나 식탁 위에 던져놓았던 샌드위치의 맛이 변하고 파리가 꼬인다고 해서 이것을 무섭다고 생각하는 사람은 없을 것이다. 하지만 상당 기간 방치되어 부풀어 오른 시신을 바라볼 때면 등골이 오싹해지고 두려운 생각까지 들기 마련이다. 그때까지 곤충들은 말없이 이 모든 광경을 지켜본다.

지금 나는 브루노 박사에게 벌레들과 파트너가 되는 법, 즉 그들과 함께 사건의 진범을 잡는 비법을 배우러 간다. 그는 이번에는 폭탄먼지벌레 옆에 여자의 얼굴을 그리더니 U라고 썼다.

"다음에는 이 녀석처럼 가까이 오지 말라고 한 방 먹이지는 말아요."

그 말에 나는 샌드위치가 목에 걸려 몇 번이나 기침을 했다. 그는 여전히 환한 미소를 지으며 컵에 물을 따라 내게 건넸다.

"아, 그리고 폭탄먼지벌레는 썩은 고기를 좋아한데요."

어느새 우리 앞에 놓인 음식들은 모두 사라져버렸지만 공항에 도착할 때까지 이야기는 끊이지 않았다.

증언대에 선 벌레들

로건 반장은 살인 사건 현장에 나갈 때면 종종 곤충 목격자들에게 충분한 진술을 받아내는 요령에 대해 설명해주곤 했다. 이를 가리켜 이른바 "곤충 목격자들의 진술을 인간의 언어로 해독하는 법"이라고도 말했다. 그날도 나는 시신에서 증거를 수집하고 있었다.

"첫 번째 손님이 왔군."

"엥? 파리밖에 없는 걸요."

"바로 그 녀석들 말이야. 검정파리과blowflies, Calliphoridae 어떤 사람은 청파리bluebottle나 금파리greenbottle라고도 부르지."

"파리는 다 엇비슷해 보여서요."

이들은 브루노 박사와 함께 일하며 만난 곤충 목격자들이다. 벌레라면 종류를 불문하고 딱 질색이던 내가 드라마 세상에 와서는 수사를 위해 벌레들의 생태를 유심히 살펴보게 되었다. 수사 과정에서 만난 곤충들을 소개해보면 왼쪽 줄 상단부터 아래 쪽으로 검정파리, 반날개류, 금풍뎅이다. 오른쪽 줄은 맨 위부터 꽃등에, 쇠똥구리, 암검은수시렁이다.

"이건 검정금파리*Phormia regina*라고 하지. 여기 보게나. 서로 다르다는 걸 금방 알 수 있지. 얼마나 개성 있는 모습인가. 가슴과 배는 광택 있는 청록색이고 오렌지색 수염도 달려 있지."

아래를 내려다보니 그의 말대로 이 파리는 펄이 자르르 흐르는 녹색 멋진 코트를 입고 있었다. 검정파리는 생명체의 목숨이 다하면 최초로 도착하는 생물이다. 더구나 이들의 사생활은 그다지 복잡하지 않아 성장 단계를 분석하면 누군가 세상을 떠난 시각을 추정하는 데 꽤 도움을 준다. 알을 낳을 수 있는 암컷 검정파리는 사체의 콧구멍, 입, 항문 등 시신의 열린 곳에 자리 잡고 알을 낳는다. 이것이 부화하면 1령의 유충이 나오며 이후 2령과 3령으로 탈피한다. 그 후 적당한 장소를 찾으면 번데기가 되며 마침내 구더기가 파리 성충으로 변화한다.

시신에 모여든 곤충들의 웅웅거리는 소리를 듣고 있으니 삶과 죽음에 대한 수많은 생각들이 교차했다. 곤충들의 세상에 한 생명이 사라졌다는 소식은 삽시간에 퍼진다. 벌레들은 자신들이 나타나야 할 때를 눈치코치로 알고 있기에 시간에 맞추어 디너파티에 참석한다. 이들 중 어떤 곤충들은 사체를 뜯어먹기 위해서만이 아니라 그들을 포식하거나 배설물을 섭취하기 위해 몰려들기도 한다.

이곳에 도착하자마자 거대한 케이크 안의 시신을 조사하는 업무를 맡아 눈코 뜰 새 없이 바쁘게 보냈다. 하루는 버지니아 비치로 떠내려 온 시신의 뼈를 수습하고 있는데 매컬리 박사가 동료 연구원과 사건에 대한 의견을 나누며 실험실로 들어왔다.

"캘리! 우연이 세 번 겹치면 운명이라던데요."

이 목소리는 혹시? 그가 자신의 이름표를 가리키며 말했다.

"제가 브루노 박사입니다."

호텔 수영장에서 미녀들과 한가롭게 데이트를 즐기던 미술실의 새하얀 줄리앙 같이 생긴 남자, 비행기에서 만났던 익살맞고 붙임성 있는 그 사람이 바로 브루노 박사였던 것이다. 다시 만난 그는 말끔하게 면도를 하고 긴 머리를 단정하게 붙여 뒤로 묶었다. 실험복 차림이지만 넥타이까지 매고 있는 모습이 왠지 다른 사람 같아 보였다. 브루노 박사는 이번 프로젝트를 주관하는 해리슨 연구소 측 책임연구원이었고 나는 앞으로 그의 보조연구원으로 일하며 곤충들의 생활사를 수사에 응용하는 법에 대해 배우게 될 것이다.

곤충 세상을 관찰하는 재미로 사는 것 같은 브루노 박사는 가끔 뜬금없는 생각으로 나를 당혹스럽게 만들었다. 마치 곤충들이 모든 것을 지켜보고 있다고 생각하는 듯 채집한 곤충에 대한 사소한 아이디어도 확인 없이 그냥 지나치는 법이 없었다. 못 말리는 극성 때문에 몇 번 곤혹을 치르기도 했다. 하지만 그의 심장에서 터져 나오는 뜨거운 열정을 지켜보고 있노라면 존경스럽다는 생각까지 들었다. 미소년 같은 그의 얼굴엔 늘 장난기 어린 웃음이 걸려 있지만 곤충의 세계를 바라보는 눈빛만은 타오를 듯 강렬했다. 무언가를 열렬히 사랑하는 이에게선 빛이 난다.

어느 날 브루노 박사는 내게만 비밀스럽게 보여줄 것이 있다고 했다. 두 눈을 반짝이며 목소리를 낮춘 채 조심스럽게 손짓하는 걸 보니 엉뚱한 실험을 계획하고 있는 게 틀림없다는 생각이 들었다.

"브루노 박사님, 도대체 이번에는 무슨 일이예요?"

영문을 몰라 하는 내게 그는 난데없이 자신의 팔을 내밀었다. 그러고는 소매를 걷어 붙이며 불거진 근육을 내보였다.

"와, 박사님, 운동이라도 하셨나요?"

그는 자신의 하얗고 긴 손가락으로 위 팔뚝을 가리키며 자랑하듯 얼굴 가득 미소를 머금었다.

"설마, 이건… 브루노 박사님!"

"대단하죠? 말파리*Dermatobia hominis* 구더기를 부화시키려 하고 있어요."

그는 유충의 해부학적 특징을 세부적으로 관찰하기 위해 스스로를 피부 구더기 증에 감염시킨 것이다.[11] 피부로 옮겨진 구더기는 따뜻하고 양분이 풍부한 체내에서 기생 생활을 시작했다. 브루노 박사는 내 손을 덥석 잡더니 이렇게 말했다.

"끝까지 잘해낼 수 있도록 함께 지켜봐줘요."

그의 얼굴은 상기되었고 목소리는 떨리고 있었다. 난생 처음 보는 황당한 실험에 내심 놀랐지만 그의 진지한 표정에 그만 고개를 끄덕이고 말았다. 이때부터 나는 그의 힘줄 선 팔뚝을 줄곧 지켜보아야 했다. 말파리가 나오던 날, 한 손으로는 브루노 박사의 손을 붙잡고 다른 한 손으로 카메라를 들고서 모든 과정을 녹화했다. 브루노 박사는 그 과정을 지켜본 내 이름을 따서 말파리의 이름을 '캘리 주니어'라 짓고 싶다고 말했다. 그의 엉뚱한 행동에 웃어야 할지 울어야 할지 모를 노릇이었지만, 이 당혹스러운 실험의 숨겨진 의도는 뒤늦게야 알 수 있었다.

이번엔 또 무슨 일이지? 브루노 박사가 어느새 가까이 다가와 생글거리며 웃었다. 저렇게 입꼬리가 올라가고 눈에서 빛이 나는 걸 보니 시신 속에서 흥미로운 무언가를 발견한 것이 틀림없다. 아니나 다를까 그는 내 손을 붙잡고 시신 테이블로 향했다.

"높이뛰기 잘하는 애벌레 볼래요?"

'흠, 이번에는 애벌레 올림픽인가?'

변사체 위에서 애벌레가 정말로 점프를 하고 있었다. 브루노 박사는 자를 들고 여기저기 뛰어다니며 애벌레의 점프 높이를 재고 있었다. 그는 눈썹을 치켜 올리며 진지하게 말했다.

"이번에 요 녀석들이 높이뛰기 세계기록을 갱신할지도 몰라요. 우리 내기 할래요? 난 이 선수, 찜! 이긴 사람 소원 하나 들어주기로 해요."

나는 얼떨결에 애벌레 하나를 손가락으로 가리켰다.

"그런데 좀 수상하네. 이 선수들은 도핑 테스트를 통과하지 못할 것 같군요."

벌레의 정체가 무척 궁금했다. 이 애벌레는 몸을 똘똘 말아 입으로 끝마디에 있는 꼭지를 깨물었다 놓으며 공중으로 튀어 오른다. '치즈 스키퍼cheese skipper' 혹은 '햄 스키퍼ham skipper'라고 불리기도 하는데 햄과 치즈에서 자주 발견되기 때문에 붙은 별명이다. 치즈 파리*Piophila casei*의 번식은 대개 부패가 끝나가는, 그리고 건조가 시작되는 시기와 관련이 있다고 한다.

시신에 남아 있던 약물의 특성이 신체 조직을 먹어치운 유충에 영향을 미치기도 한다. 피해자가 약물 중독자이거나 독성 물질에 의해 목숨을 잃었을 때 성충이나 유충에 약물이 남아 있을 가능성이 있다. 배우 지망생이던 이 시신의 주인공은 유명 인사들의 개인 트레이너로도 활약했었다. 그는 최근 남성 의류 광고 계약을 맺으면서 군살 없는 매끈한 몸매를 유지하느라 특히 신경을 써왔다. 체육관 지인들은 그가 근육 발달을 위해 스테로이드 약물을 꽤 오랫동안 복용했다고 진술했다. 최근에 운동을 하다가 부상을 당했는데도 약을 복용하고 훈련을 지속했다고 한다.

"그렇다면 이 애벌레 선수들의 경기는 무효로 해야겠군요. 치즈 스키퍼가 약물의 영향을 받았을 가능성도 있겠죠?"

"신체 조직에 남아 있는 약물을 먹은 유충에 대한 흥미로운 연구 결과들이 꽤 있어요. 예를 들면 하와이 대학교의 고프 교수M. Lee Goff는 코카인이 주입된 토끼 간을 잘라 실험했죠. 코카인cocain의 농도가 증가할수록 쉬파리 유충의 성장 속도가 빨라졌고, 쉬파리가 시신을 먹어치우는 속도도 빨라졌다고 해요."[12]

그는 가까이 오라며 손가락을 까닥거렸다.

"캘리, 자전거 탈 줄 알아요? 내가 이기면 이번 주말에 자전거 타러 가자고 말하려 했는데, 벌레들이 죄다 도핑 테스트에서 걸려버렸으니 이거 낭패네요. 그나저나 또 보여줄 게 있어요."

그는 휴대폰 안에 있던 사진 하나를 보여주었다.

"캘리, 관 속에도 파리가 산다는 거 알아요? 이건 관에서 발견한 파리예요."

브루노 박사가 곤충 말고 빠져든 또 하나를 꼽는다면 산악자전거이다. 그는 여느 날처럼 페달을 밟다가 나무에 걸려 넘어졌는데 누군가 낮게 묻은 무덤 위에 떨어졌다. 거기서 이 파리를 발견했다고 했다. 이름을 묻자 메가셀리아 스칼라리스*Megaselia scalaris*라고 했다. 긴 다리를 가지고 있어서 땅 아래 묻힌 시체를 향해 기어 내려갈 수 있을 뿐 아니라 타고난 적응 능력을 발휘해 표면으로 올라오지 않고도 살 수 있다.

나는 그의 흥미로운 설명과 함께 사건의 실마리를 제공해주는 곤충들의 생태를 관찰하며 그 출현 의미를 배울 수 있었다. 브루노 박사는 자신이 시신에서 채취한 곤충에 관심을 보여주는 누군가가 곁에 있다는 사실에 흐뭇해하고 있는 것 같았다. 우리는 말하지 않아도 척 하면 척 하는 사이가 되어가고 있다. 이제 그의 눈빛만 봐도 나도 모르게 웃음이 새어나왔다. 이런 감정을 뭐라고 해야 할까?

이번에는 그가 비틀스beetles를 만나러 가자고 한다. 어쩌면 "비틀스"

라는 말에 존 레논과 폴 매카트니를 떠올릴지 모르겠지만 딱정벌레를 말하는 것이다. 브루노 박사가 읊어대는 각양각색의 곤충들 중에 처음으로 아는 이름이 나왔다. 쇠똥구리dung beetle. '떵'이라니, 왠지 우리말 같다. 쇠똥구리과의 딱정벌레는 사체 밑에 동굴을 만들어 살아가는데 이미 눈치챘겠지만 이 곤충은 배설물과 관련이 있다. 한편 쇠똥구리와 사촌쯤 되는 금풍뎅이earth-boring dung beetles, Geotrupidae는 모래로 뒤덮인 지역에서 서식한다. 그래서 시신이 모래와 관련 없는 지역에서 발견되었다면 그 시신은 다른 곳에서 운반된 것으로 추정할 수 있다.

점심때가 훨씬 지났는데도 그는 여전히 무언가에 몰두하여 실험실에서 꼼작도 안했다. 내 배에서 꼬르륵 소리가 요란하게 울렸다. 당황해 눈을 내리감자 그가 키득거리며 주머니에서 육포를 꺼내 건네주었다.

"이거라도 씹어봐요."

"고맙지만 전 이가 안 좋아서요."

브루노 박사는 오물오물 육포를 씹으며 케이지 속 송장풍뎅이Trogidae에 관한 이야기를 꺼냈다.

"캘리는 육포가 별로인가보네요. 요 귀여운 녀석들은 가죽까지 먹어치울 수 있는데."

"요놈들은 마른 반찬을 좋아하는구나."

"맞아요. 송장풍뎅이의 유충은 마른 유해의 조직도 먹어치우죠. 이래 뵈도 발톱도 가지고 있어요."

다음 날, 브루노 박사는 락크릭 공원 하이킹 코스에서 발견된 시신을 수사하러 나갔다. 그리고 돌아와서는 운반해온 반날개rove beetle를 보여주었다. 영어로 rove는 '떠돌아다니다'라는 뜻인데, 그 이름처럼 활동적이고 비행까지 가능하다. 포식자 반날개는 파리의 알과 애벌레를 먹어치운다.

브루노 박사가 살인 사건의 '증인'을 실험실로 옮기려 하고 있다. 다름 아닌 시신에서 발견된 곤충이다. 이번 시즌에서 캘리는 브루노 박사와 함께 곤충 목격자들의 증언을 토대로 사건을 해결해간다.

시신 부패 과정 중 팽창기에 주로 관찰되지만 그보다 먼저 시신에 도착할 때도 있다고 알려졌다. 반날개 중에는 전갈처럼 위협하듯 배마디를 위로 말아 올리는 성깔 있는 녀석들도 있다.

해리슨 연구소에 온 첫날, 브루노 박사는 꼭 소개시켜줄 동료가 있다고 했다.

"자, 인사해요. 이쪽은 암검은수시렁이라고 해요."

나는 영문을 몰라 브루노 박사의 얼굴만 빤히 쳐다보았다.

"시간제로 우리를 위해 열심히 일해주고 있죠."

암검은수시렁이*Dermestes maculatus*는 알에서 성충이 되기까지 보통 20일에서 45일 정도 걸린다고 한다. 수시렁이의 유충은 건조 단계에서 등장하며 신선한 시신에서는 나타나지 않는다. 브루노 박사는 종종 뼈를 수사하기 위해 건조된 부분만 먹는 이 편식쟁이를 고용할 때가 있다. 과산화수소 등의 화학제를 이용하면 증거에 손상을 줄 위험이 있지만 이 녀석들을 풀어놓으면 감쪽같이 시신의 살을 발라먹고 뼈만 남겨두기 때문이다. 이런 습성으로 수시렁이는 박물관 등에서 이용되며, 이 분야에서는 나름 유명한 딱정벌레다.[13] 수시렁이는 하이드 비틀hide beetle이나 카펫 비틀carpet beetle로도 불리며 집 안에서도 발견된다.

브루노 박사와 함께 살인 용의자의 집을 수사할 때도 암검은수시렁이를 발견한 적이 있다. 용의자는 양아버지가 실종되었다며 경찰에 신고했다. 그런데 수사가 진행되면서 아버지가 사망하기 수 년 전부터 그가 거액의 보험에 다수 가입했다는 사실이 밝혀졌다. 브루노 박사는 목격자들의 증언을 듣기 위해 암검은수시렁이를 샘플링 병에 담아 연구소로 가져왔다. 경찰은 용의자가 아버지를 살해했다고 의심했지만 명확한 증거를 찾지 못하고 있었다. 용의자는 수사를 한다면서 왜 집안의 벌레를 잡고 있느냐며 소리를 쳤다. 브루노 박사의 대답은 이랬다.

"긴장하시는 게 좋을 겁니다. 이 목격자는 당신이 피해자의 시신을 집 안 어딘가에 감추고 있다는 걸 증언해줄 테니까요."

한편 브루노 박사가 포터필드 다리 아래에 유기된 변사체를 수사할 때에도 약 7-8mm 크기의 밑빠진벌레과sap beetles, Nitidulidae를 수집했다. 이 벌레는 꽃, 과일, 썩어가는 나무 조직, 죽은 동물의 조직 등에서도 발견된다. sap(영어로 수액이란 뜻)이라는 단어가 붙은 것처럼 달달한 수액을 찾아 다니기 때문에 농업이나 저장 산업에서는 악명 높은 해충이다. 이 사항을 토대로 근처에 있는 딸기 재배 단지에서 피해자가 살해되었을 가능성을 염두에 두고 사건 수사를 시작했다.

브루노 박사의 연구원으로 일하며 수많은 곤충들을 만났다. 그들의 증언에 귀 기울이는 법과 각각의 곤충들이 등장하는 시기에 대해서도 배울 수 있었다. 하지만 뭐니 뭐니 해도 내가 브루노 박사와 함께 일하는 동안 깨달은 가장 소중한 교훈은 열정과 사랑의 힘이다. 서글서글한 성품에 자신의 일에서는 피가 철철 끓는 이 이탈리아계 미국인은 과학을 즐기는 것이 어떤 것인지 내게 똑똑히 알려주었다. 브루노 박사는 인생과 자연에 일어나는 모든 일을 흥미롭게 여겼고, 생각 속에 갇혀 있던 아이디어나 궁금증을 해결해나가는 일을 게을리 하지 않았다. 그 관심의 대상 가운데 여성과 미에 대한 호기심은 집착 수준에 가까웠다. 브루노 박사의 얼굴에서는 환한 미소가 늘 떠나지 않았다. 시신이 썩어가는 살인 사건 현장에서조차 그랬다.

어떤 존재를 영혼에 오롯이 스며들게 하는 방법은 바로 이것이다. 사랑하는 존재에 연결되어 있다는 존재감을 부여하는 일이다. 그것은 특정 분야의 행복한 전문가가 되는 방법이기도 하다. 불행히도 우리는 삶의 대부분의 시간을 보내는 일터에서 행복을 느끼지 못하는 경우가 많다. 아마도 생존의 무게가 삶을 짓누르기 때문일 것이다. 브루노 박사는 난생 처음 일하는 즐거움을 알게 했다. 서른일곱 해를 지나면서도 맛보지 못했던 진실을 낯선 곳에 불시착하고서야 비로소 깨닫게 된 것이다.

그렇다. 벌레들조차도 자신의 때를 기다리고 누가 가르쳐주지 않아도 한살이를 일구는 법을 알고 있다. 사람들이 늘 바라는 행복의 비밀은 바로 지금 이 순간을 얼마나 즐기느냐의 여부에 달려 있다고 해도 과언이 아닐 것이다. 세상살이의 정글 속에서 가끔 이것을 잊고 지낸다. 곤충들의 한살이처럼, 그러니까 너 나 할 것 없이 인생은 누구에게나 단 한 번뿐이다.

알고 있지? 실수가 실패는 아니야

"바디 팜body farm이 뭐예요?"

업무 보고를 위해 로건 반장과 통화 중이다. 하와이에 오기 전 마무리하지 못했던 사건의 처리와 해리슨 연구소에 의뢰할 증거 자료를 이송하기 위해 오늘 밤 비행기로 라스베이거스로 향한다. 한 달간 라스베이거스에 머물며 로건 반장과 이 일들을 점검할 것이다. 그러나 돌아갈 비행기를 타기 전에 해결해야 할 일이 아직 하나 더 남았다. 로건 반장은 내게 '바디 팜'이라는 곳을 방문해 담당자에게 받아올 것이 있다고 말했다.

바디 팜. 우리말로 '시체 농장'쯤으로 번역하면 될 듯싶다. 이곳은 자연 속 실제 상황을 재현해놓은 법 과학 연구소다. 이 연구소에서는 사체를 대상으로 실험이 행해지고 있다. 시신을 실제 사건과 가장 유사한 조건에 노출시켜 변화를 관찰하고 이에 가장 적절한 솔루션을 찾는다. 말하자면 사체 농장은 침묵하고 있는 죽은 자의 진실을 밝히기 위해 만들어진 곳이라고 할 수 있다. 시신에 가해진 특정 조건이 논쟁의 대상이 될 때 객관적 테스트 결과를 보여줄 수 있다는 점은 매우 유용하다.

1981년 윌리엄 바스William Bass 교수는 테네시 대학교에 바디 팜을 최초로 설립했다. 이곳을 필두로 미국 전역에 다수의 바디 팜이 조성되었고 현재에도 사체에 대한 다양한 연구가 이루어지고 있다. 이곳에서는 살인자들이 시신에 가한 조건들이 부패 속도에 어떤 영향을 미치는지에 대한 실험이 진행되고 있다. 기존 학자들이 제시한 일반적 이론에 근거한 추측이 아니라 실제 시신을 특정 기후나 동식물 혹은 환경조건에 노출시켜 다양한 가시적 결과를 생산해내고 있다. 그래서 이곳은 인류학, 곤충학을 비롯해 다양한 학문 영역의 발전에 기여하고 있을 뿐 아니라 경찰관의 교육 장소로도 활용되고 있다.

나는 로건 반장의 지시에 따라 스튜어트 대학교 부설 인류학 연구소에서 운영하는 바디 팜을 방문했다. 연구실 문을 열고 들어갔을 때 가상의 시나리오 조건에 맞춘 수십 구의 시신들이 쭉 늘어선 광경은 꽤나 인상적이었다. 이 모든 실험은 연구를 디자인한 과학자들에 의해 체계적으로 관리되고 있을 것이다. 이곳의 책임자인 로즈 킴벌리 박사와 만나 잠시 연구 진행 상황에 대해 이야기를 나눈 후 로건 반장에게 전할 실험 데이터를 건네받았다. 그와 함께 내년에 이곳에서 개최될 실무자 세미나의 준비 사항에 대해서도 협의를 마쳤다.

이제야 이곳에서 해야 할 일이 다 끝났다. 공항으로 출발하기만 하면 된다. 하지만 업무가 생각보다 일찍 끝나서 비행기 탑승 시간까지 시간이 너무 많이 남았다. 나는 '사체 농장'을 천천히 한 바퀴 둘러보기로 했다.

그때 복도 저편에서 누군가 내게 손을 흔들고 있었다. 브루노 박사였다. 세 번째, 또 우연히 그와 만났다.

"어, 브루노 박사님! 여기요. 뭐하고 있었어요?"

"곤충 생태환경조사 때문에 나왔지요. 겸사겸사 여기 연구자들의 실험도 구경하고요."

"바디 팜에서 무슨 사건이 있었나요? 어쩐지 킴벌리 박사님 표정이 심상치 않다 했어요."

"살인 사건이죠. 이곳의 수많은 시신들은 각각 연구자들에 의해 모니터링 되고 있거든요. 그런데 B 실험 구역에서 정체불명의 시신이 발견되었어요. 누군가 원래 놓여 있던 시신 밑에 슬며시 끼워 넣은 거죠."

브루노 박사도 뜻밖의 장소에서 나를 만난 놀라움에 입을 다물지 못했다.

"캘리, 여기서 만나다니 믿을 수가 없네요. 라스베이거스에 다녀와야 한다더니 왜 여기에 있는 거예요?"

"로건 반장님 일 때문에 잠시 들렀어요. 할 일은 막 끝냈고, 연구 시설을 둘러보고 있던 참이었어요. 근데 실험자들이 혹시 실수로 다른 곳의 시신을 옮겨놓은 건 아닐까요?"

"B 구역 연구 책임자가 발견 즉시 경찰에 신고를 했어요. 제리 파넬 박사죠. 어제 아침 이 구역에서 새로운 실험이 시작돼서 시신이 모두 교체되었다고 해요. 범인은 그것도 모르고 다른 사체들 사이에 부패가 진행된 시신을 놓아두고 간 거죠."

브루노 박사는 내게 미소를 짓더니 느닷없이 팔짱을 꼈다.

"마침 잘 됐네요. 이리 와서 좀 거들어줘요. 캘리가 옆에 없으니 당장 일하기 힘드네요. 허전하기도 하고."

시간은 충분히 있으니 이참에 여러모로 신세를 진 브루노 박사의 일도 돕고 바디 팜도 함께 둘러봐야겠다.

“브루노 박사님, 사건 말고도 무슨 일 있죠? 얼른 말해봐요.”

“아이쿠, 캘리 눈은 못 속이겠네요. 여기 오는 핑계로 사진 좀 찍으려고요.”

그는 목에 걸고 있던 카메라를 만지작거리더니 자신이 찍은 사진들을 보여주었다.

“이건 사건 현장에서 찍은 사진들인 것 같은데요.”

“맞아요. 요즘은 더러 일부러 찾아가 찍기도 해요. 물론 대부분은 증거 채취를 위해 살인 사건 현장의 곤충들을 사진에 담죠.”

나는 사진들에서 눈을 떼지 못했다. 거기엔 지금껏 몰랐던 곤충들의 표정이 담겨 있었다. 그들은 눈앞의 상황을 거부하지도 외면하지도 않았다. 우리가 모르는 사이에 곤충들은 인간의 슬픔, 분노, 공포를 그대로 지켜보고 있었다는 생각이 들었다.

“조만간 곤충 사진전을 열까 해요. 그래서 요즘은 이 일에 더욱 관심을 쏟고 있죠. 오늘은 요 녀석을 더 찍어보려고요.”

“벌이군요.”

“아닌데, 이건 꽃등에예요.”

“그래요? 벌하고 구분이 잘 가지 않네요.”

“꽃등에도 꿀벌처럼 꿀을 먹긴 해요. 그래서 꽃이나 수액과도 연관되죠. 이렇게 생겼어도 파리목이예요.”

그는 사진을 차례로 넘기며 설명을 덧붙였다.

“자, 지금부터 실명 확인 들어갑니다. 여기 봐요. 꽃등에는 날개가 한 쌍이죠? 벌은 두 쌍이거든요. 게다가 꽃등에는 침이 없어요.”

“꽃등에는 벌을 사칭하고 다니는군요. 그나저나 이곳에서 꽃을 찾아

보기는 어려울 것 같은데요."

"벌써 찾았는데요."

"그래요? 어디요?"

그는 눈을 동그랗게 뜨고는 검지를 들어 슬며시 나를 가리켰다.

"여기, 캘리가 있잖아요."

"박사님, 저를 또 놀리시는군요."

"정말인데, 여기 이 사진들을 봐요. 꽃등에 옆에 당신이 있잖아요."

브루노 박사는 얼굴을 살짝 붉히더니 아이처럼 신이 나서 큰 소리로 말했다. 정말 그의 수많은 사진들 속에 내가 환하게 웃고 있었다. 그렇게 말해놓고는 쑥스러웠는지 브루노 박사는 헛기침을 한 번 하고는 살인 사건으로 다시 화제를 바꿨다.

"아까 캘리를 만나기 전까지 범인이 시신을 어디서 옮겼을까 생각해 보고 있었어요. 우선은 바디 팜을 드나드는 관리인들과 연구원들을 수사해봐야겠죠. 의심 가는 부분이 있어서요."

그는 그때서야 시간을 확인한 후 놀란 표정을 지었다.

"벌써 시간이 이렇게 되었네. 곧 봅시다. 잘 다녀와요. 캘리."

이번에는 여왕의 기사처럼 바닥에 무릎을 꿇더니 내 손에 입을 맞추었다. 그렇게 작별의 인사를 남긴 그는 자리에서 일어나 나를 뒤로한 채 총총걸음으로 사라졌다.

바디 팜 설립자인 바스 박사의 사연도 간과할 수 없다. 1977년 미국 테네시 주 네슈빌의 한 가옥에서 리노베이션 공사 과정 중에 머리가 없는 시신이 발견되었다. 경찰은 바스 박사에게 시신의 신원을 확인해달라고 의뢰한다. 그는 먼저 시신의 주인공이 사망 당시 20대 백인 남자였다는 사실임을 밝혀냈다. 그리고 시신의 일부가 여전히 핑크색을 띠고 있는데다 부패 정도로 보아 일 년 전 쯤에 사망했을 것이라는 추정을 내놓았다. 그러나 조사를 거듭한 결과 시신의 주인공은 1864년 남북전쟁 당시 전투에서 사망한 윌리엄 샤이William Shy 대령이라는 것이 드러났다. 바스 박사는 이후에도 여러 번의 사건을 맡으며 이론상의 취약점을 실험으로 보완해야 한다는 인식을 갖게 된다. 그가 학자로서의 얄팍한 자존심만을 지키려 했다면 오늘날 이곳에서 행해지는 기발한 실험이나 학문적 진보도 없었을 것이다. 사체 농장에서는 지금도 수많은 학자들이 실제 사건을 그대로 재현하여 시신의 부패 정도와 곤충들의 생활사를 관찰하고 있다. 이는 아무 말도 남기지 못하고 억울하게 생을 마감해야 했던 사람들의 답답한 마음을 풀어주고 이를 세상에 드러내어 망자의 한을 풀어주는 일이기도 하다.

많은 사람들은 사소한 실수조차도 잊지 못하고 괴로움 속에 꽤 오랜 시간을 갇혀 살아간다. 하지만 누구나 실수를 통해 성장을 향해 나아간다. 광대한 우주의 신비 앞에 우리가 결코 완벽할 수 없다는 사실을 인정할 때 숨겨졌던 진실의 문도 열리게 된다. 전문가를 자부했던 바스 박사 역시도 실수를 범했다는 것을 깨달았을 때 어쩌면 심한 수치심을 느꼈을지 모른다. 하지만 그는 자신의 실수를 인정하고 이를 보완할 방법을 찾으려 했기에 어제와는 다른 미래를 향해 나아갈 수 있었다.

윌리엄 바스 박사에게 의뢰된 머리 없는 시신의 주인공은 남북전쟁 당시 사망한 윌리엄 샤이 경으로 밝혀졌다. 사진은 윌리엄 사이 경의 생전 모습이다.

향긋한 꿀을 따러 가는 꽃등에가 늘 분주한 것처럼 일생 동안 우리는 성장을 꿈꾸며 바쁘게 살아간다. 인간의 삶은 불완전함을 채워 넣는 끝없는 여정 그 자체일 것이다. 나 역시 이곳 바디 팜에서 지난날의 실수와 실패까지도 삶의 소중한 일부분이라는 사실을 깨달았다.

기내의 불이 꺼졌다. 어둠 속에서 나는 눈을 감았지만 이런저런 생각으로 아직까지 잠을 이루지 못하고 있다.

캘리가 돼지를 덮어준 이유

라스베이거스의 바쁜 일정을 마친 후 다시 리치몬드로 돌아왔다. 짐 정리를 끝내고 저녁 늦게야 연구소에 나왔다. 브루노 박사는 내일부터 출근하라고 했지만 라스베이거스에 다녀오는 동안 이곳의 수사 일정이 줄줄이 밀려서 해야 할 일들이 산더미처럼 쌓여버렸다. 연구소에 도착하자마자 브루노 박사를 찾았다. 사무실 문에 노크를 했지만 아무 대답이 없었다. 누군가 나오기를 기다리며 사무실 앞에서 서성이고 있는데 마침 복도를 걸어가던 고든이 인사를 건넸다.

"캘리, 돌아왔네. 그런데 내일부터 출근 아닌가? 멀리 다녀오느라 지쳤을 텐데 어서 들어가요."

"아닙니다. 저는 출장 체질인가 봐요. 하나도 피곤하지 않아요. 그런데 브루노 박사님은 어디 계세요?"

나는 고든과 선 채로 지난 한 달간 일어난 일에 대해 이야기를 나누었다. 그는 브루노 박사가 별관 옆 구릉지에서 실험 준비를 하고 있다고 귀띔해주었다. 야심한 시각에도 브루노 박사가 실험에 몰두하고 있다는 건 그다지 놀라운 일도 아니었다. 그곳은 실험동과는 좀 떨어져 연구소 부지 끝자락에 있다. 자재 창고만 덜렁 하나 있는 한적한 곳이다. 고요한 대기에 내 발자국 소리가 요란하게 울려 퍼졌다. 브루노 박사가 인기척을 느꼈는지 뒤를 돌아보았다. 무슨 심경의 변화가 있었는지 그새 머리를 자른 모양이었다. 평소와 달리 눈이 충혈되고 눈 주위가 거무스름해보였다.

"밤이 늦었는데 아직 실험 중이시네요. 혹시 사진전 준비 때문에 많이 바쁘신가요?"

"캘리, 돌아왔네요. 힘들 텐데 왜 벌써 나왔어요?"

"로건 반장님 말씀 전하려고요. 박사님 걱정 많이 하시더라고요."

그의 얼굴에 잠시 미소가 떠올랐다.

"반장님 수술 경과는 어때요?"

로건 반장이 나를 이곳에 보낸 건 이유가 있었다. 그들은 아주 오래전부터 특별한 인연으로 이어진 관계였다. 해리슨 연구소로 돌아오던 날, 로건 반장에게 브루노 박사에 대한 이야기를 전해 들었다. 그는 16년 전의 구깃구깃한 신문을 보여주면서 연쇄 살인범 루이즈 히메네즈의 덜미를 잡은 그 유명한 천재 소년이 바로 브루노 박사라고 말했다.

경찰들도 쩔쩔매고 있던 살인 사건을 명쾌히 풀어낸 열다섯 살 소년은 당시 언론에서도 큰 화제가 되었다. 당시 로건 반장은 생물학 석사과정을 막 끝마치고 라스베이거스 과학수사대에 처음 부임했고, 수사관으로 처음 맡았던 사건에서 그 소년을 처음 만나게 되었다. 사건의 목격자이기도 했던 소년이 범인의 얼굴을 똑똑히 기억하고 있다는 사실만으로도 사람들의 관심을 끌기에 충분했다. 또한 소년이 예측한 장소에 증거들이 약속이나 한 듯이 남아 있었기에 사람들은 놀라움을 금치 못했다. 이후 그는 한 텔레비전 토크쇼에서 화제의 인물로 소개되었고 어린 소년 같지 않은 재치와 입담으로 대중들의 인기도 얻었다.

그의 도움으로 범인은 짧은 시간 내에 검거되었다. 그러나 소년의 추리가 너무도 정확하게 들어맞아 범인과 모종의 관계일지 모른다는 주장이 퍼지기 시작했다. 그때 언론들의 잔인한 공격성 기사를 막아주고 근거 없는 추측을 해명해준 사람이 로건 반장이었다. 또한 그의 천재성을 한눈에 알아본 로건 반장은 자신이 다니던 대학교에 브루노 박사를 적극 추천하여 장학생으로 학업을 계속할 수 있도록 도왔다.

"제게는 인생의 멘토이자 아버지 같은 분이시죠."

브루노의 얼굴에 왠지 그늘져 보였다. 평소 같았으면 나를 보고 장난부터 걸어왔을 텐데 오늘은 무표정한 표정으로 묵묵히 일만 하고 있다.

브루노 박사 앞에는 돼지 두 마리가 놓여 있었다. 그 옆에 파리가 담긴 샘플링 병이 눈에 들어왔다.

"박사님, 이건 무슨 파리인가요?"

"캘리하고는 구면인데 벌써 잊었군요. 크로솜야 루피파시스*Chrysomya rufifacies*라고 하죠. 크기는 6밀리미터에서 12밀리미터 정도예요. 빰 앞부분이 단장한 것처럼 노란색이나 오렌지색을 띠지요."

"저는 아직도 구분이 어렵네요."

나는 머쓱해져 머리를 긁적였다.

"브루노 박사님, 그런데 지금 뭐하시는 거예요? 설마 제가 돌아온 기념으로 바비큐 파티라도 하려는 건 아니죠?"

그는 미소를 지으며 말했다.

"물론 해야지요. 그러고 보니 아직까지 환영 파티도 열어주지 못했네요."

그는 윗주머니에서 담배를 꺼내 물고 불을 붙였다.

“실은 사망 추정 시간에 어려움이 있었어요. 일전에 가마에서 발견되었던 도예가의 변사체 기억나지요? 라스베이거스에 가서 양쪽 일 조율하느라 정신없이 바쁠 텐데 불편하게 하는 것 같아 따로 연락하지는 않았어요. 이미 재판은 시작되었지만 진실을 밝히고 싶어요.”

“아, 농장의 경계 다툼 때문에 생겼던 그 살인 사건 말이지요? 가해자가 살해 후 오랫동안 방치된 전기 가마 속에 시신을 유기한 것으로 기억하는데요. 외부인들의 출입이 거의 없는 사유지라 부패가 상당히 진행된 후에야 발견되었죠.”

피해자의 집 지하에는 도예 공방이 있었는데 늘 혼자 작업을 했고 그나마 몇 년 전부터는 우울증으로 이 일조차 손을 놓고 말았다고 한다. 이 사건은 연구소로 되돌아가기 직전에 브루노 박사와 함께 수사했던 사건이었다.

“용의자 추적까지 일이 다 잘 풀렸다고 생각했는데, 수사에 무슨 문제가 있었나요?”

두 집안은 이전에도 땅의 경계를 두고 종종 말다툼을 벌였다. 그러던 어느 날 마틴 가에서 키우는 말이 고메즈 가의 포도 농장으로 넘어와 작물을 엉망으로 만들어버린 일이 벌어진다. 화가 난 제임스는 리암 마틴의 집으로 찾아가 항의했다. 두 사람 사이에 거친 욕설을 포함한 심한 언쟁이 벌어졌고 분을 삼키지 못한 제임스는 마당에 있던 도끼로 리암을 내리쳐 목숨을 빼앗고 만다. 한 이웃은 이날 도로에서 제임스가 트럭을 운전하는 모습을 보고 평소처럼 인사로 경적을 울렸으나 그는 무시하고 황급히 어딘가로 향했다고 증언했다. 하지만 범행에 사용된 무기가 어디 있는지는 오리무중이었고 경찰이 제시한 범행 예상 시간에 제임스는 완벽한 알리바이가 있었다. 제임스의 변호사는 사후 추정 시간에 대한 명확한 근거를 요구했다. 브루노 박사는 그동안 수집한 증거를 재검토해보았지만 몇 가지 요인들 때문에 생물학적으로 사망 시간을 추정하기에는 어려움이 있다고 답변했다.

이 사건이 언론의 입방아에 오르내리며 브루노 박사는 또다시 유명세를 탔다. 지금껏 어떤 일에서나 최연소 타이틀을 안고 살아왔던 브루노 박사에게 지금 같이 엄청난 대중의 관심이 자신을 향하고 있다는 것은 무척 불편한 일일 수밖에 없을 것이다. 사람들은 이번에도 천재 소년이 놀라운 결과를 보여주기를 기대했다. 더구나 제임스의 변호사는 지역신문과의 인터뷰를 통해 경찰 수사를 신랄하게 비판했다. 천재 소년을 풍자한 웹툰과 기사들이 인터넷에 올라오고 신문에 실리면서 브루노 박사 역시 의기소침해진 것은 사실이었다. 하지만 그는 처음으로 돌아가 다시 실험을 해보기로 했다.

범인을 찾기 위해 애쓰는 그를 돕고 싶었다. 여독 때문인지 아니면 브루노 박사의 일로 마음을 써서인지 몸이 무겁고 두통까지 느껴졌다. 하지만 이 밤에 홀로 밖에서 실험을 준비하는 브루노 박사를 뒤로 한 채 집으로 돌아갈 수는 없었다. 나는 그에게 연구동으로 돌아가 사건 현장을 찍어둔 사진들을 검토하겠다고 말했다. 사건을 수사하며 빠트린 부분이 없나 집중적으로 확인해보았다. 한 가지 의혹이 마음속을 스쳐갔다

'바로 이거였어.'

사실 내내 마음에 걸리는 점이 하나 있었다. 발견 당시 시신은 두꺼운 암막 커튼으로 온몸이 둘둘 감싸져 있었는데 이는 리암의 집 거실에 걸려 있던 커튼으로 밝혀졌다. 용의자는 시신과 분리되지 않도록 침실의 시트로 말아 감싼 후 외부를 암막 커튼으로 한 번 더 단단히 묶었던 것이다. 현장에서 매듭을 풀 때의 상황을 되짚어보았다. 어쩌면 이 모든 것이 내 책임인

지도 모른다는 죄책감이 들었다. 당시 라스베이거스로 급하게 출장을 떠나면서 브루노 박사에게 이 점을 제대로 보고하지 않았던 것이다. 범인이 시신을 넣어둔 어두운 전기 가마 속은 파리의 접근이 쉽지 않았을 것이다.

브루노 박사는 창고 앞 공터에 앉아 실험 장치를 설치하고 있었다. 힐끗 그를 보았을 때 실험 대상인 돼지가 들어갈 철망을 이리저리 살펴보며 이음새를 손보고 있었다. 범인은 편집증적인 성격 탓에 시신을 지하실에 있는 전기 가마에 넣었고 커튼으로 시신을 감쌀 때에도 움직이지 않도록 여러 번 매듭을 지어 단단하게 고정시켰다. 매듭을 묶는 방식도 전문가의 솜씨로 보였다.

"여기 이 사진 좀 보세요. 시신을 묶은 매듭이 일전에 요트 살인 사건에서 보았던 말뚝을 매던 방식과 같죠? 그리고 제임스가 해군으로 복무했을 뿐 아니라 지금도 요트를 소유하고 있다는 기록을 찾아냈습니다."

브루노 박사의 입가에 만족스러운 미소가 떠올랐다. 돼지는 부패 실험에서 사람의 시신을 대신해 이용하는 동물이다. 돼지의 피부와 장기가 사람과 가장 유사하고 잡식성이라는 공통점 때문이다. 브루노 박사는 이후에도 실험 돼지에 파리가 파고드는 상황을 3시간 간격으로 관찰했다. 동시에 이 기록들의 분석을 위해 파리의 성장 과정을 카메라에 담았다. 브루노 박사와 나는 그날 이후에도 돼지 실험을 계속했다.

밤이 깊어지자 바람이 제법 쌀쌀했다. 그가 몸을 움츠리며 말했다.

"오늘 밤은 찬 공기가 옷깃을 파고드네요."

나는 준비해온 핫팩을 그에게 내밀었다.

"캘리와 캠핑 나온 것 같네요."

그는 핫팩을 뺨에 대고 문지르더니 피식 웃으며 말했다.

"다 때가 있는 법인가 봐요."

"네?"

"오늘 밤, 캘리와 함께 돼지를 바라보고 있으니 만감이 교차하는군요. 시신의 부패 단계별로 등장하는 특정 곤충들이 있어요. 그래서 그 곤충들을 관찰하면 사후 경과 시간을 추정할 수 있죠. 그나저나 나 때문에 힘들죠?"

"아니에요. 녹화된 자료를 보고 있으니 공부도 되고 좋아요. 돼지는 분명 시간에 따라 다른 모습으로 변해가고 있네요."

"사후변화에 대해서는 다섯 단계, 즉 신선기, 팽창기, 부패활성기, 후부패기, 골격기로 구분할 수 있어요. 하지만 부패는 연속적인 과정이라 무 자르듯 각 단계를 명확히 구분해내는 것이 쉽지 않죠. 때로 두 단계가 중첩되어 나타나기도 하니까요."

첫 번째 단계는 신선기fresh stage다. 사망한 지 오래되지 않아 말 그대로 시신이 신선하기 때문에 부풀어오르는 현상이 보이지 않는다. 외상이 없는 시신의 경우 그저 정신을 잃은 것처럼 보이기도 한다. 하지만 우리가 보기에는 사망의 증후가 뚜렷이 드러나지 않아도 곤충들은 죽음의 그림자를 먼저 읽어낸다. 그중에서도 눈치 빠른 검정파리는 신선한 사체에 찾아오는 개시 손님일 때가 많기 때문에 수사 과정에 '증인'으로 자주 채택된다.

시간이 지날수록 사체의 온도는 점점 낮아진다. 이제 과학수사 드라마에 자주 등장하는 시반과 사체 경직 등의 현상을 관찰할 수 있는 시기가 된다. 피 냄새를 맡고 찾아온 곤충들은 상처 부위, 코, 입 같은 몸의 열린 부분에 자리를 잡고 시신의 여기저기에 알을 낳는다. 동시에 이들을 먹잇감으로 삼는 포식자들도 길목에서 기웃거린다.

두 번째 단계는 팽창기bloated stage다. 몸의 주인은 저 세상으로 떠나 버렸어도 내장의 세균은 아직 살아 있다. 부패가 진행될 때는 산소 없이

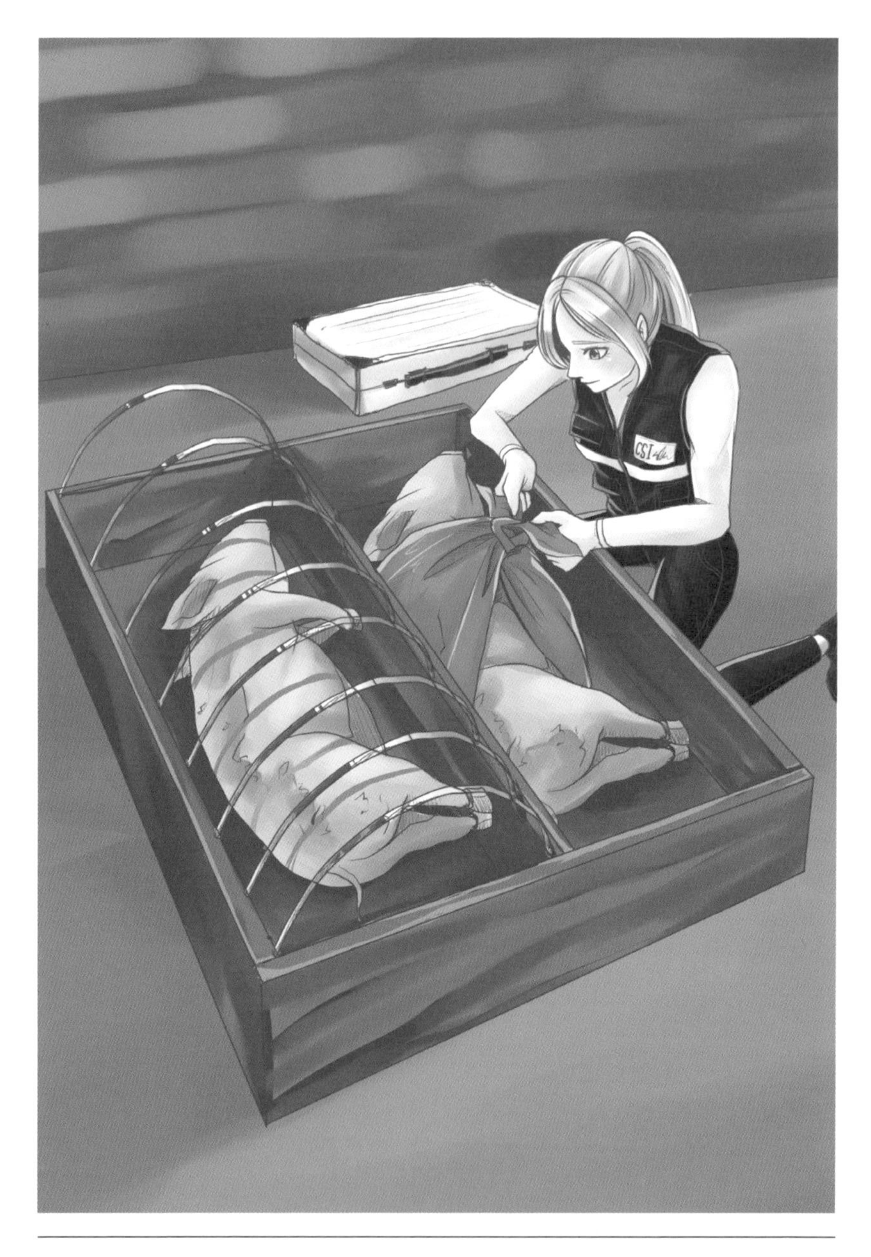

캘리는 브루노 박사를 도와 사망 시각을 추정하기 위해 돼지 부패실험을 준비하고 있다. 캘리는 돼지를 시트와 커튼으로 감싼 후 전기로로 옮겨 파리가 알을 낳는데 소요되는 시간을 관찰하려 한다. 캘리와 브루노 박사는 은폐 등을 목적으로 시신에 가한 조건 때문에 곤충의 활동이 지연될 수 있음을 실험으로 증명하고자 한다.

도 생명 활동이 가능한 세균의 활동이 두드러진다. 이를 혐기성 세균이라고 하는데 이 세균의 대사 활동에서 생긴 가스 때문에 시신이 부풀어 오르고 피부가 탈색되기도 한다. 시신에서 새어 나오는 가스 냄새에 파리들이 더 꼬여 들면 알과 구더기가 더욱 바글거리기 시작하면서 시신의 온도도 점차 올라간다. 파리들뿐 아니라 송장벌레, 반날개, 히스터비틀도 소문을 듣고 찾아온다. 사체의 혀가 튀어나오고 입과 코에 체액이 흐르면서 황화수소, 메르캅탄mercaptans 등의 가스 때문에 지독한 악취가 풍겨난다. 여성 편력으로 유명한 드라마의 단골 주인공 영국의 헨리 8세의 관이 윈저성으로 옮겨지는 동안 관이 밤새 열려 개가 유해를 핥았다는 일화가 있다. 이것도 부패 과정 중 팽창으로 관이 파열되었기 때문이었다고 알려져 있다.[14]

세 번째 단계는 부패활성기active decay stage라 부른다. 이 시기에는 사체의 피부가 벗겨지면서 부패 가스가 점점 밖으로 새어나온다. 팽창기에 부풀어 올랐던 사체가 점점 가라앉고 사체로부터 흘러나온 액체들이 고이기 시작한다.

네 번째로 후부패기post decay stage에는 마른 조직들만 남게 된다. 딱정벌레들이 많아지고 시신의 뼈, 가죽, 연골이 드러난다.

다섯 번째이자 마지막 단계는 골격기이다. 이 시기에는 백골화skeletonization가 진행되고 시체는 주요 뼈대까지 분해되는 과정을 거치게 된다.

브루노 박사가 이렇게 다섯 단계의 부패 과정을 설명하는 동안 시간은 벌써 새벽을 향해 가고 있었다. 잠시 눈을 감았는데 깜박 졸고 말았다. 얼마 지나지 않아 세찬 바람 소리에 잠이 깼다.

"피곤하면 여직원 휴게실에서 눈 좀 붙이지 그래요."

"언제 잠든 거지? 깨우지 그랬어요. 어디까지 이야기했더라. 아, 맞다. 이 돼지고기 식당에 입장하는 곤충들의 순서에 대해 이야기를 했었는데."

"캘리의 말대로 곤충들에게는 이 돼지가 고기 요리 전문식당과 다름없겠군요. 신선한 고기를 즐기는 손님은 고기가 들어오는 시간에 맞추어 입장하고, 질긴 골격을 더 좋아하는 손님은 그 후에 찾아들게 되겠지요."

"상당히 경제적으로 운영되겠는걸요. 여기 오는 손님들의 입맛이 제각각이니 말이에요. 찌꺼기가 남는 법이 없겠어요. 맞다. 아까부터 물어보려고 했는데요. 부패 속도에 영향을 줄 수 있는 요인에는 어떤 것이 있나요?"

"생명이 사라졌다는 것은 사물이 되어버렸다는 이야기니까 온도 같은 환경조건에 가장 큰 영향을 받게 되겠지요. 하지만 이외에도 현장에는 시신의 부패 속도를 촉진시키거나 지연시키는 다양한 인자가 존재합니다."

브루노 박사와 나는 온도 이외의 영향 인자에 대해 이야기를 나누었다. 토양의 특성이나 무덤의 깊이도 시신의 부패율에 영향을 줄 수 있다. 햇볕에 노출된 사체의 경우 미생물의 작용으로 좀 더 빠른 속도로 분해된다. 이집트 피라미드 속이 아니라 도시에서도 미라mummy가 발견되는데, 습도가 낮고 바람이 부는 조건에서 시체가 건조된다면 미라화가 이루어질 수 있기 때문이다. 물속에 버려졌거나 공중에 매달아놓은 시신은 지상 조건에서보다 부패율이 낮은 것으로 알려져 있다.

돼지 실험이 거의 끝나갈 때쯤 산체스 형사가 찾아왔다. 그는 리암이 신경정신과 진료를 받았고 아미트립틸린Amitriptyline이라는 항우울제를 장기간 복용했다는 사실이 추가로 밝혀졌다고 말했다. 아미트립틸린은 유충의 발생 기간에 영향을 줄 수 있다고 알려져 있다. 이번 실험으로 사후경과시간을 명확히 밝히기는 어려웠지만, 침대 시트와 커튼 같은 것으로 시신을 단단하게 싸두거나 전기 가마 같이 접근이 어려운 곳에 시신을 두었을 때는 곤충의 활동 개시가 늦어질 수 있다는 것을 알아냈다.[15]

제임스의 행각은 경찰의 수사에 곧 덜미를 잡히고 만다. 한 등산객이 사라진 살인 무기를 발견한 것이다. 제임스는 사건 후 도끼를 없애지 못해 전전긍긍했다. 그는 도끼에 남은 살인의 흔적들을 없애기 위해 식기 세척기 넣어 여러 번 닦아낸 후에도 마음이 놓이지 않아 절벽 아래로 떨어뜨렸다.

이번 사건처럼 현장 조건에 따라 파리 성충의 접근이 지연될 수 있다. 로건 반장의 말처럼 사건을 수사하며 간과해도 될 사소한 증거란 있을 수 없다.

그런데 누군가 우리를 향해 쉴 새 없이 셔터를 누르고 있는 게 느껴졌다. 언젠가부터 브루노 박사에게 파파라치가 따라 붙은 것이다. 요즘 그는 카메라를 향해 환하게 웃는다. 이제 좀 생기가 돌아온 것 같다. 그에겐 이런 모습이 더없이 자연스럽게 느껴졌다.

어디쯤 가고 있을까

'나는 어디쯤 가고 있을까?'

지금까지 나는 인생의 버킷 리스트를 미련스럽게 손에 쥐고만 있었다. 그런데 아이러니하게도 죽음 앞에서 시들어가던 삶이 되살아났다. 그렇다면 내 삶은 드라마처럼 마지막 순간에 몇 회 더 연장된 것일까. 그렇다 해도 지금 내가 삶의 어떤 단계에 와 있는지는 알 길이 없다.

곤충으로 사건에 대해 궁금한 것을 알아내는 데에도 생활사의 어떤 단계에 있느냐를 판단하는 것이 필요하다. 앞서 말한 것처럼 검정파리는 사망 소식을 듣고 가장 먼저 날아오기 때문에 시신의 온기가 사라진 시각을 예측하는 데 도움을 준다. 곤충들에게 시신은 『헨젤과 그레텔』에 등장하는 과자로 만든 집과 같은 존재일 것이다. 마음껏 먹을 수 있을 뿐 아니라 알을 낳을 수 있는 안락한 장소도 제공한다. 그러나 그 순간에도 포식자는 이들을 바라보며 군침을 흘리고 있다. 겉보기에 벌레들에게 그곳은 지상 낙원 같아 보여도 여전히 먹이사슬의 소용돌이가 휘몰아치고 있다. 애벌레는 성장하면서 1령, 2령, 3령과 같은 단계별 급수가 매겨지는데 이에 따라 이들의 생활사를 예측해볼 수 있다.

인간사도 자연계에서 벌어지고 있는 일들과 크게 다를 바가 없다. 쉬파리는 1령 애벌레가 되었을 때야 세상에 이를 내려놓는다. 이렇게 마음속에 품은 것을 드러내지 않고 어느 정도 모습을 갖출 때까지 기다리는 이들도 있다. 하지만 희망의 알들을 품고 있기만 한다면 결코 세상의 빛을 볼 수 없다. 생명력 있는 애벌레로 꼬물꼬물 움직여야 성장도 할 수 있는 법이다. 물론 고심 끝에 용기를 내어 소중한 그것을 세상에 내려놓았을 때 개미나 말벌 같은 포식자들의 한 입에 꿀떡 삼켜지는 일도 허다하다. 그러나 이것도 어쩔 수 없는 현실이다.

말이 나온 김에 앞서 브루노 박사가 보여주었던 크로솜야 루피파시스의 비밀도 폭로해보려 한다. 크로솜야 루피파시스는 시체가 있는 곳으로 부리나케 달려오곤 하지만 서로 일등 이등을 다투는 검정빰금파리 *Chrysomya megacephala*가 아직 오지 않았다면 등장할 때까지 알을 낳지 않고 머뭇거린다.[16]

크로솜야 루피파시스는 시신을 섭취하지만 먹을 것이 없으면 파리를 잡아먹는다. 한때 검정빰금파리와 크로솜야 루피파시스 임산부들은 나란히 시체 위에 알을 낳지만 검정빰금파리는 크로솜야 루피파시스의 식탁 위에 오를 수 있다. 파리만이 아니다. 우리 주변에도 궁해지면 돌변해 포식자가 되는 이들이 있다. 먹고살 궁리에 사정 봐가며 습성조차도 바뀌는 것을 어찌 크로솜야 루피파시스 탓만 할 수 있을까. 1980년대에 호주에서 이민 온 이 두 얼굴의 포식자 파리는 빠른 속도로 미국 대륙에 퍼져가고 있다고 한다.

채집 본능

앞서 언급했던 것처럼 살해된 시신에서 곤충을 발견했을 때 우리들의 관심은 '생활사의 어떤 단계일까'이다. 그날 따라 세 건의 살인 사건이 연달아 터졌다.

"캘리, 변사체가 또 발견되었답니다. 다음 현장에서는 파리를 이용한 사후경과시간 추정 방법에 대해 이야기해줄게요."

그는 우선 곤충학적 증거를 수집하는 프로토콜에 대해 간략히 설명해주었다.

"사건 현장을 멀리서 관찰한 후 사진을 촬영하면서 곤충을 채집하면 되요. 가까운 거리에서도 같은 과정을 반복하되 토양의 특성, 구더기가 놓인 시신 부위별 온도 등과 같은 항목을 측정해 기록하면 됩니다."

밴에 몸을 싣고 살인 사건 현장으로 가는 동안에도 이 요령을 잊지 않기 위해 마음속으로 순서를 되뇌었다. 그의 차 뒷자리에는 언제나 증거 수집용 가방이 놓여 있었다. 여자들의 한정판 명품 핸드백처럼 그가 애지중지하는 물건이다. 브루노 박사의 곤충 채집 가방에는 어떤 장비가 준비되어 있을지 궁금했다. 현장에 도착했을 때 가방 안을 구경해도 되느냐고 묻자 브루노 박사는 흔쾌히 그렇게 하라고 답했다. 가방을 열어보니 포셉, 루페(확대경), 펜, 붓, 온도계, 표본병, 에틸 아세테이트 병, 보존액이 담긴 병, 트랩, 포충망(채집용) 등이 있었다.

나는 차에서 휴대용 버너와 생수병을 꺼낸 다음 물을 끓여 종이컵에 담아 브루노 박사에게 가져다주었다. 일전에 브루노 박사가 샘플링을 할 때 끓는 물에 유충을 죽이는 모습을 보았기 때문이다. 내 행동이 예상 밖이었는지 그의 눈동자가 커졌다.

"아까 보니 고정액 병도 거의 비워져 있더군요. 박사님이 일전에 이렇게 하시는 거 봤어요."

"미리 준비해줘서 고마워요."

브루노 박사는 다시 구더기 채집에 몰두했다. 나는 브루노 박사의 지시대로 대기의 온도 등 현장 상황을 기록했고 그가 수집한 증거에 일일이 라벨을 붙였다. 브루노 박사는 구더기를 채집할 때 편의점에 들러 티백 세트를 사오곤 했다. 처음에는 영문도 모르고 구더기가 들끓는 시신 앞에서 차 한잔 즐길 여유가 있을까 생각하며 혀를 찼다. 하지만 그는 그 물을 채집에 이용하려 했던 것이었다.

드디어 브루노 박사가 채집을 마쳤다. 그가 몹시 지쳐 보여 돌아가는 길에는 내가 운전을 하겠다고 말했다. 그는 조수석에 앉아서도 현장에서 수집한 증거를 정리하며 노트에 바쁘게 무언가를 메모했다. 그러면서도 내가 가끔씩 궁금한 것을 물어볼 때면 매번 친절하게 답해주었다.

"박사님, 연구소까지 한참 가야 하는데 검정파리를 이용해 사망 시간을 추정하는 방법을 설명해주실 수 있을까요?"

"캘리가 파리의 생활사를 궁금해 한다면 언제든 환영이죠."

나는 여전히 전방을 주시하며 고개를 끄덕였다.

"아, 잠시만요, 로건 반장님에게 걸려온 전화네요."

그는 로건 반장과 한참이나 통화를 했다. 로건 반장은 수사대 업무를 보조할 법곤충학 특수검사실을 만들어놓았지만 이곳에서 일할 적임자를 찾지 못해 고민이었다. 더구나 지병으로 은퇴를 고려하고 있던 차에 수사 중 쓰러지는 일을 겪고 나서는 이번 일을 상부에 강력하게 건의했던 것이다. 라스베이거스에서도 그는 현장에서 증거를 수집하고 돌아와서 늘 나를 실험실로 부르고는 했다. 그리고 곤충들의 사육 과정이나 실험 방법에 대해 상세히 설명해주었다.

"로건 반장님이 검정파리는 알, 1령 유충, 2령 유충, 3령 유충, 번데기, 성충의 여섯 단계를 거친다는 것에 대해 설명해주셨어요. 물론 반장님 곁에서 거드는 정도였지만 곤충 표본도 제작해보았고요."

"반장님이 캘리를 후임자로 염두에 두는 것 같네요. 확실히 가르치라는 분부십니다. 말이 나온 김에 발생 단계에 대해 좀 더 설명할게요."

"이렇게 여섯 단계씩이나 거치는 걸 보면 파리 되기도 만만치 않네요. 그래서 성장의 기억은 언제나 힘겨운가 봐요."

그는 내 말에 미소를 짓더니 계속해서 설명을 시작했다.

"사체에 낳은 알이 부화하면 1령 애벌레가 되죠. 구더기는 잘 먹고 쑥쑥 자라나는데 입고 있는 외피 사이즈 이상으로 몸이 불어나면 어떻게 될까요?"

"옷이라면 수선을 맡겨야 할 텐데. 사이즈가 잘 맞지 않으면 불편하니까요."

소리를 내어 웃던 그가 이렇게 답했다.

"애벌레는 외피를 손질하기보다 과감하게 벗어버려요. 큰 사이즈의 새 코트로 갈아입는 거라 생각하면 쉽지요. 작아진 1령의 낡은 코트를 벗

로건 반장은 가끔 캘리에게 파리의 생활사에 대해 설명해주곤 했다. 라스베이거스로 돌아가면 로건 반장이 만든 법곤충학 특수검사실의 업무도 참여하게 될 것이다. 로건 반장은 한 번에 180개까지 알을 낳는 검정파리의 생태에 대해 설명해주고 있다. 파리는 알, 1령의 유충, 2령의 유충, 3령의 유충, 번데기, 성충의 단계를 거친다고 말했다. 이번에는 그때 배웠던 기억을 되살리며 브루노 박사에게 사망 시간을 추정하는 방법을 배우고 있다.

고 2령, 3령의 애벌레를 거쳐 번데기의 과정을 거치지요. 그리고 번데기에서 나오며 더 이상 이전의 모습은 찾아볼 수 없게 되죠. 완전히 새로운 모습으로 탈바꿈하게 되니까요."

"사망 시간을 추정하려면 시신으로부터 채집한 구더기의 길이와 몇 령인지를 알아내야 하겠군요."

"그렇죠. 이번처럼 범행 현장이 야외일 때는 시신이 기온 변화에 노출되기 때문에 그 지역의 온도와 곤충의 성장과의 관계에 따라 보정하는 작업이 필요해요. 이제부터 그 방법을 설명해줄게요."

고개를 돌려 이정표를 보니 가까운 곳에 휴게소가 있었다.

"앞으로 5킬로미터 정도만 더 가면 휴게소가 있어요. 출출한데 간단히 식사하고 가는 게 어떨까요? 운전하면서 배우려니 좀 헷갈리기도 하고요."

"그러죠. 밥 먹으면서 나머지도 설명해줄게요."

식당 내부로 들어와 주문을 했다. 우리는 도넛과 커피를 놓고 테이블에 마주보고 앉았다. 브루노 박사는 커피를 한 모금을 들이키자마자 산란 후 경과 시간을 구하는 과정에 대해 이야기를 시작했다. 시간과 온도를 곱해 누적도시Accumulated Degree Hours, ADH와 누적도일Accumulated Degree Days, ADD을 구하는 방법에 대해 알려주었다. 이것은 기온에 증감에 따라 애벌레의 성장 시간이 달라지므로 시간과 온도의 누적 값은 고정되어 있다는 사실에 기초한다. 실험실에서는 모든 조건이 통제되어 있으니 특정 단계에 도달하는 데 필요한 시간을 현장의 환경조건에 맞추어 조정해주는 작업이라고 볼 수 있다.

"이제부터 오늘 현장에서 채집한 붉은빰검정파리*Calliphora vicina*를 이용해 시신에서 활동을 개시한 시각을 예측해볼 거예요."

나는 브루노 박사의 말에 고개를 끄덕였다.

"수습한 시신에서 발견된 붉은빰검정파리 유충은 2령을 마치고 이제 막 3령에 도달한 상태였죠."

그는 내 손에 메모지와 펜까지 쥐어주며 설명한 대로 직접 산출해보라고 눈짓했다. 나는 브루노 박사의 노트를 흘낏거리며 버나드 그린버그 Bernard Greenberg와 존 쿠니치 John Kunich가 25℃ 조건에서 실험한 결과를 적어내려 갔다. 알, 1령, 2령, 3령 유충까지 각각 14.4, 9.6, 24, 158.4시간이 걸렸다.[17]

누군가가 시신을 발견한 시각은 어제 4월 10일 정오였고 브루노 박사는 시체에서 붉은빰검정파리의 유충을 같은 날 오후 1시에 채집했다.[18]

- 알에서 2령까지 걸리는 필요한 총 시간 - 온도 누적 값은 1200 ADH이다.

48시간 × 25℃ = 1200 ADH

- 이제 발견된 시각으로부터 순차적으로 과거로 돌아가보자. 4월 10일 자정부터 브루노 박사가 구더기를 채집한 오후 1시까지는 총 13시간이다. 그때 현장의 평균온도는 15℃였다. 따라서 시신에서 구더기를 채집했을 때 곤충의 활동 시간-온도 누적 값을 구하면 195 ADH이다.

13시간 × 15℃ = 195 ADH

- 시신이 발견되기 전 날인 4월 9일의 평균온도는 16℃였고 시간-온도 누적 값은 384 ADH가 된다.

24시간 × 16℃ = 384 ADH

- 4월 8일의 평균온도는 15℃였고 시간-온도 누적 값은 360 ADH가 된다.

24시간 × 15℃ = 360 ADH

- 이 기간 동안의 산정된 값을 모두 더하면 939 ADH가 된다.

195 + 384 + 360 = 939 ADH

- 1200 ADH에서 939 ADH를 빼주면 결국 261 ADH가 된다. 즉 그린버그와 쿠니치가 실험실에서 측정한 값이 되려면 261 ADH가 더 필요하다. 이 값을 4월 7일의 평균 온도인 16℃로 나누면 16.3시간이 되는데 바로 이때가 곤충이 활동한 시간이 된다. 자정부터 따져보면 암컷 파리는 4월 7일 오전 7시에서 8시경에 첫 알을 낳았다는 의미가 된다.

한참 동안 손가락을 꼽아가며 계산과 씨름하는 내 모습을 물끄러미 바라보던 브루노 박사가 입을 열었다.

"자, 이제 파리의 생활사 단계를 거꾸로 거슬러 올라가는 시간 여행은 무사히 마친 것 같네요. 파리 임산부들의 산란일도 알아냈고요. 다만 이 결과는 피해자가 사망한 후에 곤충 활동이 개시된 최소 시간이라는 점을 잊지 말아요."

이게 끝이 아니다. 이제부터 4월 7일에 범행을 저질렀을 만한 용의자를 찾아 알리바이를 확인해보아야 한다. 고급 클럽이 밀집해 있는 코발트 거리에서 피해자와 인상착의가 동일한 인물을 총으로 쏜 뒤 달아나는 것을 목격했다는 신고가 접수되었다. 용의자는 힙합 가수 라일리 크레이머였다. 그녀는 마약과 음주 운전 등으로 수없이 체포되었고 줄곧 교도소와 재활센터를 오가며 살아가고 있었다. 그날도 마약에 취해 거리를 반나체로 활보하다 경찰에 붙들리고 말았다.

범인들은 시신에 특정 물질을 분사해 증거 해석을 어렵게 만들려는 시도를 할 수 있다. 예를 들어 농업과 조경에서 살충제로 널리 사용되는 말라티온malathion은 유충의 길이, 발생 기간에 영향을 줄 수 있다.[19]

약물에 의해 자살하거나 사망했을 경우에도 구더기를 이용해 이 물질을 검출해낼 수 있으므로 사망자 체내 잔류물에 대해 가치 있는 정보를 제공한다. 하지만 이들 사이에 명확한 상관관계를 보이지는 않아 검출된 물질에 대해 특정 결론을 이끌어낼 때는 신중을 기해야 한다.

앞서 돼지 실험에서 살인자가 시신에 가한 특정 조건들이 파리의 접근을 지연시키고 성장 속도에 영향을 줄 수 있다는 사실이 드러났다. 나는 일련의 사건들을 수사하며 파리의 생활사를 이용해 사후 경과 시간을 추정해보았고 시신이 노출된 다양한 물리, 화학적 조건에 의한 영향에 대해서도 면밀히 검토해야 한다는 것을 알게 되었다.

에필로그

알렉세이의 무지개

물론 곤충들의 성장 단계를 관찰하여 얻은 결과만으로 살인 사건의 모든 점을 명백히 밝히기는 어렵지만, 적어도 곤충이 활동을 개시한 시각은 추정할 수 있다.

이번에는 여러분 차례다. 브루노 박사가 해결했던 사건의 파일을 열어보려 한다. 사건의 경위는 이렇다. 러시아의 유명 행위예술가이자 곡예사인 알렉세이 야코블레프는 동료인 세르게이 볼코프과 함께 공연차 미국을 방문했고 공항에 도착하자마자 망명을 요청한다. 그는 러시아 정부의 동성애 탄압 정책을 비판하며 거리에서 각종 퍼포먼스 쇼를 벌여왔고 '커다란 무지개Большая радуга'라는 게이 서커스단을 만들어 공연을 벌여왔다. 그러던 어느 날 그들은 미국 최고의 서커스단 '카멜레온'과 함께 조인트 공연을 하게 된다.

사회자의 소개에 그에게로 조명이 집중되었다. 알렉세이는 우아하게 오른손으로 곡선을 그리며 허리를 숙였다. 그리고 가슴에 손을 얹고 머리를 숙여 여러 번 관객들의 환호에 답했다. 그네에 오른 그는 점점 빨라지는 북소리와 함께 지금껏 수없이 해왔던 대로 반대편에서 다가오는 그네를 향해 두 팔을 뻗었다. 공중에서 몸을 회전하여 다른 그네로 옮겨 타는 순간, 알렉세이의 외마디 비명소리가 들렸다. 그는 안전망 아래로 힘없이 떨어지고 말았다.

그네에는 세르게이의 시신이 거꾸로 매달려 있었다. 우리가 현장에 도착했을 때 알렉세이는 그물 위에서 꼼짝도 하지 않고 온몸을 부들부들 떨고 있었다.

세르게이의 시신에서 5월 8일에 막 1령에서 2령에 들어선 검정금파리가 발견되었다. 브루노 박사가 시신에서 애벌레를 채집한 시각은 오전 11시였다. 검정금파리에 대해 26.7℃에서 알, 1령, 2령에 걸리는 시간을 측정한 결과는 각각 16, 18. 11시간이었다.[20] 그리고 5월 5일, 6일, 7일, 8일의 평균 기온을 측정해보니 각각 17, 18, 17, 14℃였다.

이를 토대로 세르게이의 시신에서 파리가 활동을 시작한 시간을 예측할 수 있다. 내가 메모해두었던 사건 노트를 살펴보며 다음 빈 칸을 채워보자.

- 브루노 박사는 5월 8일 오전 11시에 세르게이의 시신에서 검정금파리 구더기를 채집했다.
- 검정금파리의 알이 1령을 마칠 때까지 요구되는 총 시간 - 온도 누적값은 아래와 같이 (　　)ADH가 된다는 것을 알 수 있다.

  알에서 깨어나 제 1령까지 도달하는 데 필요한 시간은 (　　) + (　　) = (　　)시간이며, 따라서 총 시간-누적값은 다음과 같다.

  (　　) 시간 × 26.7℃ = (　　)ADH

- 5월 8일의 자정부터 구더기 를 채집한 오전 11시까지 (　　)시간이었고 이때 현장의 평균온도가 14℃였다. 따라서 시신에서 구더기를 채집했을 때 곤충의 활동시간 - 온도 누적 값은 (　　)ADH이다.

(　　)시간 × 14℃ = (　　)ADH

- 5월 7일의 평균온도는 17℃였고 시간 - 온도 누적값은 (　　)ADH가 된다.

24시간 × 17℃ = (　　)ADH

- 총 합을 더하면 (　　)ADH 된다.

(　　)ADH + (　　)ADH = (　　) ADH

- 26.7℃에서 실험한 문헌 값과의 차는 (　　)ADH이다.

(　　)ADH - (　　)ADH = (　　)ADH

- 5월 6일의 평균온도는 18℃이면 곤충 활동한 시간은 (　　)시간이다.

(　　)ADH ÷ 18℃ = (　　)시간

- 따라서 암컷 검정금파리는 5월 (　　)일 (　　)시에서 (　　)시 사이에 시신에 첫 알을 낳았다고 추정할 수 있다.

이렇게 세르게이의 시신에서 파리의 활동이 개시되었던 시간을 추정해보았다. 알렉세이는 동성의 연인이자 공중 곡예의 파트너로 세르게이와 오랜 시간을 함께 해왔다. 그와의 결혼을 꿈꾸던 알렉세이는 사랑하는 이를 잃은 슬픔은 이기지 못하고 안타깝게도 스스로 목숨을 끊고 말았다.

에필로그

짜릿한 애드리브의 묘미

정신없이 바쁜 하루를 보내고 시내에 있는 자그마한 재즈 바에 들렀다. 시즌 3까지 오는 동안 바뀐 것이 있다면 나 자신뿐 아니라 오늘의 시간을 소중히 여길 줄 알게 된 것이다. 어쩌면 나는 아직 꿈속에 있거나 아니면 이미 천국이라 불리는 새로운 세상에 도달해 있는지 모른다. 칵테일을 한잔 주문하고 바텐더와 가벼운 농담을 주고받고 있을 때 '드림인'이라는 밴드의 연주가 시작되었다.

근래 곤충을 이용한 수사 업무에 집중했던 탓일까. 아니면 술기운 때문일까. 기타 연주자의 손가락이 현에 닿는 소리를 듣고 있노라니 알에서 깨어난 구더기가 차례로 성충이 되어가는 모습이 눈에 아른거렸다. 나는 천천히 흐르는 연주에 눈을 감았다. 아련하고 깊은 빛이 마음속을 스쳐갔다. 이번에는 바텐더가 내 앞에 '블루 비틀스'라는 칵테일을 내려놓았다. 바텐더는 말없이 손가락으로 어둠 저편의 누군가를 가리켰다. 그쪽을 바라보자 누군가 내게 손을 흔들었다.

애벌레가 꿈틀거리는 것 같은 인상적인 연주가 계속되었다. 구더기조차도 성장의 크기를 제한하는 껍데기들을 과감하게 벗어버릴 줄 안다. 우리는 왜 성장을 원하면서도 자신을 둘러싼 껍데기가 행여 벗겨져버릴까봐 전전긍긍할까? 그것은 한때 머물렀던 껍질을 자신의 정체성이라 생각하기 때문이다. 매번 변화를 거부하면서 꿈이 커갈 수 없는 지금의 체제만을 고집한다면 드넓은 세상에 다가갈 수 있는 기회를 영영 놓쳐버리고 말 것이다.

재즈 뮤지션들은 감미롭고 애절한 멜로디를 연주하며 순간순간 음악에 독특한 색을 입혀내고 있었다. 연주가의 한숨이나 웃음소리, 독백조차도 음악의 일부분이 된다. 이처럼 혼을 실은 즉흥 연주 속에는 연주자의 재능 뿐 아니라 마음 깊은 곳의 감정이 묻어난다. 피아노, 드럼, 베이스, 색소폰 등의 다양한 음색을 가진 악기들이 함께 연주되면서도 그들의 음색 하나하나가 소중히 존중된다. 이들의 음악은 늘 상상 이상의 어딘가로 가야 할 준비를 하는 듯 그 한계를 정하려 들지 않는다.

뮤지션들은 무대 위의 자유로운 연주를 위해 그리고 자신의 빛깔을 마음껏 토해내기 위해 고심에 고심을 거듭하고 수많은 밤을 연습하며 뜬

화려한 날개를 자랑하는 호랑나비과의 나비들은 여러 번의 탈피를 거쳐야 성충이 된다. 나비가 되어 날개짓을 하기까지 여러 번 허물을 벗고 변신을 거듭해야 하는 것이다. 당신은 지난 날, 한때 머물렀던 껍데기를 자신의 정체성이라 생각하고 있지 않은가? 당신의 본질은 그것이 아니었다. 자신이 세상을 향해 훨훨 날아갈 수 있는 아름다운 존재라는 사실을 잊고 있는 것은 아닌가?

눈으로 지새웠을 것이다. 악보를 넘어선 연주는 오히려 모든 부분을 철저히 꿰뚫고 있기에 가능한 것이다.

우리 역시 세상에 뛰어들어 저마다 독특한 삶의 악기를 연주하며 살아간다. 세상의 그 누구도 삶의 애드리브 연주를 어떻게 해나가야 할지 명확한 답을 내놓은 적이 없다. 우리는 늘 자신의 연주가 만족스럽지 않다. 악보 그대로 제법 듣기 좋은 연주를 해낼 수 있게 될 즈음 문득 자신만의 독특한 선율과 감동을 자아낼 멜로디를 뽑아내고 싶은 욕심이 생기게 된다. 한편 누구나 이를 이루기 위해 길고 지루한, 심지어 고통스럽기까지 한 연습이 반복되어야 한다는 것을 잘 알고 있다. 그뿐 아니라 하루하루 먹고사는 일이 버겁기도 하고 힘만 들 뿐 괜히 시도했다 실패로 돌아가면 모든 일이 소용없게 될까 두려워진다. 잔뜩 불안해진 우리는 마음을 비우고 악보 그대로 무난하게 연주하는 쪽을 선택하기도 한다.

벌써 나는 세 번째 잔을 비웠다. 이제 드림인의 연주가 끝이 났다. 음악을 듣고 있던 많은 사람들은 밴드의 감미로운 연주에 뜨거운 갈채와 탄성을 보냈다. 누구나 한번쯤 인생이란 무대의 멋진 독주를 꿈꾼다. 그 기회는 불현듯 찾아온다. 하지만 애드리브를 기대하는 관객 앞에서 악보를

사람들의 인생이 언뜻 엇비슷해 보이지만 삶은 재즈의 즉흥 연주처럼 각자의 독특한 해석으로 거듭난다. 심지어 당신의 웃음과 한숨까지도 인생 연주의 한 부분이다.

보고 정확한 연주를 해내는 것은 아무런 의미가 없다. 이때에 이르면 연주자는 독특한 감성과 특성을 표현해내려 애쓰는 것이 중요하다. 물론 인생의 원곡을 모두 무시하라는 뜻은 아니다. 익숙한 멜로디와 리듬은 여전히 남아 있지만 그 원곡은 연주자의 독특한 해석으로 거듭나게 될 것이다. 무엇보다 잊지 말아야 할 것은 환호와 박수갈채 속에 서 있는 순간이 있었다면 묵묵히 다른 이의 연주를 들으며 내 차례가 오기를 기다려야 할 때도 있다는 것이다.

그들의 재즈 연주를 들으며 마치 내가 무대에 선 것처럼 감정이 한껏 고양되었다. 눈물이 주르륵 흘러내렸다. 눈물을 훔쳐내지 않고 내버려두었다. 누군가 나를 바라보는 시선이 느껴졌다. 올려다보니 아까 무대에서 열정적으로 기타를 연주하며 노래를 부르던 그 뮤지션이었다. 이제 보니 어둠 저편에서 내게 블루 비틀스를 보냈던 사람이기도 했다. 그가 조심스럽게 입술을 뗐다.

"아름다운 당신을 바라보고 있노라니 마치 이 세상 사람 같지 않다는 생각이 들어요. 내가 꿈속에 있는 걸까요? 잠시라도 좋으니 내 어깨가 그대 고뇌의 쉼터가 되어 드리고 싶네요."

그는 머리를 기대라는 듯 긴 손가락으로 자신의 어깨를 여러 번 두드렸다. 새로운 밴드가 연주를 위해 무대로 오르고 있었다. 그때까지도 나는 그에게 아무런 말도 건네지 않았다. 다만 그의 까칠한 턱수염이 입술 위에 느껴졌고 나는 눈을 감았다.

밤새 나는 그의 달콤한 즉흥 연주를 들을 수 있었다. 때로 낯선 이와도 가슴 속 엉클어진 감정을 추스르고 기대하지 않았던 감각적 결합의 기쁨을 나눌 수 있다.

캘리의 마음 속에 감미로운 기타 연주와 달콤한 그의 목소리가 녹아들었다. 당신은 인생 연주를 위해 어느 쪽을 선택했는가? 혹시 지금 이 순간, 누군가 써놓은 인생 악보를 쳐다보며 있는 그대로 정확하게 연주하는 일에만 몰두하고 있는 것은 아닌지.

말안장에 밧줄로 꽁꽁 묶인 유골을 응시하다 잠시 생각에 잠겼다. 한쪽에서는 자신들이 유령을 처단해 마을을 구했다고 주장하는 사람들이 이곳을 뚫어져라 쳐다보며 수군거리고 있었다. 다른 주민들도 이구동성으로 어둠 속에서 유령들이 번갈아 빛을 내며 자신들을 노려보고 있었다고 말했다.

매컬리 박사는 한참 동안 유심히 유골을 관찰했다. 그러고는 피해자가 여성이며 백인이라고 말했다. 며칠 뒤 신원 조사를 통해 유골의 주인이 밝혀졌고 신기하게도 시신의 성별과 인종이 매컬리 박사가 추정한 것과 일치했다.

생전의 사진을 보여주자 마을 사람들도 그녀를 알아보았다. 언제부터인가 이곳에 홀연히 나타난 이 노인은 불쑥 남의 집에 들어와 태연하게 냉장고에서 음식을 꺼내 먹고는 했다고 한다. 이웃 주민들에게 괄시를 받다가 마을에서 쫓겨난 할머니는 이곳에서 유해로 발견된 것이다. 수사 결과, 그녀의 아들이 치매에 걸려 정신이 없는 어머니를 산 속 외딴 마을에 있는 버스정류장에 혼자 버려두고 사라져버린 정황이 드러났다.

어떻게 매컬리 박사는 뼈를 통해 대략의 나이를 측정한 걸까? 그건 그렇다 치고, 할머니가 사라져버린 후 숲속에서 반짝였던 불빛의 정체는 무엇일까? 정말 소문처럼 숲에서 길을 잃고 헤매다 죽음에 이른 할머니가 유령이 되어 이곳을 떠돌고 있단 말인가? 어쩌면 이번 사건을 수사하며 말로만 듣던 유령을 보게 될 기회가 생길지도 모른다.

새로운 시즌에서 나는 범죄 사건에서 뼈에 남겨진 흔적을 통해 신원을 밝히고 사망 원인을 분석하는 일에 참여하게 된다. 매컬리 박사가 족집게 도사처럼 유골을 분석해낼 때마다 감탄을 금할 길 없었다. 그녀는 해박한 해부학적 지식의 소유자일뿐 아니라 문화, 도구 이용에 대한 인문학적 식견까지 두루 갖추고 있었다. 이제부터 법인류학 전문가인 매컬리 박사와 함께 유골의 특징을 파악해 범죄 사건을 풀어나갈 것이다.

SEASON 4

뼈 있는 이야기

네바다 사막에서 불에 탄 수십 구의 유골들이 한꺼번에 발견되었다. 라스베이거스 시는 살인 사건의 원인을 조사하는 일뿐 아니라 신원을 파악하는 일에도 어려움을 겪었다. 경찰 수사에 대한 강도 높은 매스컴의 질타와 비난 여론에 시달린 시 당국은 연구소 내부의 필요성도 인정해 유골 분석 분야의 전문가를 양성하기로 결정했다. 연방정부는 국내외에 명성이 자자한 인류학 전문가인 매컬리 박사가 근무하고 있는 해리슨 연구소에 과학수사요원의 법인류학 전문교육과정을 설립했다. 매컬리 박사는 수많은 사건에 참여해 유골의 신원 및 사망 원인을 분석했고 다수의 살인 사건을 해결한 경험을 갖추고 있었다.

매컬리 박사는 유골의 생물학적 분석뿐 아니라 문화적, 관습적 특성을 검토하고 때때로 복원 전문가인 데미안과 함께 사건 당시의 모습이나 상황을 시각적으로 재현하는 컴퓨터 그래픽 작업도 하고 있다. 나는 매컬리 박사의 연구원으로 근무하면서 이번 연방정부 지원 교육과정에 참여할 수 있는 기회를 얻었다. 수많은 지원자 중에 내가 이런 행운을 얻은 것은 브루노 박사의 추천서 때문이었다. 해리슨 연구소에서 그와 곤충학 연구를 공동으로 수행한 경력도 한몫했다.

성인 골격은 206개의 뼈로 구성되어 있다. 요즘 나는 각 부위 뼈의 명칭을 열심히 암기하고 있다. 매컬리 박사의 조수 역할을 제대로 해내려면 적어도 그녀의 지시를 이해할 수 있어야 하기 때문이다. 쉬지 않고 외우고는 있지만 뼈의 이름이 기억 속에 그다지 오래 머물지는 않았다. 매컬리 박사 앞에서 그녀가 쏟아내는 전문용어들에 정신 못 차리는 일은 없기만을 바랄 뿐이다. 또 한편으로는 이번 출장 중에 브루노 박사를 다시 볼 수 있다고 생각하니 설레기도 하고 왠지 힘이 샘솟는 것만 같았다.

무작정 공항으로 달려가 리치몬드로 가장 빨리 갈 수 있는 표를 구해 비행기에 올랐다. 연구소에 도착해서는 숨 돌릴 틈도 없이 바로 사건 현장으로 출동해야 했다. 매컬리 박사는 브루노 박사와 사건 경위에 대해 통화를 한 것 같았다. 좀 전에 도착해 다른 수사관들과 먼저 수사를 하고 있던 그는 밧줄 매듭을 만지작거리고 있었다. 나를 보더니 싱글싱글 웃으며 현장 상황을 설명해주었다.

"캘리, 마을 남자들이 유령을 잡아서 말안장에 묶었대요. 아까 저기 카우보이 아저씨가 밧줄을 빙빙 돌려 올가미 씌우는 시범을 보여줬어요. 솜씨가 좋던데요. 캘리도 좀 일찍 왔으면 볼 수 있었을 텐데. 밤새 유령 사냥을 하느라 한바탕 했나봐요. 재미있었겠죠? 그죠?"

"휴, 천직이네요. 오늘은 하루 종일 산속을 헤매고 다녀야 해서 힘들 것 같은데, 그나저나 이번 사건이 현대판 마녀사냥 같은 건 아닐까요?"

"다양한 가능성을 염두에 두고 수사해봐야겠죠. 하지만 난 유령의 정체부터 파악해보렵니다."

브루노 박사가 오늘은 더욱 신이나 내 곁에 바짝 붙어 쉼 없이 떠들어 댔다. 그가 또 어떤 어처구니없는 일을 벌일지 상상조차 할 수 없지만 카우보이모자를 쓰고 올가미 던지는 연습을 하는 천진난만한 모습을 보고 있노라면 짜증을 부릴 수도 없고, 사실 났던 화도 그냥 누그러져버렸다.

아무래도 매컬리 박사와 함께 수사를 하면서 살 붙은 시신은 만나기 어려울 것 같다. 그녀는 가깝게 지내는 연구원도 없을 뿐더러 자신의 속마음을 좀처럼 드러내지 않는 비밀스러운 사람이었다. 일에 있어서는 타의 추종을 불허할 정도로 공격적이며 한번 사건을 맡으면 쉼 없이 분석을 하다 보니 '워킹샤크working shark'라는 별명을 가지고 있었다. 그녀의 관심은 오직 유골에만 있는 듯 보였다. 말투는 늘 은근히 빈정거리는 식이었고 소리 내어 웃는 법도 없었지만 사건의 진실을 알아냈을 때는 특유의 자신만만한 미소를 짓고는 했다.

매컬리 박사는 나를 보더니 반갑게 인사를 건넸다. 그리고 앞으로의 내 업무에 대해 간략하게 설명해주었다. 시신의 신원을 파악해내거나 유골을 수습하는 일뿐 아니라 이를 분석하며 사건을 재구성하는 일도 담당하게 될 것이라고 했다. 다소 생소하게 느껴지는 이 분야를 법인류학이라 부르는데 법적인 영역과 결부해 골격을 연구하는 분야다. 과거의 역사와 문화 등을 연구하던 고고학의 다양한 방법들을 주검과 사건에 응용한 것이라 볼 수 있다.

이 안장에 묶여 있는 유골이 유령이든 아니면 유령이 들린 사람이든 간에 얼른 수습해서 연구소로 옮겨야 했다. 하지만 마을 사람들이 워낙 단단하게 묶어놓아 밧줄을 푸는 일부터 쉽지 않아 보였다.

"이리 와봐요. 캘리! 재미있는 거 보여줄게요."

"뭔데요, 박사님?"

브루노 박사가 내 쪽으로 채집병을 들어 올려 보여주었다.

"드디어 주민들을 놀라게 한 빨간 유령의 정체를 찾아냈어요."

나는 박사가 곤충 채집을 하고 있는 곳으로 다가갔다.

"바로 이 녀석이었어요."

뱀파이어 소동을 만들었던 것은 다름 아닌 유골에 자리 잡고 있던 피릭소트릭스phrixothrix라고 불리는 발광하는 애벌레였다. 머리 부분의 기관에서는 빨간빛을 내고, 가슴과 복부의 기관에서는 녹색 빛을 낼 수 있다.

"몸에 신호등을 달았네."

"기막힌 표현이네요. 아무튼 이 애벌레가 발광한 덕분에 할머니 유골을 발견했어요."

사체를 확인할 때 인종을 판단하는 것도 중요한 일 가운데 하나다. 이때 우리가 일반적으로 생각하는 피부색의 구분보다는 다양성의 개념으로 이해하는 것이 좋을 것이다. 세계 곳곳에 다양한 인종이 섞여 살다보니 이미 100% 순수 혈통의 인종은 존재하지 않을 뿐더러 종종 인종에 따른 특성을 정의함에 있어 예외적인 상황에 부딪히게 된다. 참고로 미국에서는 백인White, 흑인Blacks, 히스패닉Hispanics, 동양인Asians, 아메리칸 인디언Native American, 기타 인종 등의 분류법을 이용하고 있다.

브루노 박사와 나의 웃음소리에 살벌한 현장 분위기가 순식간에 부드러워졌다. 현장의 여기저기를 유심히 뜯어보던 매컬리 박사도 한마디 거들고 싶은지 우리 곁으로 다가왔다. 그녀는 고개를 숙여 두개골을 지그시 바라보더니 유골의 주인이 백인 여성이라고 말했다.

유골을 관찰하는 것만으로 피해자에 대해 척척 알아내는 모습은 신기할 따름이었다. 현장 조사를 마치고 그녀에게 방법을 물었다. 무표정하던 매컬리 박사의 얼굴에 살며시 미소가 떠올랐다. 그리고 언제나 그렇듯 그 미소는 신기루처럼 순식간에 사라졌다. 연구소에 도착하자마자 그녀는 나를 실험실로 불렀다. 테이블에는 세 개의 두개골이 놓여 있었다. 그녀는 인종을 맞춰보라고 했다.

"잘 모르겠는데요. 박사님."

나는 머리를 긁적이며 기어들어가는 목소리로 답했다. 그녀는 인내심 있게 내 말을 기다리다 마침내 이렇게 말했다.

"두개골의 형태를 잘 관찰해봐요."

나는 고개를 끄덕이고 세 개의 두개골을 유심히 뜯어보았다. 그러고 나서 유골을 가리키며 왼쪽부터 흑인, 백인, 동양인이라 말했다. 그녀는 두개골에서 인종을 구분할 때 정보를 제공해주는 특징 중 하나는 아래턱의 모양과 빼콧구멍nasal opening의 크기라고 설명했다. 빼콧구멍은 백인이 흑인에 비해 좁고 높다고 한다. 특히 동양인에게서는 앞니 안쪽이 약간 오목한 삽 모양 앞니가 발견된다.

"캘리, 두개골 특징을 잘 살펴보았나요? 여기 세 개의 두개골에서 어떤 부분이 다른지 설명해보세요."

"그러고 보니, 눈구멍의 생김새가 다르네요."

"맞아요. 대개 동양인은 둥글고 흑인은 직사각형 모양이죠. 백인은 각지고 갸름해요."

매컬리 박사는 만족스러운 듯 고개를 끄덕이고는 두개골 이곳저곳을 가리키며 자세히 설명해주었다.

얼마 전 강변에서 채취한 뼈들을 배열하며 그 특징을 유심히 관찰할 때였다. 이 유골은 폐차장에 세워둔 한 트럭의 운전석에서 발견되었다. 누군가 피해자를 땅속에 묻으려 했다가 추적을 피해 이곳에 버리고 급히 도주한 것 같았다. 유골은 팔다리 부분이 천으로 꽁꽁 묶여 있었다. 더구

인류학자인 매컬리 박사는 캘리에게 두개골의 형태학적 분석에 대해 설명하고 있다. 생물학적으로나 사회학적으로 인종을 정의하는 일은 쉽지 않다. 백인, 흑인, 동양인, 세 인종으로 넓게 분류하는 것이 일반적이다.

나 유골의 머리맡에는 곱게 수를 놓은 명주주머니가 놓여 있었고 그 안에 100달러가 들어 있었다.

"경찰이 발견할 당시 팔다리가 묶여 있었어요. 범인이 왜 이런 짓을 했을까요?"

한눈에 보기에도 팔과 다리를 염포로 묶어 염습을 하는 우리의 장례 의식이었다. 우리에게 당연한 관습도 다른 문화에서 성장한 이방인들의 눈에는 기이한 행동으로 비칠 수 있을 것이다.

"제 의견은 좀 다릅니다. 박사님."

나는 염습에 대해 매컬리 박사에게 설명했다. 인류학자인 그녀는 눈을 깜빡이며 아시아의 장례 관습을 이해하고 있으며 내 의견에 동의한다고 말했다.

수사 결과, 이 유골은 멕시코로 밀입국한 탈북자로 밝혀졌다. 피해자와 그녀의 가족들은 브로커의 알선으로 두 나라의 국경을 넘나들며 미국의 한 식품 공장에서 식육 다듬는 일을 했다. 그 와중에 피해자는 급성간염으로 죽음을 맞이했고 그녀의 가족들은 장례를 준비하게 된다. 하지만 생계를 위해 트럭에 몸을 싣고 국경을 넘나들어야 하는 처지였으므로 그녀의 시신을 고이 묻어줄 장소를 찾는 일은 쉽지 않았다. 그래서 몰래 트럭에 관을 싣고 미국 땅에 도착하면 적당한 곳을 찾아 묻어주려 했던 것이다. 그러나 이 계획마저도 여의치 않았다. 갑자기 공장으로 들이닥친 단속원들을 피해 이들은 차 안에 시신을 남겨둔 채 뿔뿔이 흩어졌다. 뒤늦게 시신을 발견한 멕시코인 운전사 역시 발각될까 두려워 폐차장 후미진 곳에 있던 자동차 안에 아무렇게나 시신을 던져놓고 떠나버렸다. 그리고 오랜 시간이 흘러 유골이 된 후에야 그녀는 폐차장 일꾼에 의해 발견된다.

이번에는 매컬리 박사가 흑인 유골의 특성에 대해서 설명해주었다.

그 유골은 브라이스빌에 있는 한 폐광촌에서 외국인 관광객이 발견했다. 매컬리 박사는 넓은 빼콧구멍과 돌출된 아래턱을 비롯한 여러 특징들을 언급하면서 흑인일 것이라 추정했다. 이런 형태학적인 특징과 함께 열대지방에서 주로 발생하는 요우스yaws 증세에 대해서도 언급했다.

이 뼈의 주인공은 아이티 출신으로, 구호 활동차 방문했던 미국인 부부에게 입양되었다. 그는 최근까지 자원봉사단체와 함께 가난한 이들을 돕기 위한 의료 봉사를 활발히 해왔던 의사였다. 이번 사건은 십 년 전 그의 실수로 수술 중 아내와 뱃속의 아들까지 한꺼번에 잃게 된 한 남자의 복수극으로 밝혀졌다. 매컬리 박사가 사건 현장에서 유골을 보면서 인종을 추정하는 것은 정량적 기준에 의해서라기보다 풍부한 경험에 의한 분석인 것 같았다. 그녀와 함께 일하게 된 후로 거울을 볼 때마다 내 뼈를 더듬어 만져보는 습관이 생겼다.

이제 성별 특징 차례다. 매컬리 박사는 남성과 여성의 두개골이 지닌 형태적 차이에 대해 설명했다.

"일반적으로 남성의 두개골이 여성의 것보다 크고 턱이 더 발달했죠. 그리고 남성은 눈구멍 위에 볼록 튀어나온 안와상 융기와 귓바퀴 뒤편에 유양 돌기의 뼈가 두드러져 보이는 경향이 있어요."

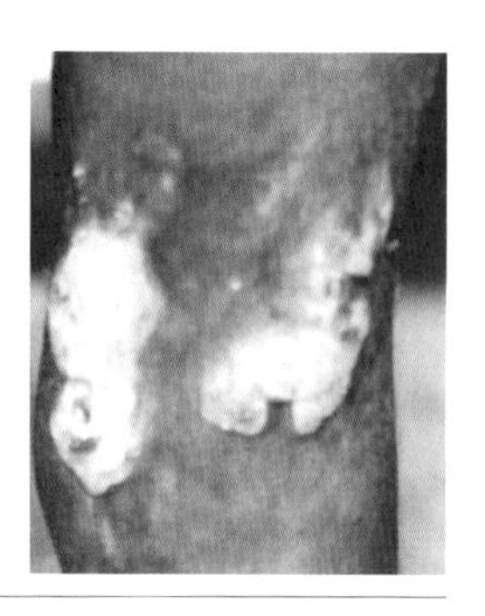

요우스는 습도가 높은 열대지방에서 발생하는데 주로 사람간의 피부 접촉에 의해 일어난다. 감염 대상은 15세 이하 어린이들로 알려져 있으며 비위생적인 환경에서 발생이 촉진된다.

그녀가 이번에는 시신의 골반뼈 부분을 가리키며 말했다.

"하지만 두개골의 이런 특징이 언제나 분명하게 나타나지는 않아요. 남성과 여성이 명확히 차이 나는 부분은 뭐니 뭐니 해도 골반이죠."

"그건 여성이 임신을 할 수 있다는 기능적 특징 때문에 나타나는 차이겠죠?"

그녀는 고개를 끄덕이며 성별에 따른 골반의 형태적 차이를 이해할 수 있도록 뼈를 가리키며 특징들을 설명해주었다. 예를 들어 두덩 밑각의 형태는 남성의 경우 V자, 여성은 U자를 뒤집어놓은 모양이었다.

어느 날 그녀에게 배운 대로 시신에서 두개골과 골반뼈의 특징을 찾아보려 했지만 도무지 성별이 구분되지 않았다. 드림랜드 리조트에 있는 인공 호수에서 발견된 이 시신을 수거하러 실험실을 나설 때만 해도 남녀 구분은 자신 있게 해낼 수 있으리라 생각했다. 더구나 시신은 핑크색 시폰 스커트 안에 레이스 브래지어를 착용하고 있었기에 여성이라는 믿음에 추호도 의심이 없었다. 브래지어 안에서 보형물도 발견되었다. 당연히 생식기도 여성의 것이었다. 그런데 이 시신의 골반은 왜 남성의 전형적인 형태란 말인가? 한동안 말문이 막혀 매컬리 박사의 얼굴을 멍하니 쳐다볼 수밖에 없었다. 그때 어떤 생각이 뇌리를 스쳤다.

"아, 성전환 수술!"

유골의 주인공은 성전환 수술을 받으면서 가슴 성형수술도 했다. 그래서 보형물인 실리콘 백에서 일련번호를 찾아낼 수 있었고 병원 기록을 토대로 신원도 확인할 수 있었다

"자, 이제부터는 나이를 추정해볼까요. 먼저 골격의 특징과 치아를 살펴보기로 합시다."

매컬리 박사가 이번에는 유골에서 사망 당시의 나이를 추정하는 일

여성일까, 남성일까? 캘리는 성별을 구별하기 위해 골반뼈의 특징을 관찰하고 있다. 성별을 구분하는 특징을 골반뼈에서 찾는 것은 남자와 여자의 차이가 가장 두드러지는 뼈이기 때문이다. 남성과 달리 여성의 골반뼈는 임신이 가능한 구조적 특성을 지니고 있다.

반적인 방법을 설명했다.

"유아나 어린이일 때 뼈는 성장을 하죠. 성인이 되었을 때는 유지 기능을 하고 나이가 들수록 뼈의 손실과 퇴화 현상이 나타나게 됩니다."

이번엔 그녀가 골단epiphyseal plate을 관찰하고 있었다. 청소년기가 되면 뼈가 성장하기 때문에 골단판이 넓어진다. 주요 골단은 13~18세 사이에 결합하며 28세까지 지속된다. 골단 폐쇄 과정이라는 것은 골단판의 연골이 뼈 조직에 의해 바뀌어 성장이 완료되는 것을 의미한다.

골단의 폐쇄는 일반적으로 더 빨리 성숙하는 여성에게 더 일찍 일어난다. 일어나는 순서는 팔꿈치부터 엉덩이, 발목, 무릎, 손목, 어깨, 쇄골이다. 양쪽 두덩뼈가 연결되는 두덩 결합은 손상이 쉽게 때문에 두덩 결합선이 나이가 들수록 고운 면으로 변해가는 경향이 있다.

"캘리, 아까 동양인 유골 기억하죠?"

"폐차장에서 발견된 유골 말씀하시는 거죠?"

"맞아요. 그 유골에서 포로틱 하이프로스토시스porotic hyperostosis와 해리스 라인harris line이 발견되었어요."

"저어, 그게 어떤 의미이죠?"

"이쪽으로 와서 유골의 X선 사진을 한번 살펴봐요."

그녀는 포로틱 하이프로스토시스의 예로 미국 뉴멕시코 주의 푸에블로 보니토에서 발견된 세 살배기 어린이의 두개골 사진을 보여주었다. 이 아이는 대략 950년에서 1250년 사이에 살았던 것으로 추정된다.[21]

두개골에서는 포로틱 하이프로스토시스, 즉 구멍이 송송 뚫린 표면이 보이는데 이것은 철 결핍성 빈혈로 인한 증상인 것으로 알려져 있다. 해리스 라인은 뼈 성장이 멈추었다 다시 시작되는 지점을 알려준다. 그래서 질병, 기아 등으로 인한 영양 부족 상태를 나타내는 지표로도 활용될

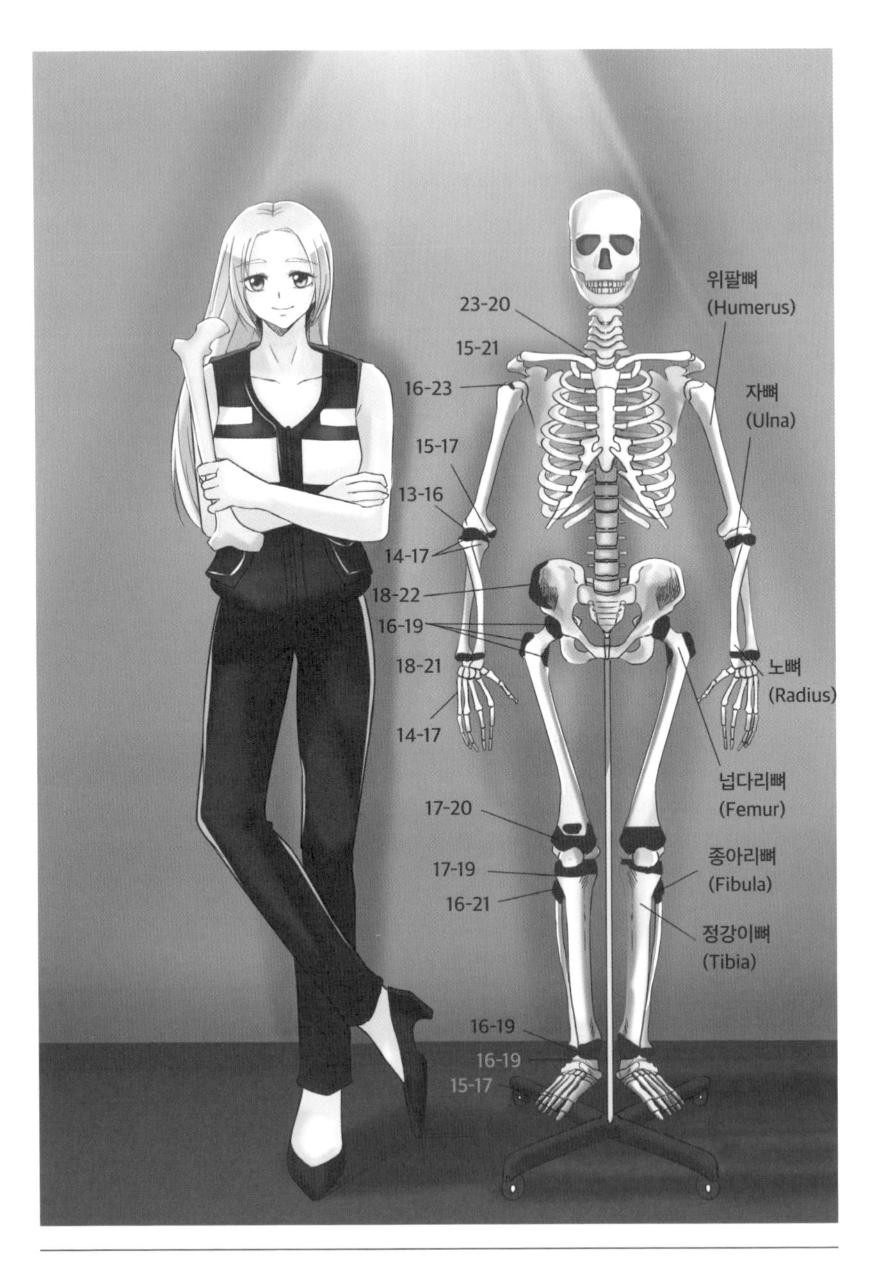

캘리가 사람의 긴뼈 long bone를 보여주고 있다. 일부 뼈가 사라졌을 때도 긴뼈들이 발견된다면 회귀방정식 등으로 실제와 가깝게 키를 예측할 수 있다. 한편 골격 모형에는 남성의 골단 결합이 일어나는 나이가 함께 제시되어 있다. 뼈들의 골단 폐쇄 시기는 성별에 따라 차이가 있으며 일단 폐쇄가 이루어지면 뼈의 신장이 멈춘다.

수 있다.

한편, 해리스 라인에 대해 국내 연구진이 제시한 논문의 결과도 흥미롭다.[22] 저자들은 조선 시대 사람과 현대인의 뼈를 비교한 뒤 현대인들의 해리스 라인 발생 빈도가 현저하게 낮다는 점을 지적했고 그 원인에 대해 영양 상태가 개선되었기 때문이라고 설명했다. 이처럼 포로틱 하이프로스토시스와 해리스 라인은 사회, 경제적인 상황을 반영한다. 이제야 겨우 자유의 땅으로 건너 온 갓 스물을 넘긴 아가씨의 유골을 보고 있노라니 이념의 경계를 넘어 아직도 우리 민족이 기아와 영양실조의 상징으로 인식되는 현실이 왠지 서글프게 느껴졌다. 아마도 이 유골의 비밀은 두개골의 인종적 특징, 해리스 라인, 포로틱 하이프로스토시스뿐 아니라 장례 의식을 포함한 문화적인 면을 이해하지 못한다면 풀어낼 수 없었을 것이다.

앞서 성전환자의 유골처럼 특정인이 지니고 있는 보형물이나 장비도 중요한 단서를 제공한다. 가슴 성형수술 때 사용되는 실리콘 백이나 뼈의 고정 나사 등은 물론이고 치과 치료시 이용 재료, 손실된 치아 등을 통해서도 신원을 확인할 수 있다.

키를 추정할 때는 몸에 있는 긴뼈들을 이용한다. 유골에 넙다리뼈femur, 정강뼈tibia, 위팔뼈humerus, 노뼈radius가 남아 있다면 키를 추정할

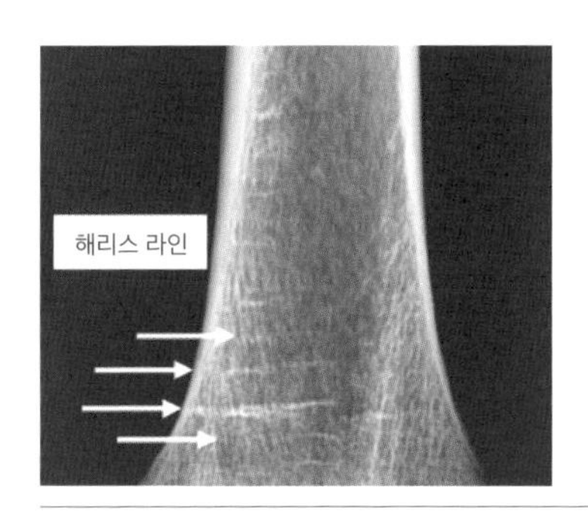

조선 시대 유골을 보면, 해리스 라인의 발생빈도가 여성에서 더 높다는 것을 알 수 있다. 이에 대해 당시 여성들의 영양 상태가 좋지 못했던 상황을 반영한다고 해석하기도 한다.

수 있다. 이 긴뼈들이 신장과 비례한다고 가정하여 얻어진 회귀방정식이 종종 이용된다.[23]

밀드레드 트로터Mildred Trotter가 제시한 식을 이용하여 키를 산출한 후 매컬리 박사에게 이 백인 피해자의 키가 대략 180cm 정도일 것이라고 보고했다. 내 말에 매컬리 박사는 살며시 고개를 끄덕이며 말했다.

"자, 다시 한 번 유골을 살펴볼까요? 이번에는 사망 원인에 대한 주요 단서를 찾아봅시다."

시신을 내려다보니 설골hyoid bone이 손상되어 있었다. 설골은 인두와 아래턱뼈 사이의 목 앞부분에 위치한다. 말발굽 모양의 이 설골은 다른 뼈와 연결되어 있지 않았는데 손으로 교살하는 경우 설골 손상이 특징적으로 나타난다. 이처럼 시신이 부패한 후에도 뼈를 관찰하면 사망 원인에 대한 정보를 얻을 수 있다. 설골에 대한 내용은 다른 시즌에서 다시 한 번 다루게 될 것이다.

매컬리 박사를 돕는 안면 복원 전문가 데미안은 여러 분야의 과학자들이 함께 일하는 해리슨 연구소에서 만난 '예술가'였다. 데미안은 이곳에서 미확인 유골에 정보를 반영한 스케치를 하거나 두개골의 특징을 기초

때로 법과학자들도 예술적 도움을 받기도 한다. 이 그림에서는 두개골 뒤에 조직을 입혀 생전의 모습을 복원하고 있다. 눈, 머리카락 등을 예측할 수 없는 등의 기술적 한계 때문에 다른 전문가가 작업했을 때 동일한 골격물로도 상이한 결과가 나오는 경우도 있다.

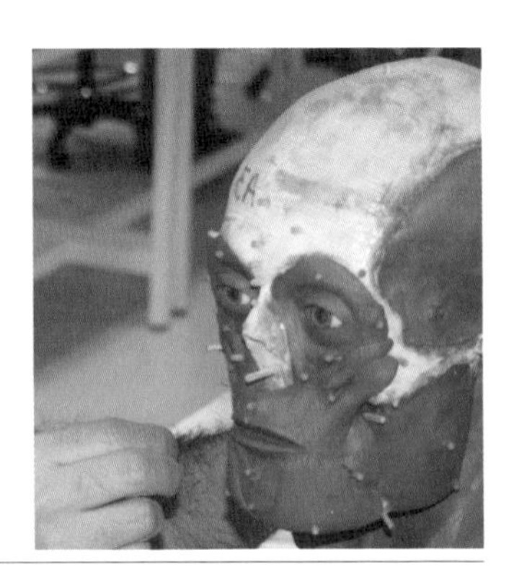

로 안면을 복원하는 작업을 했다.

한번은 데미안이 두개골 주형에 점토를 입혀서 안면을 수공으로 복원하는 과정을 본 적이 있다. 뉴욕시청 자살 테러사건 용의자와 피해자들의 신원을 알아내기 위한 추정 작업이었다.

얼굴 전체에 붕대를 감고 시청에 들어 온 사내는 가슴에 두른 폭탄을 사람들에게 보여준 후 "알라 후 아크바르(신은 위대하다)"를 수차례 외치고 스스로 폭발 스위치를 눌렀다. 이 사고로 본인은 물론이고 시청에 있던 수많은 이들이 죽거나 부상을 입었다. 이들의 안면을 복원하는 일이 데미안에게 맡겨졌고 그는 마법 같은 솜씨를 또 한 번 선보였다. 그의 작업은 마치 두개골에 새로운 생명을 불어넣는 것과 같았다. 두개골에 표지한 지점 사이에 통계적 평균 두께의 피부조직을 채운다. 이런 작업을 하는 사람은 예술적 감각뿐 아니라 해박한 해부학적 지식도 갖추어야 한다. 작업이 끝나면 생전에 유골 주인의 모습을 기억하고 있는 사람을 찾기 위해 복원한 두상을 방송에 배포한다. 하지만 머리카락의 색, 눈동자의 색, 입, 코의 모양 등에 대해서는 상세히 예측할 길이 없기 때문에 정확한 모습을 완성하는 데에는 한계가 있다. 근래에는 컴퓨터 프로그램을 이용해 변형된 조건에 따라 형태를 예측하는 방법도 있다.

시랍과 미라

"UFO나 외계인의 존재를 믿나요?"

매컬리 박사가 뜬금없이 물었다. 해리슨 연구소 파견 근무 중에 가장 잊을 수 없었던 경험 중 하나는 비밀 공군기지 51구역을 방문했던 일이다.

51구역은 UFO와 외계인의 비밀 연구가 이루어지고 있다고 해서 화제가 된 지역이다. 매컬리 박사는 잠시 곤혹스럽다는 표정을 짓더니 무언가 결심한 듯 입을 열었다.

"이번 임무는 네바다 주 그룸레이크Groom Lake 시험장 인근에서 발견된 외계인의 사체를 수습하는 것입니다."

처음에는 가벼운 농담 정도로 생각했지만 그녀의 표정을 보니 거짓말이 아니었다. 말로만 듣던 외계인을 직접 볼 기회가 생기다니, 게다가 사망 원인을 조사하러 간다는 것이 꿈만 같았다.

드디어 기지 앞에 도착했다. 마중 나온 CIA 요원은 시신 주변에서 UFO 잔해가 발견된 건 아니지만 외계인이 지금도 발견 당시처럼 검정색 대형 가방 속에 들어 있다고 말했다. 그는 묻지도 않았는데 이 외계인이 51구역 지하기지에서 나온 것이 틀림없다며 자신의 추측을 계속 늘어놓았다. 가방의 지퍼를 열자 손발이 짧은 90cm 가량의 머리가 큰 소인이 눈에 들어왔다. 얼핏 보았을 때 피부가 비누 같은 물질로 뒤덮여 있었고 파란색 타이즈 위에 빨간 팬티를 입고 할로윈 파티에서나 볼 법한 치렁치렁한 망토를 걸치고 있었다. CIA 요원은 상기된 목소리로 슈퍼맨이 입는 복장과 같다며 크립톤 행성에서 온 외계인이라고 주장했다. 슈퍼맨은 장신

1999년, 룰라이랄코 화산 꼭대기에서 대략 13세 가량으로 추정되는 미라가 발견되었다. 보존 상태가 매우 좋은 이 미라는 신에게 제물로 바쳐진 것으로 보이며 미라의 머리카락에서 코카잎과 알콜 성분이 검출되었다.

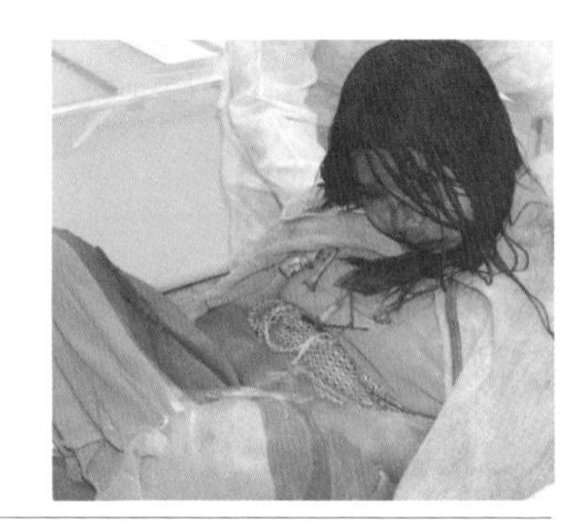

인데 이렇게 키가 작은 것을 보면 51구역에서 이루어진 모종의 실험 때문일 것이라며 고개를 절레절레 흔들었다. 그는 다른 외계인 추종자들처럼 이 지역에 외계인이 있으며 각종 실험이 이루어진다고 생각했다.

하지만 이 시신의 주인공은 인기 미제트레슬러midget wrestler, 안제이 노바트로 밝혀졌다. 내가 본 것은 외계인이 아니라 시랍copse wax이었다. 시신이 불용성 지방산 염에 둘러싸여 보호되었던 것이다. 그 겉을 싸고 있던 물질은 경도 성분의 주물이다. 흰색, 노란색, 회색 등 다양한 색깔로 나타나며 물속이나 밀봉된 용기 속 같이 공기가 차단된 곳에서 발견된다. 한번 형성되면 상당 기간 동안 시신의 특성이 보호된다. 외츠탈 알프스의 빙하에서 발견된, 61개의 문신을 가진 외치Otzi('아이스맨'이라고도 불림)를 5,300년 이상 보존하고 있던 성분에도 시랍이 포함되어 있다. 시랍의 성분은 시신이 유기되었는지 여부를 판단할 수 있는 지표가 된다.

미라를 보러 이집트까지 먼 길을 떠날 필요도 없다. 도시 한복판에서도 미라가 발견된다. 수사 중에 미라를 발견할 때마다 마치 도시 속 고고학자가 된 것 같은 착각에 빠지곤 했다. 사막처럼 건조하고 열기나 냉기가 불어오는 상태가 유지되는 장소라면 시신이 미라가 될 가능성이 높다. 예를 들어 정해진 시간에 따라 가동되는 중앙집중식 송풍 난방 설비가 있는 건물이나 굴뚝 주변을 벽돌로 막아 바람에 의해 수분 증발이 촉진되는 방에 시신을 유기했다면 미라가 만들어질 수 있다. 미라는 회색이나 녹색 등의 곰팡이 반점을 제외하고 대부분 갈색이며 외관이 잘 손상되지 않고 오랫동안 보존된다.

에필로그

아하, 캘리 모멘트!

'외계인' 수사를 하던 중 UFO 출몰 역사에 대한 다큐멘터리 제작을 위해 방문한 한 방송국의 프로듀서를 만났다. 그는 로즈웰 사건과 51구역에 관한 다큐멘터리를 만드는 중이라며 질문들을 쏟아냈다. 그와 나는 수사 과정 내내 동행했다. 시신을 본부로 이송하던 날, 그는 과학프로그램 〈유레카〉의 어린이날 특집 쇼 '행복한 과학자들'의 진행을 맡아달라고 부탁했다.

느닷없는 그의 제안에 처음에는 망설였지만 그의 간곡한 부탁에 승낙할 수밖에 없었다. 해리슨 연구소에서도 이 프로그램이 방영되면 홍보 효과를 기대할 수 있기 때문에 촬영에 매우 호의적이었다. 녹화 날짜를 묻자 가능하다면 오늘 바로 진행했으면 좋겠다고 말했다. 진행을 맡은 과학자 짐 골드버그의 아내가 교통사고를 당해 당장 다른 사람을 물색해야 했으나 적격자를 찾기 어려웠던 모양이다. 가까스로 인기 코미디언 에디 잭슨을 섭외했지만 욕설 방송 파문으로 출연 금지가 결정된 상황이었다. 이렇게 나는 대타로 특집 방송에 출연하게 되었다.

연구소에 도착했을 때 촬영진들은 바쁘게 준비 중이었다. 스태프들은 연구소 로비에 무대와 조명 장치를 설치하느라 분주하게 움직였고 출연자들은 리허설을 준비하고 있었다. 늘 고요했던 연구소가 촬영진과 과학 쇼를 방청하기 위해 모여든 소년, 소녀들로 북적였다. 〈유레카〉는 신청 사연을 보낸 청소년들을 선발해 다양한 분야에서 활약하는 과학자들을 직접 만나 그들의 일과 삶을 체험해보는 리얼리티 쇼 프로그램이다. 그날은 어린이날 특집 방송으로 학생들의 '의로운 어린이 과학자 선서'가 있을 예정이었다.

나는 먼저 무대 뒤에서 대기하고 있던 학생 배우들의 실험 준비를 도와주었다. 어디선가 메이크업 담당자가 나타나 인형처럼 알록달록한 색상을 얼굴에 순식간에 입히더니 뼈다귀 프린트 의상을 손에 쥐어주며 갈아입으라고 말했다. 촬영 스태프들에게 분주히 지시를 내리던 프로듀서는 오늘 특집 쇼가 과학 단막극, 사이언스킹 주니어상 시상식, 〈본 송Bone Song〉 합창, 의로운 어린이 과학자 선서의 순서로 진행될 것이라 말했다. 이렇게 많은 사람들의 시선을 받는 것도 처음이거니와 댄서들과 해골 춤을 출 생각을 하니 얼굴이 화끈거렸다. 하지만 한편으로는 미래의 과학도들에게 꿈과 희망을 심어주기 위해서라면 이쯤은 별것 아니라는 생각이 들었다.

쇼의 시작을 알리는 음악에 맞추어 무대 위로 입장했다. 과학 단막극의 줄거리는 대략 이랬다. 늑대 인형 탈을 쓴 범인은 토끼 탈을 쓴 피해자를 총으로 쏘아 죽인다. 어린이 수사대가 출동해 늑대가 탁자에 흘리고 간 혈흔을 관찰한다. 루미놀 혈흔 실험을 실시한 그들은 청백색의 형광 양성 반응을 확인하고 관객에게 이를 알린다. 이때 수사 반장 역할을 맡은 내가 나타나 그 원리를 설명해준다. 나쁜 짓을 저지른 늑대는 결국 어린이 과학

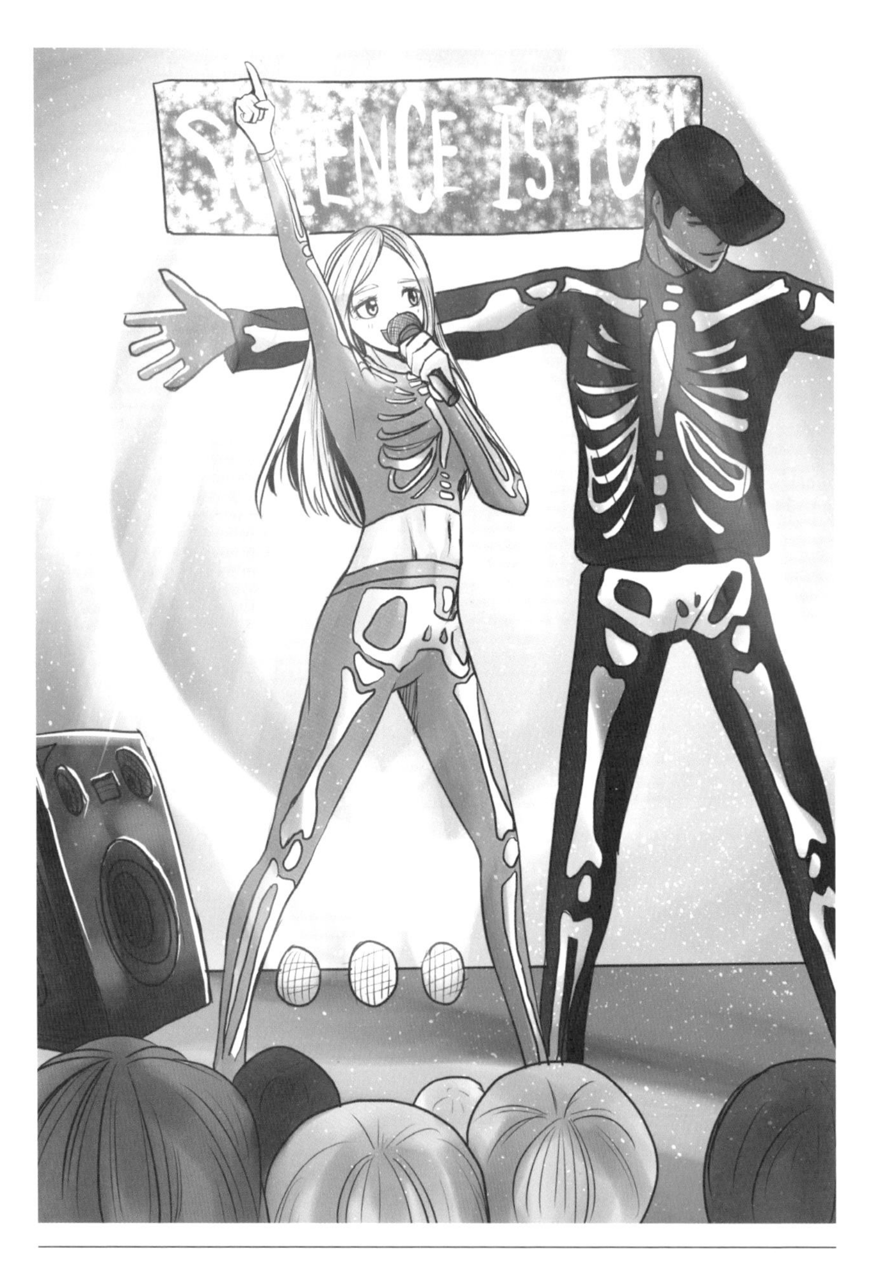

캘리는 특집 쇼 '행복한 과학자들'의 사회를 맡았다. 그녀는 무대 위에서 〈본 송〉을 부르며 "유레카"를 외쳤다. '유레카 모멘트'는 무언가 성취할 방법을 찾았을 때, 머릿속에 섬광처럼 스치고 지나가는 강렬한 진리나 아이디어가 떠오르는 순간을 말한다. 또, 이것은 만화책 속에서 보던 그대로, 머리 위에 깜빡하고 전구에 켜지는 바로 그때, 에피파니(epiphany, 현현)의 순간이다.

수사대에 의해 체포된다. 단막극은 성공적으로 진행되었다. 늑대가 철창 안에 갇히는 마지막 장면에 이르자 관객들은 환호하며 뜨거운 박수갈채를 보냈다.

열 명의 어린이들에게 사이언스킹 주니어상이 수여된 후, 무대조명이 꺼졌다. 곧이어 객석의 불도 꺼졌다. 어린 과학자들의 손에는 촛불이 반짝이고 있었다. 그곳에 있던 모든 학생들이 자리에서 일어나 〈본 송〉을 합창했다.

마지막으로 사이언스킹주니어 상을 받은 어린이 대표와 함께 '의로운 어린이 과학자 선서'를 외칠 차례다. 나는 어린이 시청자들을 향해 큰 소리로 말했다.

"유레카의 의미를 아시나요? 그리스어로 '알아냈다!'라는 뜻이죠. 그 순간은 모든 과학자들이 고대하는 순간이기도 합니다. 이제 우리 함께 유레카를 힘차게 외쳐볼까요?"

그곳에 있는 모든 사람들이 "유레카"라고 입을 모아 외쳤고 뜨거운 박수와 함께 모든 공연이 막을 내렸다. 공연이 끝났는데도 대부분의 관객들은 자리를 떠나지 않았다. 무대 앞에는 사람들의 환호성으로 가득했다.

며칠 후 브루노 박사는 얼굴 가득 환한 미소를 지으며 내게 조간신문을 내밀었다.

"오늘 인터넷 포털 사이트의 최고 인기 검색어가 바로 이 기사의 제목이라는군요."

기사의 제목은 "아하, 캘리 모멘트!"였다. 기사 본문에 빨간색 펜으로 밑줄이 그어진 다음의 글이 눈에 들어왔다.

"이날의 공연은 과학자를 꿈꾸는 어린이들뿐 아니라 함께 자리했던 어른들에게도 먹먹한 감동을 안겨준 과학 축제의 장이었다."

라스베이거스로 돌아와 다시 일상으로 복귀했다. 〈유레카〉에 출현해 대중들의 긍정적 반응을 얻어서인지, 아니면 장기 출장을 군말하지 않고 다녀와서인지 돌아오자마자 일주일의 특별 휴가를 받았다. 하지만 막상 집에서 쉬려니 지루하고 답답해서 하루는 휴가를 반납하고 스펜서를 따라 사건 현장에 복귀했다. 과학수사 대원들 가운데 시신을 누구보다 먼저 관찰할 수 있는 스펜서는 피해자의 사망 원인을 진단하기도 한다. 또한 죽음의 징후를 분석해 사망 원인과 사망 후 경과 시간을 추정하는 일을 한다. 지금도 여러 대원들이 그가 시신에 대한 의학적 검토를 마치기를 기다리고 있다. 저만치 앞에서 시신의 몸을 뒤지다 지갑을 찾아내 신원을 확인하고 있는 그의 모습이 보였다.

스펜서가 나를 향해 이리 와보라고 손짓을 했다. 그는 시신을 가리키며 큰 소리로 누군지 보라고 외쳤다. 가까이 다가가 아래를 내려다보고 깜짝 놀라고 말았다. 이럴 수가, 그는 유명 야구 선수 레이 무어였다. 어제 저녁 뉴스에서 투수인 레이 무어가 시즌 25승을 기록했고 동시에 소속 팀 뉴욕 양키스가 우승컵을 차지했다는 소식을 들었는데, 불과 하루도 지나지 않아 싸늘한 시신으로 발견되다니 도저히 믿겨지지 않았다. 얼굴 가득 환한 미소를 지으며 감독과 승리의 세레모니를 나누던 그의 모습이 아직도 선한데 애석하게도 그는 하늘나라로 떠나버렸다.

레이의 시신을 발견한 건 부지런히 선수들의 방을 돌며 세탁물을 수거하던 메이드였다. 그녀는 카트를 옮겨 다니며 야구 선수들이 내놓은 유니폼들을 대형 바구니에 던져 넣었다. 겨우 한 층을 돌았을 뿐인데 바구니는 이미 다 찬 상태였고 그녀는 의아해 하며 힘을 주어 빨래를 눌러 담았다. 유니폼 아래로 물컹한 감촉에 서늘한 기분이 들어 그녀는 살며시 안쪽으로 손을 집어넣어 보았다. 손에 붉은 피가 묻어나왔고 기겁을 한 그녀는 비명을 질렀다. 경찰이 출동할 때까지 그녀는 겁에 질려 꼼짝할 수도 없었다며 투덜거렸다.

"온몸의 관절은 이미 경직 현상이 일어났군요."

스펜서는 죽음이 찾아온 후 일어난 변화를 주시하며 이를 기록하고 있었다. 그는 팔의 관절을 움직여보려고 했지만 저항이 느껴진다고 말했다. 어린 시절부터 투수로 선수 생활을 해왔던 탓인지 레이의 오른팔은 왼팔보다 두껍고 강인해 보였다. 스펜서는 온도계를 꺼내 레이의 체온을 측정했다. 죽음에 이르면 주위 환경의 온도와 비슷해질 것이다. 스펜서는 레이가 지금으로부터 대략 6시간 전에 사망했을 것이라고 말했다. 나는 그후로도 한참 동안 스펜서와 함께 죽음이 찾아온 후 나타나는 징후들에 대해 이야기를 나누었다.

SEASON 5

시신이 알려주는 사건의 단서들

오늘도 누군가의 죽음에서 진실을 파헤치기 위해 현장과 실험실을 바쁘게 오가며 일하고 있다. 과학수사관이 된 나의 최대의 관심사는 그들이 떠나며 남긴 흔적들이다. 이제는 낯선 환경에 던져져 새로운 시즌을 맞이하는 일 따위는 더 이상 두렵지 않다.

문득 그런 생각이 들었다. 드라마에서처럼 고통 속에서 삶의 밑바닥을 헤매다가도 또 다른 시즌에서 늘 새롭게 출발할 수 있는 기회가 주어진다면 얼마나 좋을까. 거의 매일 차가운 시신을 대하면서 오히려 나는 삶에 점점 더 욕심내고 있었다.

시신을 마주하는 일은 아직도 두렵기만 한데 얼마 전 로건 반장은 내게 초동수사팀에서 시신 수습과 증거 수집 업무에 참여할 것을 지시했다. 그래서 요즘은 스펜서와 한 팀이 되어 사건 현장에 출동해야 한다.

하루는 스펜서가 혼자 낑낑거리며 오크통을 옮기고 있었다. 그는 나를 보더니 투덜대듯 말했다.

"에구 내 팔자야. 아침 일찍 세탁물 바스켓에서 90킬로그램이 넘는 야구 선수도 들어 옮겼는데, 점심시간도 되기 전에 와인 오크통 속 곤죽이 된 변사체라니!"

"혼자서는 아무래도 힘들겠어요. 내가 도와줄게요. 어디로 가던 중이었어요?"

"역시, 내 맘 알아주는 사람은 캘리밖에 없다니까. 부검실로 가는 중이었어요."

나는 투덜거리는 스펜서를 보고 싱긋 웃고는 오크통이 실린 카트를 뒤에서 밀며 함께 부검실로 향했다. 스펜서는 오크통을 부검 테이블 위에 놓더니 무슨 일인지 잠시 머뭇거렸다. 그리고 숨을 한번 크게 내쉰 다음 뚜껑을 열었다. 그는 내게 오크통의 한쪽 끝을 붙잡아달라고 말했다. 나는 시키는 대로 오크통의 한쪽을 양팔로 감싸 안았고 스펜서는 반대편에서 시신을 힘껏 당겨 바깥으로 끌어냈다. 시신은 미끄러지듯 부검 테이블 위로 내려왔다. 와인과 핏물이 섞인 묘한 냄새가 부검실에 진동했다. 여기에 시신이 부패하는 악취까지 섞여 숨을 쉴 수조차 없었다. 시간이 지날수록 온몸의 숨구멍 하나하나까지 냄새가 스며들고 있는 것만 같았다. 와인에 퉁퉁 불은 시신을 보고 있자니 정신이 멍해졌다. 시신과 함께 핏물로 숙성된 새빨간 와인이 오크통에서 흘러나오는 것을 바라보고만 있었다.

"오크통에서 발효와 부패가 동시에 일어나고 있었네요."

"에구머니나, 그렇군요. 분해되어 생활에 이로운 물질이 만들어지면 발효라 부르지만 불필요하거나 유해한 물질이 생성되면 부패라고 하잖아요."

스펜서는 죽은 사람과 대화를 나누는 것 같아 보였다. 그의 이런 행동은 이번이 처음은 아니었다. 사람들은 그가 매일 부검실에서 시신만 만지다 신기가 든 것은 아니냐고 뒤에서 수군거렸다. 오늘 오전 레이의 시신에

캘리는 검시관 스펜서를 도와 오크통 속 시신을 부검 테이블 위로 옮겼다. 발효와 부패는 본질적으로 동일한 과정으로 인간에 대한 유용성에 차이가 있을 뿐이다.

서 신분증을 찾을 때도 누군가가 곁에 있는 것처럼 지금부터 실례를 해야겠다고 정중하게 말했고 시신의 옷을 벗기거나 증거 사진을 찍을 때도 혀를 차며 자신이 꼭 알아내고야 말겠다고 혼잣말을 했다. 이번에는 애처로운 표정을 지으며 오크통 시신의 머리를 쓰다듬더니 어쩌다 이렇게 되었느냐고 묻는 것 아닌가. 또 방금 전에는 좋은 와인을 고르는 법에 대해 조언을 구하는 것 같았다. 나는 의아해 하며 시신을 가리키며 말했다.

"스펜서, 지금 이쪽하고 이야기를 나누고 있는 것 맞나요?"

"음, 뭐 그런 셈이죠."

"당신이 물으면 대답을 한다는 거죠?"

"꼭 그렇지만은 않아요. 죽음을 받아들일 수 없거나 충격을 받고 혼란한 상황인 경우에는 대답하지 않을 때도 있어요. 레이가 바로 그런 경우였죠."

그는 슬쩍 얼굴을 들어 내 표정을 살폈다.

"내가 바보 같은 말을 했네요. 어차피 당신은 믿지 않을 테니."

"그렇지 않아요, 스펜서. 내게 믿기지 않는 일 따윈 없답니다."

"그래요? 안 그래도 이 시신은 당신의 비밀을 알고 있다고 소곤거리네요. 덩치는 산만 한데 생각보다 수다쟁이군."

그는 아무 말 없이 시신 이곳저곳의 사진을 찍었다. 한동안 부검실 안에는 찰칵거리는 카메라 셔터 소리만 울려 퍼졌다. 잠시 후 적막을 깨고 스펜서가 입을 열었다.

"내 말에 놀랐죠? 미안해요. 실은 사고 이후 캘리가 분명 달라졌다고 느껴졌어요. 당신은 여전히 당당하고 아름답지만 확실히 과거와는 달라졌어요. 뭐랄까. 따스함? 사람의 향기 같은 게 느껴져요."

스펜서는 계속해서 시신과 이야기를 나누듯 무언가를 묻고 또 중얼거리기를 반복했다.

“확대경을 저리로 치우라고요? 미안해요. 곧 끝나니 조금만 참아주세요. 이게 제 일이잖아요.”

그는 하얀 이를 드러내며 활짝 웃더니 자세를 낮춰 시신의 안면 가까이 귀를 가져갔다.

“아, 정말요? 기쁜 일이니 캘리에게도 알려줄게요.”

“스펜서, 무슨 일이죠?”

“캘리는 좋겠네. 운명의 남자를 곧 만나게 될 거라고 하네요. 그리고 당신이 뭔가를 건너온 여행자라고 하는데 대체 그게 무슨 뜻일까요? 매일 나와 함께 여기서 열심히 일하고 있는데.”

한동안 골똘히 생각에 잠겨 있던 그는 진지한 표정으로 다시 입을 열었다.

“그 뜻인가 보다. 캘리의 고향이 하와이라 그랬죠? 바다를 건너오긴 했네. 아니다. 혹시 와인 오크통 안에 있더니 취한 거 아냐?”

스펜서의 말을 듣고 있자니 민망해져 화제를 돌리려 했지만 그는 수다를 그치지 않았다.

“자, 이제 드디어 오크통 시신은 마무리 되었네요. 냄새 참느라 정말 혼났어요. 저는 이만 가봐야겠어요.”

스펜서가 이유를 알 수 없는 미소를 지었다.

“이번 살인 사건은 마르탱 와이너리에서 일어났죠. 와이너리 주인은 와인을 연구한다며 이런 짓을 해왔다나봐요. 마르탱 와인에 빠지지 않는 비밀 재료가 하나 더 있었죠. 아, 내가 아까 말 안했나요?”

“그렇다면, 혹시?”

“맞아요. 그는 연쇄살인범이었죠. 지난 5년 동안 8명을 죽여 오크통에 넣은 혐의를 받고 있어요."

그는 아무 말 없이 한숨을 내쉬는 나를 쳐다보며 웃음을 흘리더니 기회를 잡은 듯 놀려대기 시작했다.

"캘리, 겨우 일곱 개밖에 안 남았네요."

이때 사무실 저편에 투명한 유리 벽 사이로 로건 반장이 우리를 향해 손을 흔드는 모습이 보였다. 누군가와 전화로 대화를 나누고 있었다. 스펜서는 잠시 허공을 쳐다보며 혼잣말을 중얼거리더니 주섬주섬 출동할 채비를 했다. 스펜서는 우비까지 가방에 챙겨 넣었다.

"출동 명령이군요. 나머지는 다녀와서 합시다."

하늘이 회색빛 휘장을 두른 듯 답답하게 느껴졌다. 그날처럼 바람이 몹시 불었다. 라디오에서 오늘 밤부터 바람이 더욱 강해지면서 큰 비가 시작될 것이라는 아나운서의 목소리가 들려왔다. 로건 반장이 차 가까이로 다가와 창문을 두드렸다.

"캘리, 오늘은 스펜서의 업무를 보조하면서 현장에서 사망 원인을 찾아내고 증거를 분석하도록 해요. 바람에 훼손되지 않도록 증거 관리에 특별히 신경 써야 합니다."

도심을 지나 사건 현장으로 가는 동안 곳곳에 교통사고가 나서 도로에서 상당 시간을 지체했다. 지금도 하늘은 온통 두툼한 구름으로 뒤덮여 있었다. 침묵을 깨고 뒷자리에 있던 스펜서가 먼저 말을 걸어왔다.

"날씨 한번 을씨년스럽네. 히터 좀 틀어줘요. 길이 너무 막히는데 이거. 갈 길도 한참 남았는데, 죽음의 징후에 대해 얘기나 해볼까요?"

나는 서둘러 히터를 켠 후 그에게 고개를 끄덕여 보였다.

"시신을 보았을 때 느낌이 어땠는지부터 말해봐요."

"죽음의 느낌이라… 특징을 말해보라는 건가요?"

"뭐든지 생각나는 게 있으면 말해봐요. 꼭 과학이나 의학 책에 나온 전문적인 내용이 아니더라도, 우리는 경험을 통해 죽음의 징후에 대해 생각보다 많은 걸 알고 있거든요."

"싸늘해 보였어요. 시체의 피부는 창백했고요. 특히 눈을 뜨고 있는 시신을 봐야 한다는 게 어려운 일이었죠. 눈동자가 이미 혼탁해 있었거든요."

"거봐요. 캘리는 사후 변화를 이미 이해하고 있잖아요. 캘리가 말한 것처럼 사후에는 호흡 작용 정지, 의식 반사의 소실, 근육의 이완, 안구의 변화 등과 같은 특징이 나타나죠."

스펜서가 하이파이브를 하자고 손을 내밀었다. 나는 마음에 썩 내키지 않지만 손을 들어 그와 손을 마주쳤다. 차 안에 짝 하는 소리가 울려 퍼졌다.

"이제부터 사후 현상에 대해 세 가지 키워드로 배워볼까 합니다."

"흥미진진한데요. 그 세 가지 키워드가 무엇인가요?"

그는 손가락을 들어 하나씩 꼽으며 세 가지 단어를 음미하듯 천천히 나열했다.

"혈액 침하, 사체경직 그리고 사후 체온 하강이랍니다."

이때 차가 멈춰 섰다. 아직 온기가 남아 있는 커피를 단숨에 들이키고 재킷의 지퍼를 목까지 올렸다. 기차역은 승객들뿐 아니라 구경하려고 몰려든 인파들과 취재진으로 북적였다. 기찻길 옆에 손과 발이 묶인 시신이 눈에 들어왔다. 누군가 기차가 정차할 때 시체를 바깥으로 내던진 것 같았다. 스펜서는 몸을 사체 쪽으로 돌리더니 팔을 굽혀보고 있었다.

"스펜서, 지금 사망 후에 몸이 굳어지는 사체경직을 확인해보려는 것 맞죠?"

"네. 맞아요. 사망 뒤에 근육이 경직되어가는 현상이 나타나죠."

"특별히 팔을 움직여본 이유라도 있나요?"

"어디까지 경직이 왔는지 살펴보려는 거죠. 사후에 몸이 굳어지는 데에도 일종의 순서가 있거든요. 피에르 뉘스탕Pierre Nysten[24] 이라는 프랑스 의사는 경직이 턱부터 시작해서 어깨, 팔다리, 손가락, 발가락 관절까지 몸 아래쪽으로 진행된다고 말했죠."

"그렇다면 이 시신은 어디까지 경직이 왔나요?"

"제가 볼 때 턱과 같은 작은 근육에서만 경직이 관찰되네요. 팔까지 경직이 오지 않았어요."

하지만 이 증상이 사망 후 바로 나타나는 것은 아니다. 생명이 다하면 초기에는 오히려 근육이 이완되어 축 늘어진 것 같은 현상이 나타난다. 또한 시신의 키가 커지고 대변이나 소변이 나온 것이 발견되기도 한다.

추리 소설에 자주 등장하는 쥐약인 스트리키닌strychnine은 사후경직을 가속화할 수 있다. 근육, 팔다리의 경직은 3~4시간 정도면 나타나며 6~12시간이 경과하면 사체 전체로 퍼진다. 이 현상은 온도에 따라 차이가 있기는 하지만 단백질 분해가 이루어지는 약 36시간 이후가 되면 사라진다. 경직은 주위 온도 조건에 영향을 받는데, 낮은 온도에서 지연되는 것으로 알

스코틀랜드의 해부학자이자 외과의사인 찰스 벨Charles Bell이 활모양 강직opisthotonus을 표현한 그림이다. 스트리키닌에 중독되면 배가 들리며 몸이 굽어지는 증상을 볼 수 있다. 스트리키닌은 강직성 경련을 일으키는 독성 물질이지만 미량일 경우 신경흥분제로 작용하므로 운동선수들에게 금지되는 도핑 약물이기도 하다.

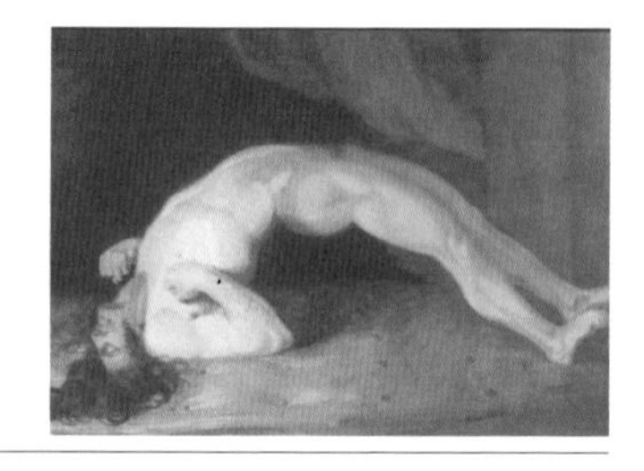

려져 있다.

야구 선수 레이의 사건으로 돌아가보자. 이때도 사체의 경직 현상이 두드러졌다. 빨래 통에서 레이의 시신을 꺼내어 바닥에 눕혔다. 스펜서를 따라 시신의 팔을 굽혀보았을 때 순간적으로 저항이 느껴지자 세게 힘을 주었다. 스펜서는 기겁을 하고 내 손을 잡았다. 경직 상태에서 너무 세게 굽히면 부러질 수 있다는 것이다.

"몸 전체의 경직이 두드러지네요. 그렇다면 레이는 대략 12시간 전에 사망했다고 할 수 있겠어요."

"캘리, 피해자가 투수였다는 것을 잊지 말아요. 그리고 사후 추정 시간을 예측할 때는 여러 인자를 고려해야 한답니다. 이번에는 시신의 체온 변화도 함께 생각해볼까요."

그는 들고 있던 차트에 무언가를 적어내려 갔다. 그 모습을 보고 나는 속으로 중얼거렸다.

'스펜서, 드라마 속 인물들이 늘 그렇듯이 시체를 척 보기만 해도 사후 시간을 예측하고는 했잖아요.'

그는 내 마음을 읽기라도 한듯 말했다.

"알아요. 때로 드라마 속 수사관들은 이를 마치 공식처럼 이용하곤 하죠. 하지만 경직 현상은 다양한 요인에 영향을 받을 수 있으니 사후 시간 예측 시계쯤으로 속단하면 안 됩니다."

스펜서의 말에 나는 속내를 들켜버린 것 같아서 얼굴이 화끈 달아올랐다. 그를 한번 힐끔 쳐다보고는 다시 고개를 숙여 시신을 내려다보았다.

"음, 사망한 지 6시간 정도 되었다고 추정됩니다."

"사체경직과 체온 하강을 함께 비교한 거군요. 양쪽을 체크해보면 오차 범위를 줄여갈 수 있겠어요."

"그렇죠. 그리고 사망자가 처한 특수한 상황이 있다면 이를 간과하지 말아야 해요. 레이는 투수였고 사망하기 전에도 아주 심한 운동을 했죠. 높은 강도의 근육 운동은 경직이 일어나는 속도에 영향을 줄 수 있거든요."

스펜서는 평균적인 조건인 경우 사체경직과 체온 하강을 동시에 고려하여 대략적인 사후 경과 시간을 예측했다. 그에 따르면 시신의 온기가 느껴지고 이완되어 있으면 대략 3시간 이내, 아직 온기가 있지만 경직 상태라면 약 3시간에서 8시간 사이에 사망한 것이라 추정할 수 있다. 시신이 차갑고 경직되어 있다면 사후 8시간에서 36시간 정도, 서늘해져 이완된 상태라면 36시간 이상 경과했을 것이라고 예측할 수 있다.[25] 하지만 스펜서의 설명처럼 실제 환경에서는 여러 조건들에 의해 체온 하강과 사후경직이 시작되는 속도가 영향 받을 수 있다.

스펜서는 여전히 시신의 상태를 관찰하며 설명을 계속했다.

"얼마 전 스티븐과 화재 사건을 함께 수사했죠? 신문에서 봤어요."

기억을 더듬어보니 선셋 비치에서 특이한 자세의 시신을 발견한 적이 있다. 시신에서 매우 강한 시강이 나타났다. 스티븐은 이를 이른바 '투사형 시신'이라 불렀다. 화재 사건에서 발견된 시신이 이런 모습인 이유는 사체가 고온에 노출되면 근육에 수축이 일어나고 공격하는 것과 같은 자세처럼 끌어 올려지기 때문이다. 이러한 현상은 열에 노출되었을 때 생존했는지 여부와는 관련 없이 발생한다. 범행을 숨기기 위해 사체를 불태우는 경우도 있기에 사망 시점이 화재 이전인지 아니면 이후였는지를 판단해야 한다. 불에 타 자살한 경우에는 자기 스스로 인화성 물질을 끼얹으므로 대개는 발바닥에 화상을 입지 않는다. 반대로 냉동고에 갇히는 상황과 같은 온도가 낮은 곳에서 체액이 얼 때도 경직 상태처럼 보인다.

보기 드문 경우지만, 긴장성 사후강직cadaveric spasm이 발견될 때도 있

캘리가 해안가에서 발견된 사체를 관찰하고 있다. 이른바 '투사형 시신'에서 관찰되는 열 경직heat stiffening이 나타났다.

다. 절벽에서 떨어졌는데 풀을 움켜진 자세를 하고 있거나 피해자들이 상대의 머리카락을 손에 쥔 채로 발견되기도 하는데 이것이 긴장성 사후강직의 좋은 예다. 사고 당시에 받았던 육체적, 감정적 스트레스 때문에 사망 후 이완기 없이 즉시 경직된 것이다.

"캘리, 이번에는 혈액 침하에 대해 살펴보도록 합시다."

나는 고개를 끄덕였다.

"간단히 설명하자면 이렇습니다. 사람이 죽으면 인체 내 혈액순환이 멈추게 되죠. 피를 순환시키는 역할을 하는 인체 내 펌프가 멈추면 어떻게 될까요? 혈액은 중력의 영향을 받아 결국 아래쪽으로 떠밀리게 됩니다. 바닥에 적혈구가 내려앉으면 피부에도 그 색이 드러나게 됩니다."

"아, 그렇군요."

"그 색상이 특정 물질의 중독을 나타내는 지표로도 쓰일 수 있답니다."

며칠 후 스펜서와 나는 보텔로 대학교 캠퍼스 내의 도로변 벤치에서 사망한 청년 제로드의 수사에 투입되었다. 농구를 무척 좋아했던 그는 온종일 수업을 듣고도 기숙사에 돌아오자마자 농구공을 들고 그대로 코트로 향하곤 했다. 이날도 역시 탁탁 소리를 내며 혼자 농구를 하고 있었다. 하지만 시험 준비 때문에 무리를 해서인지 현기증이 나고 가슴에 통증이 느껴져 근처 벤치에 잠시 누워 거친 숨을 골랐다. 그렇게 그는 벤치에서 삶을 마감한 것이었다. 제로드의 시신을 보고 있으니 눈물이 핑 돌았다. 이렇게 한치 앞을 알 수 없는 것이 인생이다. 그는 아무런 준비도 없이, 아니 전혀 예상도 못한 채 저 세상으로 떠밀려 가버리고 말았다.

조사가 진행되면서 스펜서의 손이 점점 빨라졌다. 그는 시신의 등을 유심히 바라보았다. 스펜서의 시선은 눌린 자국에 닿아 있었다. 마치 무언가가 시신 위로 지나간 듯 여러 줄이었다. 갈색 피부와 선명하게 대비되는 하얀 선의 정체가 무엇인지 궁금했다.

"이게 뭘까요?"

"아, 이건 시반livor mortis이라고 부른답니다. 이 자국은 시신이 사후에 특정 모양의 물건 위에 놓인 채 방치되었다는 것을 의미하죠."

"청년이 누워 있던 벤치의 모양과 일치하는 군요."

"시반의 무늬와 일치하는 물건을 찾는다면 사건을 풀어나가는 데 단서가 될 수 있어요. 다른 곳에 변색 범위가 없는 것으로 보아 옮겨지지 않고 벤치 위에 줄곧 누워 있었던 것으로 보이는군요."

시반은 사망한 후 20분에서 120분 안에 나타나는데 빈혈 등의 조건에서 나타나지 않거나 희미해서 조사가 어려운 경우도 있다. 사체에 나타나는 시반의 색은 흔히 푸른 기운이 감도는 붉은 색이다. 반듯하게 누워 있었다면 압박을 받은 곳, 즉 등이나 엉덩이, 종아리 같은 곳이 혈관의 수축으로 하얗게 남게 된다. 손을 묶은 끈, 브래지어나 허리띠의 조임 역시 창백하게 나타난다. 시반의 발현은 사체의 자세와 일치하므로 사건 당시 상황을 추정할 수 있는 정보를 준다. 목을 매 자살한 시신이 허공에 매달려 있었다면 손, 아래 팔, 다리 쪽에 시반이 드러난다. 벤치 위의 시신에서 발견된 세로 방향으로 눌린 자국 역시 일정한 자세를 상당 기간 취하고 있었기 때문에 시반이 생겨난 것이다. 하얗게 변색된 혈액 침하는 이불의 주름, 직물 짜임새 등을 나타내기도 한다. 나중에 자세를 바꾼다면 먼저 만들어진 시반이 사라지고 그 시반이 부분적으로 남아 있는 상태에서 새로운 시반이 생긴다. 이는 시신이 있는 장소가 옮겨졌음을 보여준다.

스펜서는 가끔 시반의 고정을 언급하며 사후 경과 시간을 추정하는 근거로 제시했다. 혈액 침하의 고정fixation은 사망한 지 대략 8~12시간 후에 나타나는데 자세를 바꾸어도 시반의 색이 잘 지워지거나 시반이 이동

캘리는 농구 코트 옆 벤치에서 시반을 관찰하고 있다. 시반은 혈액이 중력에 의해 낮은 부위로 모이면서 생기는 현상이다. 시신의 자세에 따라 달리 나타나는데, 눌린 부분은 혈관 수축으로 인해 창백한 부분으로 남게 된다.

하지 않는다. 하지만 이 현상이 나타나는 시간에 대해서는 학자들마다 다양한 의견을 제시하고 있다. 또한 개인차나 사망 요인이 따라 편차가 클 수도 있다.

시반의 색상도 특기할 만한 단서를 제공한다. 시신이 체리핑크색을 보이는 경우는 일산화탄소 중독을 의심해볼 수 있다. 물론 이것 역시 사람들마다 민감도가 다르며 피부색이 어두운 사람은 쉽게 알아볼 수 없기도 하다. 이 원리는 상업적으로도 이용된다. 포장육이나 참치의 빨간색 육질을 만드는 데에 쓰이는 것이다. 일산화탄소 처리를 해서 생긴 붉은 기운을 보고 소비자들은 육류가 먹음직스럽다고 느끼게 된다. 신선도를 속이는 데 악용될 수 있는 것이다. 청산가리로 알려진 사이안화칼륨도 고유의 색을 시신에 드러낸다. 어린 시절 곤충을 채집하고 손상 없이 죽이는 데 사용했던 약품이 바로 이것이다. 컴퓨터 과학의 아버지, 앨런 튜링Alan Turing이 41세의 아까운 나이로 자살했을 때도 청산가리가 묻은 사과를 베어 무는 방법을 택했다고 한다.

며칠 후 현장에서 수집한 증거를 막 검토하려는 데 휴대폰 진동이 울렸다. 스펜서에게 온 문자였다.

'보여주고 싶은 게 있어요.'

마침 함께 부검을 하던 로빈스 박사가 남은 일을 자신에게 맡기고 급히 회의에 들어갔다며 되도록 빨리 부검실로 오라는 것이다. 어차피 이 일을 마무리하려면 한참 더 시간이 걸릴 것 같았다. 그에게 문자를 보냈다.

'스펜서, 무슨 일이에요?'

'얼른 와요. 청산가리 시반 보여줄게요.'

이런 일이라면 놓칠 수 없다. 부검실로 발길을 재촉했다. 그는 지금 부검하고 있는 시신이 생전에 화학 분석 일을 하던 연구원이었다고 한다.

이 직업군에 종사하고 있는 사람들은 실험실에서 위험한 독극물이나 인화성 화학약품을 자주 접하기 때문에 사고 위험에 노출될 가능성이 일반인들보다 높을 수밖에 없다.

목격자들의 증언에 따르면 피해자는 퇴근 시간이 한참 지났는데도 실험에 몰두하고 있었다고 한다. 스펜서는 시신을 향해 조용히 하라고 쉿 하고 소리를 내더니 내 귀에 가까이 대고 이렇게 소곤거렸다.

"너무 뜨거웠다고 불평을 늘어놓는군요. 피부색까지 엉망으로 변해버렸다고 계속해서 투덜거리고 있어요."

스펜서는 피해자의 몸에 나타난 색을 관찰해보라며 실험실 폭발 사고 이전에 이미 독살되었을 가능성에 대해 언급했다. 청산가리 중독의 시반은 진한 선홍색을 띠지만 피부나 손가락 등에 국부적으로 청색증을 일으킬 수도 있다. 특유의 생 아몬드 냄새가 나는데 안타깝게도 이를 맡을 수 없는 사람들도 있다.

나는 시신을 지켜보다가 슬쩍 손을 가져다 댔다. 한기가 느껴졌다. 이 차가운 느낌만으로도 생명이 사라져버린 걸 실감할 수 있었다.

"육신이 버려진 흉가 같다는 느낌이 드네요."

아우슈비츠 수용소에서는 나치에 의해 대량 인명 살상이 벌어졌는데 총 사망자가 약 400만 명으로 추산된다. 너무 어리거나 나이든 사람들은 도착하자마 바로 가스실로 보내지기도 했다. 이들은 가스실에서 시안화수소 가스를 이용해 집단 살해되었다. 사진은 유태인 아이와 할머니가 가스실로 향하는 모습이다.

"그렇죠? 그래서 육신을 떠나버린 시각을 예측할 때는 이 집의 원래 온도와 비교해 얼마나 떨어졌는지 측정해보면 알 수 있어요."

스펜서는 사후 변화 중, 체온의 감소algor mortis에 대해 설명했다. 벤치 위에서 사망한 제로드의 경우에도 스펜서는 현장에서 온도계를 사용했다. 이는 주위 온도와 사체 온도의 차이에 비례해서 냉각된다는 가정 하에 사후 경과 시간을 판단하는 것이다. 사망하게 되면 약 37℃정도로 유지되던 몸의 단열 작용이 사라져버린다. 인체의 체열 생산이 중단되고 무생물로 돌아가면 시신은 결국 주변의 온도와 동일해진다. 하지만 죽었다고 해서 온도가 바로 떨어지지는 않는다. 이는 난방기를 끈다고 해서 집의 온기가 당장 사라지지 않는 것과 같은 이치이다.

체온을 잴 때는 살아 있을 때처럼 입이나 겨드랑이에서 재는 것은 바람직하지 않다. 중심 체온과는 차이가 있기 때문에 사체의 깊은 곳을 측정해야 한다. 온도가 한동안 유지되는, 사체의 중심에 해당되는 부분은 직장이다. 스펜서 역시 항문으로 온도계를 집어넣었다.

"캘리, 온도 변화를 측정할 때 옷을 벗기고 온도계를 항문 내로 10센티미터까지 집어넣은 다음 몇 분 후 온도를 기록하면 되요. 자, 봅시다. 섭씨 32도네요."

사건 현장에서 스펜서는 온도 하강 비율을 단순화한 식을 이용해 사망시간을 계산해낼 때도 있었다. 사망 후 시간의 경과에 따라 일정한 비율로 감소한다는 가정 하에 모리츠Mortiz 공식처럼 대략적으로 사후 시간을 산정하는 여러 방법들이 제시되고 있다.[26]

하지만 사후 경과 기간을 추정하는 일에도 다양한 변수가 영향을 미친다. 체온은 37℃라는 가정에서 출발하지만 열사병에 걸렸거나 저체온증이 있다면 더 높거나 낮을 수 있다. 난방이 가동되고 있는 집 안에서 사망했을 때는 사체가 냉각되지 않을 수 있다. 그리고 피하지방은 단열 효과가 있기 때문에 마른 사람의 경우 열이 더 빨리 떨어진다. 누워 있는 바닥의 특성이나 바닥에 몸이 닿은 면적도 체온 하강에 영향을 줄 수 있다. 착용한 옷이나 덮고 있는 이불도 마찬가지다. 클라우스 헨스게Claus Henssge는 체중, 주위 온도, 의복, 대기 흐름 등의 교정 인자를 고려한 노모그램(계산도표)을 제시했지만[27] 이 역시 노출된 다수의 주변 조건을 적용하는 데에 제한점이 나타난다.

이때 포스터 박사가 부검실로 들어왔다. 나 역시 증거자료 정리를 오늘내로 끝마쳐야 하므로 스펜서에게 나중에 보자고 귓속말로 말했다. 그러자 스펜서는 내 옷자락을 붙잡고 말했다.

"그래도 오늘 배운 내용 정리는 하고 가야죠. 잠깐만 기다려봐요. 빨리 이야기할게요."

그는 사양할 틈도 주지 않고 재빠르게 말했다.

"사후 경과 시간을 예측할 때 시신의 온도뿐 아니라 시반이나 사체경직을 포함한 사후변화와 환경조건 등을 고려해 이를 종합한 값을 제시하는 것이 좋아요. 다른 변수로 예측한 사후 시간과 값이 일치한다면 그만큼 신뢰도가 높아지니까요."

여기까지 말하고 그는 헛기침을 하면서 팔짱을 꼈다.

"흠, 그래도 오늘은 내가 도움이 되었죠?"

체온을 측정할 때 대기 온도, 사망자의 신체적 특이 사항, 상처의 특징, 시반 등의 다른 현상 등도 함께 기록하고 이 결과들을 종합하면 사건 정황과 추정 시간에서의 개연성을 설명하는 데 도움이 된다. 드라마에서는 중심 온도를 잴 때 간 온도를 측정하는 모습이 자주 등장하지만 상처를 내서 온도를 측정하는 것은 바람직하지 않을 수 있다. 측정 때문에 출혈이 발생하면 기존의 상처와 혼동될 수도 있다. 한편 포스터 박사는 안구의 초자체액을 이용해 칼륨 농도로 사후 경과 시간을 추정하기도 했다.

포스터 박사는 나와 눈이 마주치자 고개를 끄덕였고 나는 경례하듯 오른손을 이마에 살짝 올리고는 부검실을 나왔다.

어느 어릿광대의 죽음

먹고 죽은 귀신은 때깔도 좋다는 옛말이 있다. 만약 위에 음식이 가득 차 있어도 포만감이 느껴지지 않는다면 어떻게 될까? 과연 우리는 얼마나 많이 먹을 수 있는 걸까?

어제까지 환희에 젖은 사람들로 떠들썩했던 거리는 카니발이 끝나자 다소 한적해 보였다. 피해자의 시신은 강변에 주차해두었던 낡은 밴 안에서 발견되었다. 오디세오라는 이름의 피해자는 발견 당시 양팔 가득 먹을 것을 안고 있었다. 죽음으로 향하던 마지막 순간까지도 음식물을 씹고 있었는지 목구멍으로 채 넘기지도 않은 음식물이 입안에 가득했다.

현장 수사를 끝내고 범죄연구소로 돌아와 시신을 포스터 박사에게 인계했다. 이튿날 부검을 하던 포스터 박사가 나를 불렀다.

"이 친구 이름이 오디세오라고 했던가?"

"네, 맞습니다. 사망 원인은 뭔가요?"

"씹지도 않고 넘긴 고깃덩어리가 기도를 폐쇄한 거라네."

피해자는 학교나 직장을 다닌 기록도 없는 사람이었다. 카니발 기간 동안 거리에서 그를 보았다는 사람들을 꽤 많이 만날 수 있었다. 밴의 주인 안소니 플랭크는 근처 모텔에서 어렵지 않게 붙잡을 수 있었다. 그는 떠돌이 약장사였다. 어젯밤에도 밤새 과음을 했는지 안소니의 목소리는 아직도 술에 절어 있었다.

"오디세오 녀석, 어릴 때부터 내가 키우다시피 했는데. 하도 많이 먹어서 내가 장사를 해도 별로 남는 것도 없었지요."

뉴올리언스에서 마디그라 카니발이 열릴 때, 안소니는 길을 잃고 홀로 있는 오디세오를 처음 보았다고 했다. 모른 척하고 지나치려 했는데 천진하게 웃는 그를 차마 두고 갈 수 없어 부모가 찾으러 올 때까지만 데리고 있기로 했다. 오디세오는 음식을 보기만 하면 가리지 않고 먹어치웠고 이를 신기하게 여긴 사람들이 늘 주변에 모여들었다. 그들은 함께 약을 팔러 다녔다. 안소니는 쓴웃음을 짓더니 자신의 불 쇼보다도 오디세오가 훨씬 인기가 많았다고 말했다. 게다가 그가 화상을 입은 후로는 더 이상 입으로 불을 내뿜을 수 없게 되었고 그때부터 오디세오 혼자 공연을 해왔다. 카니발과 파머 마켓을 따라 유랑하는 형편이라 음식 값을 감당할 수 없었던 안소니는 지금껏 식당가를 돌며 음식 쓰레기를 얻어 오디세오를 먹여왔다.

이번 카니발 기간 중에도 벌이가 시원찮았던 안소니는 술을 살 돈을 마련할 수 없었고 궁리 끝에 피닉스 호텔의 인기 식당 '바 피노초'에서 열리는 진기 명기 쇼에 오디세오를 출전시키기로 마음먹는다. 미션을 성공적으로 수행하는 참가자에게는 4,000달러의 상금과 스위트룸 일주일 무료 숙박권이 주어졌다. 그는 오디세오의 우승을 믿어 의심치 않았다. 이 대회의 진행을 맡았던 지배인도 그를 기억하고 있었다. 오디세오를 마지막으로 본 것은 어제 이곳에서 열렸던 이색 도전, '닭 날개 많이 먹기 코너'에서라고 말했다. 주최 측은 30분 동안 300개의 닭 날개를 먹는 미션을 내걸었는데 아쉽게도 이날 그 도전에 성공한 사람은 아무도 없었다. 일반인들 대상으로 하는 이 쇼는 미국 전역의 별난 재주를 가진 사람들을 발굴해 출연시키고 있었다. 판정 위원의 명단을 찾아보니 푸드 파이터 엔지가 보였다. 신문에서 보았던 그녀를 직접 보게 되다니 반가웠다. 엔지를 찾아가 그에 대해 물었다.

"기억하다마다요. 별별 먹는 대회는 다 다녀봤지만 그렇게 맛있게 먹는 선수는 처음 봅니다. 모르긴 해도 다른 참가자들이 식겁했을 걸요. 도전에는 실패했지만 닭 날개를 200개나 먹은 건 대단한 일이죠."

"그랬군요. 뭔가 이상하게 느껴지는 점은 없었나요?"

"사회자가 경기가 끝났다고 몇 번이나 외쳤는데도 여전히 먹고 있더군요. 생각해보니 그 친구 특유의 유머였던 것 같아요. 덕분에 무대가 온통 웃음바다가 되었지요."

상황을 종합해보면 그는 선천적으로 식욕이 조절되지 않는다는 이야기가 된다. 오디세오는 프라더-윌리 증후군Prader-Willi syndrome 환자였던 것이다. 피해자의 증세는 다름 아닌 유전병 때문이었다. 문득 이 희귀병을 유명하게 만든 작품이 떠올랐다. 생각해보니 피해자는 스페인의 궁정 화가 후안 카레노 데 미란다Juan Carreno de Miranda의 그림 〈나체의 유제니아 마르티네즈 발레조Eugenia Martinez Vallejo, desnuda〉에서 포도주의 신 바쿠스Bacchus로 표

이 작품은 후안 카레노 데 미란다의 〈나체의 유제니아 마르티네즈 발레조〉(1860)이다. 그림의 나체 모델인 소녀는 궁전의 어릿광대였다고 한다. 이 소녀의 얼굴과 체형은 프라더-윌리 증후군의 특징을 잘 보여준다.

현된 소녀와 무척 닮았다. 카를로스 2세는 이 소녀의 모습이 신기해 궁전으로 불러 광대로 살게 했다고 한다. 프라더-윌리 증후군 환자는 15번 염색체 이상으로 시상하부에 기능장애가 나타난다. 그래서 남들보다 많이 먹어도 포만감을 느낄 수 없어서 음식을 자제하지 못한다.

그림 속 소녀의 모습에서 나타나 듯 프라더윌리증후군 환자들은 특징적 외모를 지니고 있다. 아몬드형의 눈, 아래로 처진 세모 모양의 입,작은 손과 발을 가졌는데 이는 피해자의 특징과도 동일했다. 이 병에 걸린 아이는 음식을 몰래 먹거나 음식을 찾아 헤매는 것 같은 행동적 특성을 보인다. 식욕에 대한 욕구 불만이 쌓이면 분노발작이나 공격성을 나타낼 수 있다. 배는 고픈데 허구한 날 눈앞의 음식을 감추려 드니 아이와 부모는 음식을 두고 술래잡기를 하며 살아간다. 비만과 관련된 고혈압, 당뇨병 같은 성인병의 위험도 있다. 성인이 되어도 대개 남성은 155cm, 여성 148cm 정도로 신장이 작은 편이다. 불임인 경우가 많고 외소 음경, 잠복고환 등의 증상이 나타난다.

식욕이 조절되지 않는 피해자는 카니발 내내 뱃속에 음식을 집어넣기만 했다. 안소니가 지배인이 건네준 수고비를 챙겨 어딘가에서 술판을 벌이고 있을 때 오디세오는 밴으로 돌아와 지나가는 행인들이 던져준 음식물을 주워 먹기 시작했다. 카니발의 들뜬 분위기에 관광객들이 더욱 후해졌는지 그에게 너 나 없이 음식을 쥐어주고 지나갔다. 그들은 오디세오가 음식을 먹는 모습을 보고 측은하게 생각했을 뿐, 굶주린 것이 아니라 뱃속에 음식이 그득해도 포만감을 느끼지 못한다는 것을 알 리가 없었다. 이번에도 그는 음식을 받자마자 정신없이 먹어치웠다. 이 모습에 행인들까지 그의 주위를 빙 둘러서서 우리 속 동물을 바라보듯 신기하게 구경을 했다. 사방에서 사람들이 속속 모여들었다. 그들은 음식물을 자꾸 던져주며 오디세이가 주워 먹는 모습을 신기한 듯 지켜보았다. 술에 취한 사람들은 짓궂게 자기 입안에 넣었던 음식을 꺼내 먹어보라고 장난을 치기도 했다. 오디세오는 허겁지겁 손으로 음식을 집어먹었지만 여전히 배를 채울 수 없었다. 그날 밤 그는 밴 안으로 들어가 양팔 그득 사람들이 주고 간 음식물을 안고서 잠을 청한다. 그렇게 누운 채로 음식을 먹다가 밴 안에서 최후를 맞이하게 된 것이다.

안소니를 빼고 그의 죽음을 알릴 사람이 없었다. 나는 열여덟 살에 오디세오를 홀로 낳은 어머니를 찾아 전화를 했다. 끝도 없이 먹겠다고 조르며 욕구불만의 감정을 분출하는 아이의 보호자가 되는 것은 결코 쉬운 일이 아니었을 것이다. 그녀는 오디세오의 죽음을 슬퍼했지만 건강상의 이유로 그의 장례식에도 참석하지 않았다. 어쩌면 오디세오 역시 카를로스 2세의 궁전에 살았던 그 소녀처럼 죽는 날까지 광대로 살았던 것인지 모른다.

에필로그

중독의 징후

새벽부터 전화가 울렸다. 로건 반장이었다. 그의 지시대로 시 외곽에 있는 돼지 농장에 도착했다. 관할 경찰서 소속의 경관들이 사건 현장에 도착해 있었다. 과학수사관 신분증을 보이자 출입이 통제된 현장으로 들어갈 수 있었다. 출동해 있던 구급대원들은 돼지우리 정화조에서 피해자를 꺼내는 것은 성공했지만 예상했던 것처럼 이미 사망해 있었다고 진술했다.

피해자의 몸에는 절창이 일곱 개나 있었다. 직장의 온도를 측정해보니 34℃였다. 시신에서 녹색을 띤 적갈색의 시반[28]이 눈에 들어왔다.

이 사내의 신분을 알아내는 것은 그리 어렵지 않았다. 농장의 주인은 피해자가 이곳 직원이라고 확인해주었다. 하지만 일을 시작한 지 얼마 되지 않았다고 덧붙였다. 로스앤젤레스에서 홀로 이주해온 그는 늘 과묵했고 주변 사람들을 경계하는 것 같았다. 거주지는 농장의 직원 숙소였다. 어젯밤 농장 직원들이 모두 모여 바비큐 파티를 열었는데 한 동료는 그가 술잔을 들고 밖으로 나갔고 문 밖에서 담배를 피우고 있는 모습을 보았다고 말했다. 그때 피해자는 몸을 가누지 못할 정도로 잔뜩 취해 있었다고 덧붙였다. 몸에 찔린 상처만 아니라면 술에 취한 그가 보호 장구도 없이 시설에 들어갔다 참변을 당한 것이라고 판단할 수 있는 상황이었다.

시계를 보니 오전 6시를 가리키고 있었다. 스펜서는 아직 도착 전이었다. 대체 피해자에게 무슨 일이 있었던 걸까? 시신에 나타난 현상들을 종합해 추정해보자.

NOTE

SEASON 6 예고

눈발이 휘날리던 날, 성가대 합창단원들은 성탄절 미사에서 부를 성가를 연습하고 있었다. 지휘자 옆에는 검정색 사제복을 입은 머리가 희끗한 신부가 흐뭇한 표정으로 이 모습을 지켜보고 있었다. 웅장하고도 부드러운 성가가 성당 가득 울려 퍼져 엄숙하고도 신비한 분위기를 자아냈다. 이때 갑자기 노랫소리가 뚝 끊어졌다.

하얀 성모 마리아상의 콧등 위로 붉은 핏방울이 뚝뚝 흘러내렸다. 멍하니 이를 바라고 있던 신부님은 성경의 한 구절을 천천히 되뇌었다.

"그러자 곧 피와 물이 흘러나왔다."

이때 돔형 천장에 있던 십자가에서 묵직한 소리가 나더니 곧 한쪽으로 기울었다. 성가대원들은 십자가가 내려오는 모습을 다 함께 바라보며 몸이 굳은 것처럼 꼼짝도 할 수 없었다. 잠시 후 지휘자가 머리를 좌우로 크게 흔들더니 아까 바닥에 떨어뜨렸던 지휘봉을 주워들었다. 이에 성가대원들은 약속이나 한 것처럼 열정적으로 입을 모아 다시 성가를 부르기 시작했다. 그리고 잠시 후, 쿵 소리를 내며 십자가가 바닥에 떨어지고 말았다.

쉴 새 없이 성호경을 긋고 있는 인파들을 뚫고 성당 안으로 들어갔다. 성모상이 온통 피범벅이 되었다는 소식이 마을에 알려지자 성당 안팎은 기적을 보러 온 사람들로 인산인해를 이루었다.

그러나 이것은 신이 내린 계시나 기적이 아니었다. 누군가가 살해되어 성당의 십자가에 매달린 것이었다. 피에타 상 위로 흘러내리던 핏방울 역시 피해자의 몸에서 나온 것이었다.

"십자가 위에서, 종교의식이 행해지는 성스런 곳에서 이런 끔찍한 일이 일어나다니 믿기지 않네요."

함께 출동한 헌터 요원은 한참동안 멍하니 시신을 보다가 부르르 몸서리를 쳤다. 나 역시 휴 하고 한숨을 내쉬었다.

"성당 안에서 그것도 십자가에 매단 것을 보면 종교적 원한이나 믿음과 관련된 살인일 수도 있을 것 같은데요."

지금은 그리스도교의 절대적 상징이 되었지만 로마시대에 십자가형은 사람들이 가장 두려워한 극형 중 하나였다고 한다. 철학자 세네카는 십자가에 매달리는 것보다는 자살하는 편이 낫다고 말하며 십자가형에 대한 깊은 혐오를 드러냈다.

시신을 물끄러미 올려다보았다. 고통으로 일그러져 버린 피해자의 얼굴에는 죽음에 이르기까지 견뎌야 했던 끔찍한 고통이 고스란히 배어 있었다. 그의 양팔은 십자가에 묶여 매달려 있었고 발조차 움직일 수 없는 상황이었다. 그는 사망할 때까지 숨을 들이쉴 수는 있으나 내뱉을 수 없어 고통에 신음했을 것이다. 우리는 십자가 위의 고통을 연상할 때마다 손발에 못이 박혀 다량의 피를 흘리는 장면을 상상하지만, 십자가에서의 최후의 순간은 전신의 근육이 마비되어 질식으로 사망에 이르게 된다.

국내에서도 2011년 문경에서 십자가 사건이 발생했다. 가시면류관을 쓰고 양손, 양발에 못이 박힌 채 발견된 피해자의 모습은 예수의 마지막과 같은 모습이었다. 수많은 의혹들이 제기되었음에도 이 사건은 종교적 이유로 자살한 것으로 종결되고 말았다.

필리핀에서는 부활절 행사로 예수의 처형 장면을 재현하는 종교 행사가 열린다. 이 행사는 십자가 위에서 벌이는 배우의 연기가 아니다. 어떤 사람들은 대나무 조각으로 만든 채찍으로 자신의 몸을 내리치기도 하고 어떤 사람들은 나무로 만든 무거운 십자가를 지고 맨발로 걸어가기도 한다. 또 손과 발에 못을 박고 수난을 체험하기도 한다. 이 같은 광경을 지켜보고 있노라면 드라마보다 더 드라마 같은 사건들이 우리의 현실 속에 일어나고 있다는 것을 인정할 수밖에 없다.

로마의 법정최고형 이었다는
십자가형에 대해 많은 이들이 출혈
과다로 사망한 것이라 인식하고 있지만
이는 사실과 다르다. 실제로는 질식
때문에 사망에 이르게 된다.
이 사진에서는 가톨릭 국가인
필리핀에서 부활절 행사 중의 하나로
예수가 십자가에 못 박히는 처형 장면과
채찍질 의식이 재현되고 있다.

SEASON 6

숨이 멎는 그 순간까지

아침 일찍 출동해서인지 아니면 성당이 너무 고요해서인지 잠깐 의자에 앉아 등을 기댄다는 게 그만 깜빡 잠이 들고 말았다. 얼마나 시간이 지났을까. 헌터가 내게 다가와 조심스레 말을 걸었다.

"괜찮은 거죠? 이제 성당 안의 증거를 수집하려고 해요."

시신의 목에는 손으로 누른 흔적과 손톱자국이 남아 있었다. 옷은 벗겨져 있었고 손과 발에 못이 깊이 박혀 있었다. 우선 손톱 아래에 남아 있는 성분들을 채취했다.

질식은 호흡을 막아 가스교환이 차단되는 과정이다. 목의 압박 원인으로는 끈을 둘러서 목을 압박하고 자신의 무게를 실어 죽음에 이르게 하는 의사hanging, 끈 등으로 목을 압박하는 교사ligature strangulation, 손으로 목을 조르는 액사manual strangulation로 나눌 수 있다. 그 외에도 코나 입 막음, 기도 막힘, 흉부 압박 등이 있다. 이런 행위를 누군가에게 가하면 호흡 과정에 장애가 일어나고 산소 공급과 이산화탄소 배출이 제대로 이루어지지 않게 된다. 산소 요구량이 높은 뇌는 이 과정에서 가장 큰 영향을 받는다.

피해자의 목을 보니 십자가 위에 매달기 전에 목을 압박했던 흔적이 있었다. 한참 후에야 밝혀졌지만 살인자는 피해자 다코타의 20년 지기 친구인 안토니였다. 이심전심으로 마음이 척척 맞던 사이였던 이들은 졸업 후 함께 꽃 배달 사업에 뛰어들었다. 처음에는 큰 문제없이 굴러갔으나 막강한 경쟁사가 생기면서 심각한 경영난에 허덕이게 된다. 안토니는 자금을 마련하느라 동분서주했다. 그러나 다코타는 회사 돈을 불린다며 그나마 남은 공금까지 인출해 카지노에서 몽땅 날려버리고 말았다. 안토니는 그를 믿었던 만큼 충격도 컸다. 무너진 신뢰는 일순간 극도의 분노로 바뀌어버렸다. 안토니는 성당에서 결혼식의 꽃 장식을 디자인하고 있던 다코타를 찾아가 말다툼을 벌였다. 다코타는 이슬람교도인 안토니의 신앙과 피부색을 들먹이며 혐오와 힐난의 말을 쏟아냈다. 안토니는 분을 참지 못해 두 손으로 그의 목을 졸랐고 다코타를 십자가에 매달아버렸다. 그의 마지막 절규는 살인자들의 마음을 대변하는 것인지도 모른다.

"아직도 내가 어떻게 그런 끔찍한 일을 저질렀는지 모르겠어요. 그 순간, 이제껏 단 한 번도 경험해보지 못했던 분노가 솟구쳤죠. 가슴속에서 터져 나오는 증오를 더 이상 참을 수가 없었어요."

순식간에 극에 달한 분노는 이성의 시야를 가리고 만다. 한 순간의 실수로 소중히 지켜왔던 모든 것이 통째로 무너져버리기도 한다. 어디서부터 잘못되었는지 알 수 없지만 알 수 없는 힘에 이끌린 듯 격렬한 감정에 휩쓸리고 문득 정신을 차렸을 때는 이미 어딘가에 내동댕이쳐진 것 같은 상황에 이르게 된다. 도저히 되돌아 갈 수 없는 곳까지 이르러서야 스스로 엄청난 짓을 저질렀다는 것을 깨닫게 되기도 한다. 상대에 대한 믿음이 클수록 실망과 분노의 늪에 더 깊게 빠져 상대를 벌해야 한다는 생각에까지 이르게 된다. 순식간에 충동질된 노여움은 불길처럼 마음의 들판에 번지고 눈 깜짝할 사이에 모든 것을 집어삼키고 만다.

며칠 후 나는 같은 날에 생을 마감한 한 남자의 두 아내를 포스터 박사의 부검 테이블에서 만났다. 범인 잭은 자신이 유부남이라는 것을 속이고 베티와 일 년 가까이 만났다. 두 사람 모두를 잃고 싶지 않았던 그는 현재 아내와 가정생활을 유지하면서 베티와도 결혼식을 올린 후 집과 멀지 않은 곳에 신혼집을 꾸렸다. 남편의 수상한 태도에 외도를 의심하고 있던 제시는 그의 뒤를 밟아 이중생활을 목격했다. 제시는 그에게 이혼을 요구했고 베티에게도 찾아가 진실을 폭로했다. 베티 역시 자신을 속인 사람과는 더 이상 살 수 없다며 이별을 통보했고 두 아내에게 차례로 버림받은 그는 절망에 빠져들었다. 그날 밤 잭은 술에 취해 제시의 머리를 트로피로 내리쳐 기절시킨 후 샹들리에에 줄을 묶고 그녀를 매달아 아래로 떨어뜨렸다. 그리고 그 길로 베티를 찾아가서 자고 있던 그녀의 입을 베개로 막아 죽음에 이르게 했다.

사람들이 목을 매는 행위를 자살로 인식하는 경향이 높기 때문에 범인들은 종종 교살을 자살처럼 꾸미기도 한다. 이때 넥타이, 허리띠, 빨래줄, 전기코드, 밧줄, 철사까지 다양한 종류의 끈들이 쓰인다. 교살의 특징적 증거로 설골의 골절을 들 수 있다. 다른 뼈와 연결되지 않은 설골은 혀를 지지하고 음식물을 삼키는 작용을 한다. 대개 갑상연골의 골절과 U자형 뼈의 손상은 손으로 교살했을 때 특징적으로 나타난다. 살해 과정에서 손을 이용한 경우에는 초승달 모양의 암적색 자국, 즉 액흔이 관찰되기도 한다.

헌터는 제시 목의 끈을 맨 위치를 보여주며 의사에 대해 설명해주었

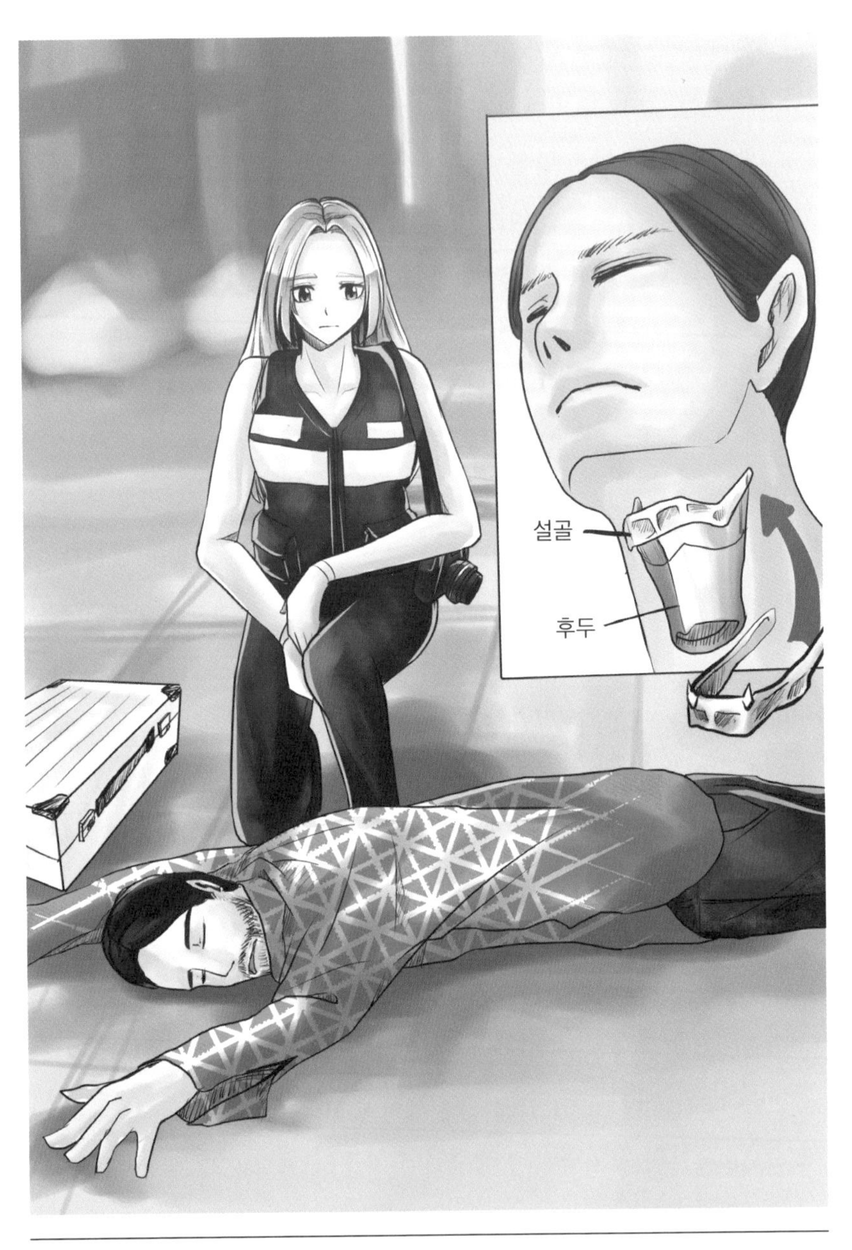

캘리는 사건 현장에서 증거를 수집하고 있다. 설골 손상, 특히 U자형 뿔의 손상은 교살에서 특징적으로 나타난다. 손으로 교살한 경우 결막 표면에 점상출혈도 종종 발견된다.

다. 의사는 목에 체중이 걸리는 정도에 따라 완전 의사와 불완전 의사로 분류된다. 완전 의사는 발이 바닥에 닿지 않고 체중이 모두 목에 걸리게 되므로 혈류를 완전히 막아 피해자의 얼굴이 창백해지는 반면, 불완전 의사는 몸의 일부가 땅바닥에 닿아 울혈congestion이 관찰되기도 한다. 또한 목을 맨 지점에 따라 목 뒤쪽 중앙인 경우 전형 의사로, 그 외의 위치라면 비전형 의사로 분류한다.[29]

"제시의 경우에는 발이 땅에 올라와 있었어요. 만약 그녀의 죽음이 의사에 의한 것이라면 교수점이 뒤편 중앙에 있으니 전형의사이고 발끝이 공중에 있었으니 완전의사로 분류되겠네요."

앞서 언급한 것처럼, 의사의 경우에는 시반이 팔과 하반신에 생길 수 있다. 목 부분에 힘이 많이 가해지면 빗장뼈 시작점에 출혈이 발생할 수 있고 혀가 돌출되는 경우도 발견된다. 목에 압박이 가해져 질식사한 경우 눈꺼풀, 피부, 결막 표면에 점상출혈이 생기기도 한다. 끈의 무게가 실리게 된 경우에는 표피가 박탈된 곳이 생기는데 끈 주위의 피부에 출혈이 있다면 목을 매기 전에 살아있었다는 근거가 된다.

죽음의 신과 키스하는 짜릿함을 느껴보려다 죽음의 신에게 목숨을 내어주는 이들도 있다. 정맥 압박이 일으킨 저산소증은 성적 환각을 유발할 수 있기 때문이다. 조각상처럼 수려한 외모에 인간미 넘치는 성격으로 만인의 사랑을 한 몸에 받았던 정치인 콘래드 루이스의 사건을 맡은 적이 있다. 그는 호텔방에서 홀로 죽음을 맞이했다. 그가 사망한 침대 밑에는 술병들이 나뒹굴고 있었다. 밤새 향락의 파티를 벌였는지 탁자에는 마리화나와 약봉지가 어지럽게 널려 있었다. 그는 알몸인 채로 발견되었고 목에 여성용 스카프를 두르고 있었다. 하지만 목 부분에 끌려 올라간 흔적이나 표피가 박탈된 곳은 찾아 볼 수 없었다. 이처럼 부드러운 천을 이용할 때는 목에 삭흔이 발견되지 않을 수도 있다. 그는 '킬러 오르가즘'을 위해 스카프로 올가미를 만들고 스스로 대뇌 저산소증을 유발하려고 했던 것이다. 자기색정사autoerotic asphyxia 놀이를 즐기는 사람들은 스스로 질식의 정도를 조절할 수 있는 노하우가 있다고 생각하지만 예상치 못했던 사고는 언제든 일어날 수 있다. 그날 밤, 그는 약물에 취해 있었다. 이런 식으로 사망한 사람들은 종종 손발이 묶인 채 발견되는 경우가 있는데 그 행위가 파트너에 의해 이루어졌을 가능성도 검토해야 한다. 콘래드의 경우처럼 신체 부위를 묶는 대신 방독면이나 비닐봉지 등을 이용하는 경우도 더러 있다.

부검 테이블 위에 누워 있는 콘래드의 푸르스름한 얼굴을 바라보고 있으니 영화배우 데이비드 캐러딘David Carradine의 모습이 겹쳐 떠올랐다. 70대 노인이었던 그도 콘래드처럼 태국 방콕의 한 호텔방에서 나체의 시신으로 발견되었다. 캐러딘 역시 성적 만족감을 위해 '킬미kill me'의 순간을 스스로 만들었다고 알려져 있다.

근처에 있는 베네치아 호텔에서 또 다른 사건이 발생했다. 콘래드의

'요크의 진주'라 불리는 가톨릭 순교자 성녀 마거릿 클리테로우는 사제들을 자기 집에 숨겨주다 발각되어 압사형을 받는다. 이 그림은 리처드 버스타건Richard Verstegen의 〈성녀 마거릿 클리테로우의 순교The Martyrdom of St. Magaret Clitherow〉(1587)이다. 그녀의 몸 위에 318kg의 바위 덩어리를 올려놓자 15분 만에 죽었다고 한다. 이외에도 사형 집행에 훈련된 코끼리를 동원하는 방법은 인도나 동남아시아에서 수천 년간 이용되어 왔다.

시신 수습과 증거 수집을 마친 우리는 바로 다음 현장으로 이동했다. 여성의 시신을 처음 발견한 사람은 객실 청소부였다. 아담하고 마른 체구의 그녀는 호텔 침대에서 천장을 바라보며 누운 채로 사망했다.

피해자에게서 결막 출혈, 가슴에 울혈, 늑골 사이 근육의 출혈이 발견되었다. 스펜서는 무거운 물체가 한동안 그녀를 압박했던 것 같다는 소견을 덧붙였다. 그렇다면 누군가 호떡 누르개로 반죽 누르듯이 그녀를 압박한 후 사라져버린 것이다. 이런 비유는 결코 우스갯소리가 아니다. 과거에는 그 원리를 이용한 형벌도 있었다. 다시 말해 죽을 때까지 무거운 물건을 신체 위에 올려놓는 형벌이 존재했던 것이다.

하지만 이번 사건은 살인이 아닌 사고에 의한 것임이 곧 밝혀졌다. 이 호텔에는 전통 문화 공연을 위해 일본에서 방문한 스모 선수들이 묵고 있었다. 과거의 압사 형벌에서 볼 수 있던 흉부의 무거운 추처럼 피해자의 가슴 위에 올려졌던 존재는 다름 아닌 무거운 사람의 몸이었던 것이다. 190kg 몸무게의 상대와 성관계를 가진 후 술에 취해 잠이 든 피해자는 흉부와 복부에 장시간 압박을 받았던 것이다. 결코 의도하지 않았지만 그는

2015년, 사우디아라비아 이슬람 성지 메카 인근에서 일어난 압사사고로 700명 이상이 사망했다. 세계 각국의 순례자들이 한꺼번에 메카로 몰리는 이슬람 신도의 하지 순례 기간 중에는 이 같은 대형 참사가 자주 일어난다.

거짓말처럼 밤새 한 사람의 목숨을 앗아버리고 말았다.

한편 건물이 붕괴되거나 때로 군중에 깔려 질식해 사망하는 경우도 종종 발생한다. 플라스틱백을 머리에 뒤집어쓰고 사망한 경우도 있는데 약을 흡입한 상태로 발견되기도 한다. 또한 특정 물질에 의해 기도가 폐색된 질식사는 뭐든 입에 집어넣으려 하는 어린아이나 음식을 충분히 씹지 못하는 노인들에게서 종종 일어난다. 질식사는 대부분 사고인 경우가 많지만 간혹 억지로 이물질을 집어넣는 공격에 의해서도 발생할 수 있다.

에필로그

산 채로 묻히던 날

이곳에 온 후 내 삶에 다가왔던 죽음의 존재에 대해서는 까맣게 잊고 있었던 것 같다. 질식으로 사망한 이들의 사건을 수사하며 감정이 이입되었는지 요즘 들어 나의 죽음에 대한 묵직한 기억들이 불쑥불쑥 떠오르고는 했다. 아무래도 오늘은 도저히 일에 집중할 수 없을 것 같다. 하염없이 사건파일을 뒤적이기만 했을 뿐이다. 파일을 덮고 주차장으로 향했다. 건물의 지하에 있는 주차장으로 향하는 발걸음이 오늘따라 무겁게 느껴졌다. 부쩍 예민해진 탓일까. 뒤에서 누군가 뒤따라오는 것만 같았다. 발소리가 점점 가까이 들려왔다.

내 차가 눈앞에 들어오자 마음이 놓였다. 서둘러 문을 열었다. 그때 누군가 내 이름을 불렀다. 무의식적으로 돌아서서 상대를 확인하려 했을 때 뒤통수에 상한 충격이 느껴졌다. 눈앞이 캄캄해지고 몸이 번쩍 들리는 느낌이 들었다. 정신이 아찔해졌다.

얼마나 시간이 지났을까. 흙이 후두둑 쏟아져내리는 소리에 눈을 떴다. 또 한 삽의 흙이 내 위로 쏟아져내리고 있었다. 삽에 돌에 걸릴 때마다 날카로운 소리가 들렸다. 몸을 움직여보려고 했지만 양손에는 차가운 벽만 느껴질 뿐이었다. 잠시 후 흙이 떨어지는 소리가 멈추었다. 그리고 시동을 거는 소리가 들렸고 엔진 소리는 점점 멀어져갔다. 누군가 나를 여기에 남겨두고 떠나버린 것이다. 좁은 상자 속에 남아 있는 공기만으로는 곧 죽음에 이르게 되겠지. 더군다나 땅속에 매장된 나의 시신을 발견해내는 일조차 쉽지 않을 것이다.

나는 지하 세계에 있었다. 시간이 지날수록 의식이 혼미해지고 가슴이 답답해졌다. 숨을 쉴 때마다 통증이 느껴졌다. 양쪽 벽이 점점 더 가까이 내게로 다가오는 것만 같았다. 숨이 가빠지고 헐떡이면서도 가슴을 짓누르는 죽음에 대한 공포 때문에 온몸이 부르르 떨렸다.

앙투안 위르츠Antoine Wiertz의 작품 〈성급한 매장The Premature Burial〉(1854)이다. 이 그림은 깨어나보니 관 속에 있는 콜레라 희생자를 그린 것이다. 의학 기술이 발전하기 전에는 죽은 것으로 오인해 생매장되는 사고가 종종 있었다고 한다. 이들 중에는 불행히도 구조되지 못하고 그대로 묻힌 경우도 있었다.

산 채로 땅에 묻히는 상황에 대한 공포는 상당히 많은 이들이 경험하고 있다. 이를 태퍼포비아taphephobia, 즉 생매장 공포증이라고 부른다. 생매장은 살인 뿐 아니라 처형 방법으로도 이용되어왔다.

나는 누군가에 의해 어디인지 알 수 없는 곳으로 옮겨졌고 생매장으로 곧 삶을 마감하게 될 것이다. 관을 세차게 두드려보기도 하고 몸부림을 쳐보기도 했지만 아무도 대답하지 않았다. 비좁은 관 속에서 몸을 돌려 눕는 것조차도 힘겨운 상황이었다. 나는 죽어가고 있었다. 죽음의 여신의 억센 손이 숨통을 쥐어오는 순간순간을 오롯이 느끼고 있었다. 죽음이 지배하는 고요한 그곳으로 데려가려는 것이다. 이곳의 공기가 납덩이보다도 무겁게 느껴졌다. 살아서 나갈 수 없다면 차라리 되도록 빨리 숨이 끊어지기를 바랄 뿐이었다.

허벅지 부위에 단단한 무엇이 느껴졌다. 더듬어보니 라이터였다. 범인이 남겨주고 떠난 것이다. 라이터를 켜자 어둠이 순식간에 사라졌다. 불빛은 공포를 조금씩 태워갔다. 하지만 이것은 앞을 볼 수 있다는 안도감일 뿐, 그리고 이 빛은 내 생명을 조금이라도 연장할 수 있는 산소와 맞바꾼 것이다. 배에서 꾸물거리는 벌레들이 고통스럽고 야릇한 감각을 만들어내고 있었다. 온몸에 소름이 돋았다. 몸을 흔들어 떨어뜨리려 해봐도 벌레들은 스멀스멀 계속해서 다시 기어올라왔다.

이때 삐걱거리는 소리와 함께 기계음이 울렸다. 그리고 저편에서 익숙한 목소리가 들려왔다. 왈칵 눈물이 터져 나왔다. 눈앞에 밝은 빛이 쏟아지자 나는 마음을 놓으며 정신을 잃고 말았다. 가까스로 눈을 떴을 땐 로건 반장의 얼굴이 일그러져 보였다. 바깥세상의 차가운 공기가 코 밑으로 새어 들어왔다. 나는 아주 긴 숨을 내쉬었다. 그리고 이번에는 깊은 잠에 빠져 들었다.

정신을 차려보니 병원의 침상 위였다. 로건 반장은 내가 깨어나는 모습을 보고 안도의 한숨을 내뱉었다. 범인은 로건 반장의 이메일로 경찰을 조롱하는 메시지와 함께 내가 매장된 곳의 주소를 보냈다. 메일 계정은 실명으로 가입되지 않았고 범인은 자신의 흔적을 어디에도 남기지 않았다고 한다. 나를 납치한 그는 누구였을까?

죽음은 우리가 받아들여야 할 숙제이다. 우리 모두는 언젠가 지하에 묻혀 잠들게 될 운명을 갖고 태어났다. 누구나 마지막 순간만은 평안하고 행복하기를 바란다. 하지만 그 순간이 과연 언제쯤으로 예정되어 있는지, 어떤 모습으로 마지막을 맞이하게 될지는 누구도 알 수 없다.

하지만 나는 아직 빛의 세계에 있다. 이것만은 분명했다. 더 이상 소중한 삶을 질식시킬 수 없다.

지하에 생매장당했던 끔찍한 경험 이후 나는 한동안 병원에 입원해 있었다. 땅 밑의 숨 막히던 그 순간들이 마음에서 쉽게 지워지지 않았다. 나는 지금 포시즌 메디컬 센터에서 치료를 받고 있다. 이곳에서 페이건 박사를 처음 만났다. 다른 환자들과 스스럼없이 과자를 나누며 이야기를 나누고 있는 그를 처음 보았을 때 나처럼 아파서 병원을 찾은 환자인 줄만 알았다.

그날의 기억은 시도 때도 없이 불쑥 되살아났다. 숨이 막히고 가슴 위에 묵직한 무언가가 놓인 것 같은 기분이 좀처럼 사라지지 않았다. 그때마다 병실을 나와 병원 이곳저곳을 무작정 기웃거렸다. 어두운 땅 밑에서 나와 이제 마음껏 움직일 수 있다는 것을 느껴보고 싶었다.

벤치에 누워 오가는 사람을 한참 동안 멍하니 바라보고 있기도 했다. 따뜻한 햇살 아래 있으려니 슬슬 잠이 쏟아졌다. 이때 흰 가운을 입은 한 무리 사람들이 내 옆에 자리를 잡았다. 엿들으려 한 건 아니었지만 그들 곁에서 있는 동안 나누는 이야기가 들려왔다. 이들은 모두 같은 이유로 울분을 쏟아내고 있었다. 보스에 대해 불만이 많은 것 같았다. 한 의사가 한숨을 쉬더니 응급실로 들어온 환자에 대한 이야기를 꺼냈다.

"환자는 고열 증세에다 두통이 심했는데 별의별 검사를 해봐도 원인을 모르겠단 말이야. 오늘은 환자가 환각에 구토 증세까지 보였는데, 페이건 박사한테 또 무슨 말을 들을지 휴우, 답답하기만 하네."

이번에는 담배를 물고 서 있던 깡마른 체구의 의사가 라이터로 불을 붙이더니 이렇게 투덜거렸다.

"난 그만두고 고향에 있는 병원으로 돌아갈까 해. 페이건 박사가 아무리 유명한 권위자라 해도 이건 너무 하잖아. 나는 여기에 간병인 하려고 온 게 아닌데 얼마나 더 이런 짓을 하라는 거지?"

"아무튼 페이건 박사는 자선 사업하러 병원에 다니는 것 같다니까. 가난한 사람들 병원비 대신 내준다고 요즘은 야간 당직도 선다고 그럽디다."

이들의 목소리는 시간이 지날수록 점점 격양되었고 옆 벤치에 누워 있던 나는 괜히 무안해져 자리를 박차고 일어났다. 병실로 걸어가다 저만치 한 간호사와 실랑이를 벌이고 있는 환자가 보였다.

"환자분, 그런 민간요법을 의사 허락 없이 함부로 사용하시면 안 됩니다."

"이리 주세요. 지금까지 아무 이상 없이 썼는데 뭐가 문제라는 건지, 대체 왜들 이러시는 거예요?"

그는 무슨 『아라비안나이트』에나 나올 법한 요술램프 같이 생긴 물건을 간호사의 손에서 거칠게 빼앗았다. 그러더니 주전자를 기울여 자신의 코 안으로 무언가를 쏟아부었다. 간호사는 한참 동안 입을 꽉 다물고 그를 노려보더니 어딘가로 황급히 발길을 옮겼다. 그제야 물끄러미 그 광경을 바라보고 있던 내 존재를 깨달았는지 그 환자는 변명하듯 말했다.

"이건 이상한 짓이 아니라 내 가족들도 다 쓰는 방법이에요. 제가 알레르기에다 축농증 증세가 심하거든요. 병원도 꽤 오래 다녔고 좋다는 약은 다 써봤지만 나아지지 않았어요."

"그게 뭐하는 건데요?"

나는 주전자를 자세히 보고 싶어 가까이 다가갔다.

"네티팟(인도 전통 민간요법에서 유래한 코 세척기)이라 부르죠. 이거 덕분에 얼마나 증상이 좋아졌는지 몰라요. 소금물을 담아 코를 꼼꼼히 세척하고 나면 코가 뻥 뚫린 것 같아요. 개운하고 정말 살 것 같습니다."

이 환자의 증세를 살펴보던 페이건 박사는 결국 뇌 먹는 아메바에 의한 뇌수막염이라고 진단했다. 그나저나 병명 한번 끔찍하다.

페이건 박사는 환자를 살리기 위해 검사 결과에만 의존하는 것이 아니라 그들이 살아가는 환경이나 습관 속에 잠재한 인자들을 고려하여 병의 원인을 찾으려 노력을 기울였다. 그가 환자들에게 늘 먼저 말을 거는 이유도 바로 이 때문이다. 우리는 습관이 되었거나 일상의 일부처럼 친숙해진 것들에 대한 신뢰를 정당화하려고 온갖 핑계를 댄다. 그래서 때로 이것을 '문제'라고 인식조차 하지 못한다. 지금 이 시간에도 우리는 스스로 독성 가득한 환경을 만들어내며 그 속에서 병들어가고 있다. 어쩌면 세상에서 가장 잔인한 살인자는 다름 아닌 그곳, 당신의 일상적 환경에 존재하는지 모른다.

SEASON 7

일상의 살인자

코로 들어오는 뇌 먹는 아메바

관이 열리고 밝은 빛이 쏟아져 내리자 눈이 부셨다. 나는 눈을 감았다. 어디선가 웅성대는 사람들의 목소리가 들려왔다. 가슴 한쪽이 울컥했다. 아, 나는 다시 문명의 세계로 돌아왔다. 누군가의 손에 들려 간이침대로 미끄러지듯 옮겨졌다. 이윽고 구급차 사이렌 소리가 들렸고 응급대원의 얼굴을 바라보다 스르륵 잠이 들고 말았다. 한참 뒤 나는 주변의 웅성거림에 정신을 차렸다.

응급실 안은 고통으로 신음하는 사람들로 가득했다. 방금 커튼 하나를 사이에 두고 또 한 명의 환자가 이송되었다. 그는 머리가 터질 것 같다며 고함을 치고 있었다. 그와 함께 병원에 온 한 노인이 의사에게 자초지종을 설명하고 있는 것 같아 보였다.

분명 땅 위로 돌아왔는데도 공포감은 사라지지 않았다. 숨을 쉬지 못할 정도로 심장박동이 불규칙했고 식은땀으로 온몸이 축축하게 젖을 때도 있었다. 오들오들 떨다 잠이 들면 힘없이 운명에 모든 것을 맡겨야 하는 순간들이 또다시 파노라마처럼 눈앞에 펼쳐졌다. 무거운 지하의 공기가 가슴을 짓누르고 온몸을 감싼 적막이 조금씩 나를 죄어왔다. 호흡은 점점 얕아져가고 시간은 멈춘 듯 느릿하게 흘러갔다. 숨을 헐떡이는 순간에도 살갗을 사정없이 물어뜯는 벌레들의 움직임이 느껴졌다.

그때 누군가가 비명을 내질렀다. 나도 모르게 뒤따라 비명을 지르며 몸을 일으켜 세웠다. 그제야 무서운 꿈에서 깨어났다. 가슴팍이 으깨어지는 것 같은 통증이 느껴졌다. 응급실에는 계속해서 새로운 환자들이 실려 들어왔고 의사들과 간호사들은 이들을 돌보느라 정신없이 바빠 보였다. 적막에서 빠져나온 내게 아수라장 같은 이곳의 상황은 안도감마저 느끼게 했다.

괴성을 질러대던 그 환자의 이름은 샤히드였다. 한참이 지난 후 페이건 박사는 그의 증상이 파울러자유아메바*Naegleria fowleri*에 의한 감염이라고 말했다. 파울러자유아메바는 '뇌 먹는 아메바'라는 무시무시한 별명을 갖고 있다. 그 미생물이 코를 통해 들어와 뇌까지 침범한다는 점도 특이하다. 감염되면 샤히드의 증세처럼 두통, 구토 증세 등을 보이다가 환각과 마비 증세까지 나타날 수 있다. 게다가 95% 이상의 치사율은 뱀파이어도 울고 갈 수준이다. 그동안 상대를 얕잡아 보며 "이런 아메바 같으니라고"라는 말을 쉽게 했다면 이번만은 이 아메바 앞에서 자세를 가다듬어야 할 것 같다. 지금까지 사례를 보면 파울러자유아메바에 의해 뇌수막염이 발생한 환자들은 대부분 열흘 안에 사망했다.

작명에는 다 이유가 있어 보인다. 이름에서 드러나 듯 파울러M. Fowler가 부검을 하면서 처음 발견했다고 한다. 파울러자유아메바는 숙주 없이 자연계에서 생활할 수 있다. 여름철 온도가 30℃이상이 되면 뇌 먹는 아메바의 서식에 적절한 조건이 된다. 그래서 더위를 피해 호수나 강가에서 물놀이나 수상스키를 즐기다가 감염되는 경우가 있다. 감염이 담수에서 발생하는 점 그리고 물놀이를 즐기던 건강한 청년이나 어린이에게 일어나는 점도 특기할 만하다. 파울러자유아메바는 온천이나 공단 주변에 서식하기도 한다.

샤히드는 근래에 호수나 강가에서 수영을 즐긴 적이 없다고 했다. 그럼 어떻게 파울러자유아메바에 감염된 걸까. 나는 샤히드가 집에서 가져온 네티팟을 사용하다 간호사와 실랑이를 벌이는 광경을 종종 목격했다. 샤히드의 치료에 혹시나 도움이 될 수 있을까 하는 마음으로 이에 대해 페이건 박사에게 조심스럽게 말을 꺼냈다. 검사 결과 그의 네티팟에서 파울러자유아메바가 검출되었다. 샤히드의 증상은 파울러자유아메바에 오염된 수돗물을 이용해 코 세척을 했기 때문에 일어난 것이다.

파울러자유아메바의 생활사는 포낭형, 아메바형, 편모형으로 분류된다. 이 아메바가 가장 살기 좋은 온도는 35℃ 정도이고 약 50℃까지도 생존할 수 있다. 날씨가 추워져 먹을거리가 변변치 않으면 포낭을 뒤집어쓰고 이 시기를 버텨낸다. 하지만 수온이 따뜻해지고 수중 영양 성분도 풍부해지면 아메바형으로 복귀하여 분열 증식을 한다. 어쩌면 파울러자유아메바에게 배울 점도 있는 듯하다. 살기 힘든 환경에서 적응하여 잘 참고 견딜 줄 알기 때문이다. 그때까지 생명의 불씨를 소중히 지키고 때가 오기를 기다려 세상에 나올 줄 안다.

한편 질병을 일으키는 아메바 중에는 가시아메바*Acanthamoeba* spp.도 있다. 수영장, 온수 욕조, 수돗물뿐 아니라 렌즈 보존액에도 증식하는데 눈에 침투하면 시력을 잃을 수도 있다. 가시아메바에 의한 뇌수막염으로 죽음

지하에서 구출된 캘리는 한동안 병원 신세를 지게 된다. 그 병원에서 캘리는 페이건 박사를 처음 만났다. 아유르베다 스파에서 일하고 있는 샤히드는 고질병인 비염을 고치기 위해 인도인 아버지의 권유로 네티팟을 사용해왔다. 페이건 박사는 결국 그가 파울러자유아메바에 감염되었다고 진단을 내린다. 변변한 치료약도 없고 치사율이 95%라고 하는데, 샤히드, 그는 과연 살아날 수 있을까?

에 이른 사례도 보고되고 있다.[30]

내가 페이건 박사에게 샤히드의 네티팟에 대한 이야기를 전한 덕에 레지던트들이 정확한 원인 분석을 하느라 바빠졌다. 샤히드가 네티팟을 사용하게 된 계기는 아버지의 권유 때문이었다. 그는 라스베이거스의 한 아유르베다(인도 전통의학) 스파에서 치료사로 일하고 있다. 샤히드는 스무 살에 유학을 온 인도인 아버지와 백인 미국인 어머니 사이에서 태어났다. 샤히드는 꽤 오랫동안 알레르기성 비염으로 고생했는데 네티팟으로 코 세척을 한 후 증세가 많이 좋아졌다. 그러다 몇 년 전 컴퓨터 엔지니어로 근무하던 직장을 그만두고 전통치료요법을 배우러 인도를 방문한 후 그곳의 문화와 철학에 꽤 심취해 있었다.

아침마다 네티팟으로 코를 세척하는 일은 그에게 습관이 되었다. 공교롭게도 그 지역의 수돗물은 파울러자유아메바에 오염된 상태였고 결국 비강을 세척을 하는 습관은 파울러자유아메바에게 기꺼이 콧구멍을 열어 뇌에 이르는 고속철도를 놓아준 셈이 되었다.

안타깝게도 파울러자유아메바에 의한 뇌수막염은 질병이 빨리 진행되지만 신속한 진단이 어려우므로 생존율이 매우 낮다. 게다가 세균성 뇌수막염과 임상적 차이가 분명치 않고 이 미생물에 대한 식견 자체도 부족한 상황이다. 아직까지 이렇다 할 치료제가 없는 상황이지만 환자들 중에 항진균제인 암포테리신 B로 치료된 사례가 있다.

사건 번호 오일공사

어제 담당 의사가 검사 결과를 보고 퇴원을 해도 좋다고 했다. 하지만 지하에 갇혀 상당한 정신적 충격을 받았기 때문에 당분간은 통원 치료를 받으며 경과를 지켜봐야 한다고 했다.

퇴원 수속을 마친 후 병원을 나서려 하는데 페이건 박사에게 전화가 왔다. 페이건 박사는 네티팟에 대한 정보를 알려줘서 고맙다며 저녁 식사를 사고 싶다고 했다. 우리는 병원 근처에 있는 퓨전 베트남 요리 레스토랑에서 만나기로 했다.

이 식당은 꽤 유명한 곳인지 벽면에는 이곳을 방문했던 연예인 사진이 즐비했다. 메뉴를 보며 고민하고 있는데 테이블 앞으로 지배인이 다가왔다. 그는 '고이꾸온 까이'라는 요리를 추천하며 이 요리 때문에 멀리서도 일부러 여기를 찾는다고 자랑을 늘어놓았다.

접시를 거의 비운 옆 좌석의 커플들을 힐끗 보니 특제 소스에 찍어먹는 그 요리가 꽤 먹음직스러워 보였다. 지배인은 요리에 쓰이는 모든 재료가 근처 농원에서 수확한 신선한 유기농 채소라고 했다. 질 좋은 채소로 셰프 스테판 부이가 정성스럽게 만들어 맛이 일품인 것은 물론이고 건강에도 무척 좋은 요리라고 장황한 설명을 덧붙였다.

주문한 요리가 나와서 수저를 드는 순간 어디선가 비명 소리가 들렸다. 고개를 돌려 보니 중년의 남자가 바닥에 쓰러져 있었다. 페이건 박사는 정신을 잃은 사내에게 다가가 급히 응급처치를 했다. 그는 구급차를 타고 병원으로 옮겨졌으나 안타깝게도 사망하고 말았다.

처음에는 원한 관계에 있는 누군가가 음식물에 독극물을 넣은 것으로 추정하며 부검 결과를 기다렸지만 원인은 다른 곳에 있었다. 그의 죽음은 약물이 아니라 세균 때문이었다. 아내의 진술에 따르면 피해자는 채식주의자였고 평소 건강과 체중 조절에 지나칠 정도로 집착했다. 특히 생야채 요리를 좋아해서 이곳 음식을 자주 즐겼다. 사흘 전에도 그들은 여기서 저녁 식사를 했는데 그때부터 줄곧 복통을 호소했다고 했다.

이곳은 유기농 식재료를 사용하는 것으로 유명한 식당이다. 다이어트나 건강에 관심이 많은 사람들이 선호하는 생식 위주의 색다른 메뉴들도 인기가 많았다. 수사 과정에서 피해자뿐 아니라 수십 명의 사람들이 이 근방의 여러 식당에서 음식을 먹은 후 혈성 설사, 구토, 복통 등의 증상들을 호소하며 근처 병원에서 치료를 받았던 사실이 밝혀졌다.

페이건 박사는 그의 죽음이 장출혈성 대장균enterohemorrhagic Escherichia coli에 의한 것이라고 말했다. 나는 대장균의 감염원을 찾아 식당을 비롯해 재료를 납품한 업체들을 방문해 농산품을 수거했고 분석을 의뢰했다. 페이건 박사의 말대로 일부 채소에서 대장균이 검출되었고 그 식당들은 모두 근교의 한 전문 유기농 업체에서 채소를 공급받고 있었다. 결국 대장균의 감염은 축사에서 나온 폐수에 관개수가 오염되었기 때문인 것으로 밝혀졌다.

대장균은 온열 동물의 장내에 서식하는 세균으로, 환경 중의 위생 상태를 나타내는 지표로 활용되고 있다. 일부 대장균들은 병원성을 나타내는데 이중에는 식중독 집단 발병을 일으켰던 O157:H7 대장균이 널리 알려져 있다. 장출혈성 대장균의 감염원은 치즈, 소시지, 채소, 잘 익히지 않은 햄버거 등이 있으나 이 세균에 오염된 식품이나 물로 만든 모든 음식물이 포함된다. 주요 증상은 복통, 미열, 구토, 설사 등이고 출혈성 설사, 장염, 신장 기능이 떨어져 생기는 용혈성 요독 증후군 등으로 발전된다.

건강에 대한 관심이 부쩍 높아지고 패스트푸드나 유전자 변형식품에 대해 부정적인 인식이 퍼지면서 유기농법으로 수확한 식품의 인기가 높아지고 있다. 문제는 유기농 식품을 무조건 안전한 식품으로 신뢰하거나 고급 브랜드의 제품이 더 안전하고 건강한 식품이라 여기는 태도다. 실제로는 가축 분뇨에 오염된 관개수를 사용할 경우 유기농 농산물이 생물학적 오염에 노출될 우려가 있다. 더군다나 유기농 농산물을 샐러드나 생식을 즐기는 경우가 많다는 점은 감염의 위험성을 더 높이는 결과를 가져온다.

한편 2011년 독일을 중심으로 유럽을 강타한 장출혈성 대장균은 O104:H4라는 시가독소 생성 변종 균으로 알려졌다. 더구나 이 균은 2004년 국내에서 최초로 발견되었는데 이후 유럽에 확산될 때까지 발병 사례가 보고된 적이 없었다. 당시 전남대학교병원을 방문한 29세의 여성이 햄버거를 먹고 복통과 혈변의 증세를 보인 후 용혈성 요독 증후군으로 진단을 받았지만 한 달 후 완치되어 퇴원했다.

쓰레기 더미 위의 사람들

텔레비전에서는 〈심슨 가족〉 시리즈가 방영되고 있었다. 주인공 호머 심슨은 스프링필드 시의 쓰레기 수거 체계에 불만을 갖는다. 그래서 이참에 자신이 스프링필드의 쓰레기 처리를 관리할 새 위생국장을 뽑는 선거에 출마하기로 결심한다. 호머 심슨은 자신이 선출되면 청소원들을 대거 채용해 24시간 쓰레기 수거 시스템을 도입할 것이며 성가신 쓰레기 수거도 공무원들이 모두 대신해줄 것이라는 달콤한 공약을 내건다. 이 공약은 시민들의 환심을 사기에 충분했고 그는 스프링필드의 위생국장으로 선출된다.

하지만 그는 불과 한 달 만에 시의 한 해 예산을 탕진하고 만다. 호머는 난국에서 탈출하기 위해 고민 끝에 한 묘책을 생각해낸다. 돈을 받고 다른 주의 유해, 독성 폐기물을 스프링필드에 매립하는 방법이다. 바닥난 스프링필드의 예산을 채우기 위해 호머는 밤마다 정체불명의 쓰레기를 도시 여기저기에 묻으러 다닌다.

이런 편법으로 그는 가까스로 예산 문제를 해결하는 데 성공하지만 스프링필드 시는 온통 쓰레기로 뒤덮여버리고 만다. 결국 마을의 모든 땅은 생명체가 살 수 없는 불모지가 되었고 시민들은 오염된 스프링필드를 버리고 다른 지역으로 이주를 결심한다. 결국 심슨은 위생국장에서 쫓겨났을 뿐 아니라 아름다운 스프링필드의 자연을 엉망으로 만들어버린 벌로 태형을 받게 된다.[31]

이런 이야기를 그저 애니메이션일 뿐이라고 치부할 일은 아니다. 더욱이 현실에서라면 호머가 그랬듯 엉덩이 몇 대 맞는 일로 그냥 넘어갈 수 있는 일은 결코 아닐 것이다.

오늘은 일찍 일과를 끝내고 집으로 돌아왔다. 몇 시간에 걸쳐 집 안 곳곳을 청소하고 여기저기 쌓여있던 쓰레기를 모두 내다 버렸다. 밤이 되자 슬슬 출출해졌고 냉장고를 열어보니 먹을 것이라고는 생수 몇 병뿐이었다. 오랜만에 장을 보려고 근처에 있는 대형 마트로 향했다. 어느덧 이곳의 계절도 바뀌어가고 있었다. 날이 벌써 어두컴컴해져서 마트가 문을 닫기 전에 도착하려면 더 빨리 움직여야 했다.

크고 작은 제조업 공장이 밀집해 있는 지역을 지날 때였다. 어둠 속에서 검정 가운을 입고 횃불을 손에 든 사람들의 행렬이 눈에 띄었다. 그들은 한 줄로 걸어가며 무언가를 계속해서 중얼거렸지만 얼굴에 두른 두건 때문인지 무슨 소리인지 알아들을 수가 없었다. 그들은 나를 거들떠보지도 않고 그냥 지나쳐 걸어갔다.

바로 그때였다. "불이야!" 라는 누군가의 외침이 들렸다. 돌아보니 공장이 순식간에 불길에 휩싸였다. 불길은 바람을 타고 삽시간에 사방으로 번져갔다. 매캐한 연기와 치솟는 불길 속에서 사람들의 비명이 들려왔다. 무너지는 건물의 파편들이 사방으로 쏟아져 내렸다. 나는 자전거에서 미끄러져 아스팔트 위로 넘어졌다. 무릎이 까지고 팔꿈치에서 피가 흘러내렸다. 병원에서 나온 지 얼마 되지 않아 또 상처투성이가 되다니. 온몸이 얼얼했지만 얼른 털고 일어나 현장을 둘러보았다. 여기저기서 사람들의 비명소리가 계속 들렸다. 어느새 신고를 받고 출동한 소방대원들이 화재를 진압하고 구조 작업을 벌이기 시작했다.

아수라장 속에서 낯익은 사람들이 보였다. 골목 저편에서 로건 반장과 헌터가 지프에서 내리고 있었다. 그들은 뜻밖의 장소에서 나를 발견하자 몹시 놀란 것 같았다.

"캘리! 여긴 어떻게 알고 온 거야?"

"반장님, 집이 이 근처거든요. 화재 사고를 목격했어요."

나는 그들이 오기 전까지의 상황을 간략히 설명했다. 잠시 후 대원들이 잔해 밑에서 사망한 주검들을 발견했다.

용의자들을 수사한 끝에 이번 화재 사건이 흑인 비밀 테러조직, 블랙스완의 공격이었다는 것이 드러났다. 이들은 흑인 인권을 탄압하는 주범을 찾아내 은밀히 처단하는 일을 해왔다. 화재가 시작된 그 공장에서는 폐기물 재활용이 이루어지고 있었다. 이 회사는 임대주택 관리 업체나 교육기관들의 위탁을 받아 전자폐기물을 수거해 처리하는 일을 해왔다. 나는 고개가 갸우뚱해졌다. 이 업체의 대표 래즐리는 선별한 재활용 구호품을 아프리카의 빈민가로 보내는 시민운동을 벌여왔고 그 선행이 매스컴을 통해 알려져 순식간에 유명세를 탔다. 봉사를 위해 꼭 주머니를 털지 않아도 자신의 물건을 필요한 누군가에게 보내서 가치 있게 이용될 수 있게 한다는 그의 취지는 많은 사람들의 호응을 얻었다. 특히 그녀가 보낸 중고 컴퓨터로 프로그래머의 꿈을 키워간다는 가나의 한 빈민가 소년의 일화가 소개되어 사람들에게 훈훈한 감동을 안겨주기도 했다. 이런 래즐리가 블랙스완의 처단 리스트에 있다는 것이 도저히 납득되지 않았다.

하지만 수사를 하면서 곧 그 실체가 드러났다. 이 업체의 실상은 겉보기와 전혀 달랐다. 법 규제하에 폐기물을 적절하게 처리하는 비용이 만만치 않았기 때문에 이익을 남기기 어려웠던 그녀는 폐기물을 다른 나라로 수출하는 방법을 택했던 것이다. 전자폐기물은 재활용이나 처분을 위해 상당한 비용을 지불해야 하기에, 불법이지만 다른 나라로 팔아넘기는 편이 좀 더 이익을 남길 수 있다고 판단했기 때문이었다. 구호품 역시 전자폐기물 쓰레기를 그곳에 보내기 위한 명목상의 속임수였다. 이 사실을 알아낸 블랙스완의 테러리스트들이 공장에 불을 지른 것이다.

유엔 대학교의 세계 전자폐기물 감시 보고서에 따르면 전자폐기물은 총 4,180만 톤(2014년 기준)으로 예측되며 지속적인 증가 추세라고 한다. 가난한 나라로 폐기물을 수출하는 문제는 애니메이션에나 나올 법한 허구의 상황이 아닌 것이다.

래즐리는 가나의 아그보그블로시Agbogbloshie라는 곳으로 전자폐기물을 보내고 있었다. 아그보그블로시는 이미 세계 10대 오염 지역에 꼽힐 정도로 유독 물질의 위협을 받고 있었다. 그곳에서 디지털 기기들의 고려장이 치러진다. 어린아이들까지 산더미 같이 쌓인 전자 기기와 부품 더미를 오가며 쓸 만한 것이 없나 뒤지고 있다. 이곳의 가난한 주민들은 세계 각지에서 수입한 전자 폐기물을 처리하는 일로 근근이 먹고 사는 실정이다.

매일 같이 시장에 쏟아지는 신제품 홍수 속에서 전자제품의 교체 주기도 점점 빨라지고 있다. 어제까지 사용했던 전자 제품들은 하루아침에 쓸모없는 물건이 되어 버려지고 있다. 수명이 다한 제품을 처리하는 데 드는 비용이 만만치 않기 때문에 이렇게 돈을 주고라도 후진국에 떠넘기는 일이 발생한다. 호머 심슨의 스프링필드 시처럼 이를 통째로 받아들인 지역은 선진국의 쓰레기처리장으로 전락해버리고 만다.

유독한 전자폐기물로 이곳 사람들의 터전은 점점 병들어가고 있었다. 주민들은 쓰레기 더미 속에서 보물찾기라도 하듯 돈이 될 만한 것들을 찾아 헤매고 그 와중에 손은 상처투성이가 되어버린다. 이들은 폐전자제품을 맨손으로 떼어내고 값나갈 만한 물건들을 추려내기 위해 쓰레기 더미 사이를 뛰어다닌다. 특별한 장비도 없이 재활용 작업을 하는 동안 전자폐기물에서 배출된 유해 물질이 인체에 그대로 노출될 뿐 아니라, 그 부산물들로 위생 상태가 불량한 환경으로 변해가고 있다. 전자제품 속의 값나가는 물질을 분리해내는 동안 발생된 유해물은 대기와 토양 속으로 그대로 유출된다. 전자폐기물에는 납, 수은 등의 중금속이 포함되어 있으며 액정을 소각하면 다이옥신 등의 유해 물질이 배출된다. 또 구리 같은 금속을 추출해내기 위해 폐전자제품을 태우면 유해한 배출 가스가 나오는데 그 지역 사람들은 이를 그대로 마시고 있는 실정이다. 이렇게 부유한 나라에서 유입된 전자 쓰레기들은 이곳 사람들의 건강을 해치고 있다. 물론 전자폐기물 수입국은 가나만이 아니다. 중국의 구이유를 비롯해 나이지리아, 파키스탄, 인도, 방글라데시도 전자폐기물의 주요 수입국으로 알려져 있다.

전자폐기물을 처리하는 문제는 이제 국제사회의 공공연한 골칫거리다. 그래서인지 가난한 나라의 '쓰레기 산'도 자꾸만 높아져간다. 스마트폰과 컴퓨터가 보급된 후, 개인이 소유한 전자기기들의 수는 점점 늘어나고 있다. 새로운 기능을 갖춘 신제품이 하루가 멀다 하고 출시되고 새로운 기능이 부가된 전자 기기들의 끊임없는 유혹은 제품의 수명을 점점 단축

시키고 있다.

사진 속 아그보그블로시에 쌓여 있는 전자 폐기물을 보고 있으니 애니메이션 〈월-E〉의 한 장면이 떠올랐다. 지구가 거대한 쓰레기장이 되어버리자 인류는 더 이상 버티지 못하고 지구를 떠난다. 그래서 지구에는 청소로봇 월-E만 홀로 남아 인간을 대신해 700년간이나 쓰레기를 부지런히 처리하게 된다. 마치 청소로봇처럼 이곳의 누군가는 사람들이 버린 쓰레기를 대신 도맡아 처리해주고 있었던 것이다. 하지만 월-E가 홀로 오랜 시간 동안 청소를 했듯 세계의 엄청난 전자폐기물을 특정 지역에서 도맡아 처리할 수는 없는 법이다. 아마도 한 곳의 쓰레기 처리 능력이 한계에 다다르면 사람들은 또 다른 장소를 물색하게 될 것이다. 쌓여만 가는 쓰레기에 생태계는 몸살을 앓고 환경은 무참히 파괴되어 언젠가 〈월-E〉의 폐기 처분된 지구처럼 인류가 더 이상 머무를 수 없는 정도가 될 날이 도래할지도 모른다.

그러나 조금만 관점을 달리해서 생각해보면 전자 쓰레기산은 엄청난 경제적 가치를 지닌 도시 속 자원 광산일 수도 있다. 폐전자제품에는 구리와 철, 알루미늄, 금, 은, 팔라듐 등이 포함되어 있다. 적절한 설비를 갖춘

애니메이션 영화 〈월-E〉에서처럼 누군가 우리를 대신해 쓰레기를 처리해주고 있다면? 제대로 된 보호 장비도 없이 부품들을 떼어내기도 하고 값나가는 금속들을 얻기 위해 제품을 태우기도 한다. 이 과정에서 인체에 치명적인 물질이 발생되고 다양한 오염 물질에 의해 이곳의 하천과 대기는 점점 더 오염되고 있다. 한편 제3세계에 보내진 이 폐전자제품들이 적절한 처리 과정을 거친다면 무궁무진한 자원을 캐낼 수 있는 도시 광산으로 탈바꿈할 수 있다.

다면 전자폐기물 속 각종 자원들을 재활용할 수 있다.

1989년에 유해 폐기물의 국가 간 이동을 금지한 바젤협약Basel Convention이 체결되었다. 하지만 아직까지도 선진국의 수많은 전자폐기물이 재활용을 명분으로 컨테이너에 포장되어 개도국으로 끊임없이 건너가고 있다. 그들의 땅은 호머 심슨의 스프링필드처럼 점점 죽음의 땅으로 변해가고 있다.

나는 래즐리를 만나 불법 전자폐기물 사업의 검은 진실을 알고 있다고 말했다. 블랙스완은 이를 저지하려 공장에 불을 질렀고 이 테러로 무고한 시민들까지 죽음에 이르게 되었다는 사실을 말해주었다. 그녀는 이 말을 듣고는 목이 메어 말이 나오지 않는 듯했다. 하지만 곧 자신의 사업을 합리화시키려는 변명을 늘어놓기 시작했다. 이 사업은 아그보그블로시 주민들이 가족들을 먹여 살릴 수 있는 일터를 제공하고 있다는 것이다. 그는 가난한 나라의 사람들을 청소로봇 월-E 쯤으로 여기고 있는 것 같았다. 전자 쓰레기들의 장례식이 수없이 거행되고 있는 동안, 그곳 사람들은 화상, 두통, 시력 저하, 메스꺼움 등을 비롯해 암, 납중독 등과 같은 문제에도 노출되고 있다. 더 큰 문제는 생계를 위해 이 험한 일을 계속할 수밖에 없다는 것이다.

나는 레즐리에게 그녀가 후원한다는 소년이 더 이상 이 세상 사람이 아니라는 소식을 전해주었다. 소년은 산처럼 쌓인 쓰레기 더미를 뒤지다 붕괴 사고로 폐기물 더미에 깔려 숨지고 말았다. 처벌이 두려운 것인지 아니면 뒤늦게 잘못을 깨닫게 된 것인지 알 수 없지만 그녀는 더 이상 흐르는 눈물을 감추려 하지 않았다.

아놀드의 가슴 이야기

문명사회는 과학기술을 발전시키고 인류의 삶을 풍요롭게 변화시켰다. 그리고 과학은 인류의 기나긴 숙제이자 열렬한 소망이었던 식량의 대량생산과 생명 연장에 크게 기여했다. 기술의 발달로 인간이 누릴 수 있는 갖가지 편리한 도구들이 만들어진 것 역시 사실이다. 그래서 인간은 우주의 이치를 모두 꿰뚫고 있어 세상만사를 마음대로 주무를 수 있다는 교만에 빠져 있는지도 모른다. 이제 인간은 첨단기술이 안겨주는 달콤함을 포기해버릴 생각이 눈곱만큼도 없어 보인다.

인간이 만물의 영장의 위치에 오른 것은 도구를 활용할 수 있는 능력 때문이었다. 하지만 도구들이 너무 많아지자 이를 관리하고 결과를 책임지기에 어려울 정도가 되어버렸다. 필요에 따라 각종 도구를 사용한 뒤 그 뒷감당을 자연에 미루어버리는 일을 지속해왔기 때문이다. 자연이 감당해야 할 짐은 점점 더 무거워졌고 더 이상 견뎌낼 수 없는 한계점에 이르고 말았다.

수사가 진행되면서 사건이 처음 생각했던 것과는 전혀 다른 방향으로 흘러가는 경우가 종종 있다. 레드록 캐니언 주립공원의 붉은 절벽 기둥에서 뛰어내린 청년의 사건도 역시 그랬다. 피해자 아놀드 헤링턴은 근방에 있는 그랜드커뮤니티 칼리지의 휴학생이었다. 아놀드의 휴대폰 통화내역을 조사해보니 그는 무료 클리닉인 마더 테레사 센터의 '월터'라는 의사와 자주 연락을 주고받았다. 아놀드는 이 진료소에 월터를 돕기 위해 자주 방문했는데 사람들이 많이 붐비는 주말에 약을 분류하고 환자들을 안내하는 일들을 맡았다고 한다. 숨진 청년이 의사의 일을 도왔다면 그의 사건과 무관하지 않을 것이라는 생각이 들었다.

아놀드의 사인을 밝히기 위해 포시즌 메디컬 센터에 근무하는 월터를 찾아갔다. 그를 만났을 때 나는 깜짝 놀라고 말았다. 무료 진료소의 월터는 다름 아닌 페이건 박사였던 것이다. 영문을 모르는 그는 갑자기 등장한 나를 보고 무척 반가운 표정을 지었다.

"캘리, 어디가 또 아픈가 보네요. 여긴 무슨 일이에요?"

"월터, 아니 페이건 박사님, 페이건 박사님이 월터였나요? 저는 아놀드 헤링턴의 사망 사건의 수사 때문에 왔어요."

그의 얼굴이 금세 안타까움으로 물들었다. 페이건 박사는 아놀드가 누구보다도 착하고 여린 심성을 가진 청년이었다고 했다. 그는 직접적으로 표현하지는 않았지만 어쩐지 아놀드가 자살했을 가능성에 무게를 두고 있는 것 같았다. 아놀드는 얼마 전 여자 친구가 생겼고 남들에게는 털어놓을 수 없는 고민 때문에 마더 테레사 센터를 찾았다. 페이건 박사는 잠복고환, 요도하열을 진단했으나 큰 병원의 전문의를 찾아 정확한 검사와 치료를 받으라고 권유했다. 하지만 어려운 형편에다 의료보험이 없는 아놀드는 병원에 가지 못했고 그 문제로 상심에 빠져 있었다. 이때부터 그는 비용을 마련하기 위해 일을 시작했다. 그날도 아르바이트를 끝내고 여자 친구 낸시가 올 때까지 호숫가에 앉아 쉬고 있었다. 온기가 느껴진다 싶더니 낸시가 등 뒤에서 그를 껴안았다.

하지만 낸시는 웬일인지 외마디 비명을 지르고 뒤로 한참을 물러섰다. 한참 동안 토끼 눈을 하고 멍하니 서 있던 그녀가 갑자기 괴성을 지르며 킥킥 대기 시작했다. 아놀드는 여성형 가슴을 가졌던 것이다. 아놀드는 낸시 앞에서 얼굴을 들 수 없었다. 그래서 고개를 숙인 채 그대로 그녀 곁에서 달아나고 말았다. 이날 이후 아무도 아놀드를 다시 볼 수 없었다.

자연계에 최근 일어나고 있는 기이한 일들 중 하나의 원인으로 환경호르몬이 지적되고 있다. 원래 명칭은 '내분비계 장애물질'이지만 이제는 '환경호르몬'이라는 이름으로 일반인들에게 널리 알려져 있다. 환경호르몬은 몸에서 생산된 호르몬인 척 행세하며, 호르몬이 만들어져 작용하는 과정에 끼어들거나 방해를 한다.

수사를 위해 청년이 살아 있는 동안 가장 가슴 아픈 시간을 보냈던 산미겔 호를 찾았다. 마을 사람들은 그날도 청년이 떠났던 날과 다름없이 물가에서 수영과 캠핑을 즐기고 있었다. 헌터는 마을에서 아놀드의 주변 사람들을 상대로 수사를 벌였다. 그는 아직도 누군가 절벽에서 아놀드를 떠밀었다고 생각하고 있었다. 아놀드의 증상은 이 지역 사람들이 수원으로 이용하고 있는 산미겔호의 수질 성분과 관련이 있을지도 모른다. 그렇다면 사건의 진범은 다름 아닌 산미겔호의 물일 것이다.

나는 마더 테레사 센터로 향했다. 페이건 박사는 진료실 일부를 실험실로 개조해 어떤 연구를 추진하고 있었다. 무엇에 관한 연구인지 물어봐도 페이건 박사는 헛웃음을 지으며 "피시 앤드 프로그"라고만 짧게 답했다. 그는 질문을 받으면 직접적인 답변을 피하고 얼버무리곤 했다. 하지만 오늘만은 달라보였다. 페이건 박사는 의미심장한 표정으로 얼마 지나지 않아 모든 것을 밝힐 수 있을 것 같다며 조금만 더 기다려달라고 말했다.

오늘은 페이건 박사가 무료 클리닉에서 진료를 하지 않는 날이다. 이곳을 관리하는 수녀에게 양해를 구하고 연구실 이곳저곳을 둘러보았다. 그의 실험도 분명 아놀드와 직접적인 관련이 있을 것 같아 보였다. 인큐베이터 속에는 실험 중인 물고기와 개구리가 놓여 있었다. 그는 실험실의 수조에서뿐 아니라 수계의 생물들을 주기별로 샘플링한 후 관찰해왔던 것이다. 어제도 그 실험을 했는지 책상 옆에 세워둔 화이트보드에는 실험에 관한 내용과 각종 아이디어들이 메모되어 있었다. 피임약의 주성분인 에티

닐에스트라디올ethynylestradiol에 노출된 녹색 개구리의 부화율이 현저하게 감소했다는 내용이었다.[32]

벽에 걸린 자석 메모패드에는 산미겔호에서 잡은 생물들과 실험 결과를 찍은 사진들이 빼곡히 붙어 있었다. 이중에는 암수가 한 몸인 자웅동체hermaphrodite 잉어의 사진도 있었다. 이와 유사한 실제 사례는 영국에도 있었다. 하수에 노출된 수컷 송어에서 암컷 생식기가 발견되었는데 주변 오염원을 조사해본 결과 합성 에스트로겐, 에티닐에스트라디올이 소변에 섞여서 강으로 배출되었을 가능성이 제기되었다.

우리가 사용하고 버린 수많은 약품이 적절한 처리 과정을 거치지 않고 하수구에 마구 버려지고 있다. 더구나 우리나라는 수돗물의 생산을 대부분을 지표수에 의존하고 있다.

인체의 기능이 순조롭게 유지되려면 60조나 되는 세포들이 계속해서 연락을 주고받아야 한다. 호르몬은 세포 수용체를 자극해 세포 내 화학반응을 유도, 조절하며 성장, 발달, 대사 조절에 있어서 중요한 역할을 한다. 호르몬의 어원은 '자극하다'라는 뜻의 그리스어 'horman'이라고 한다.

이 호르몬이 인간의 삶을 지배한다고 해도 과언이 아니다. 인체 내에서 ppb(십억분율)나 ppt(일조분율) 단위를 사용할 만큼 낮은 농도로 존재할지라도 호르몬의 존재감은 대단하다. 살면서 남몰래 고민하는 몸의 변화들은 바로 호르몬 때문인 경우가 많다. 고름 잡힌 여드름을 치료할 때 의사들은 호르몬제를 처방한다. 생리가 다가오면 부쩍 예민해지고 쌓여 있던 짜증이 폭발해버리는 것도, 폐경기의 어머니가 안면 홍조 때문에 고민하는 것도 모두 호르몬 작용 때문이다. 인체의 성호르몬으로는 대표적으로 에스트로겐과 안드로겐이 있는데 에스트로겐은 가슴, 자궁의 발달과 생리 주기 조절에 관여하고 안드로겐은 정자 형성 촉진과 남성 생식기 기능을 유지하는 역할을 한다.

환경호르몬이 침입하면 내분비계가 수행하던 기능이 마비되어 인체에서 일상적으로 수행했던 반응과는 전혀 다른, 상상할 수 없는 결과를 초래하기도 한다. 호르몬과 환경호르몬의 관계와 유사한 상황이 등장하는 전래 동화도 있다. 장원 급제를 위해 절에 들어가 과거 준비에만 전념하던 한 선비는 시험을 보기 전에 잠깐 집에 들른다. 그런데 집에 선비와 얼굴이 똑같이 닮은 사람이 있는 것 아닌가. 그 사람은 자신이 이 집 아들이라고 우겨댔고 결국 선비는 집에서 쫓겨나는 신세가 된다. 한 스님이 선비를 보더니 혀를 차며 손톱과 발톱을 깎아 아무 데나 버렸기 때문이라고 일러주었다. 선비의 손발톱을 주워 먹은 백년 묵은 들쥐가 선비의 모습으로 변해 그의 자리를 차지해버린 것이다. 이처럼 자연계에 생각 없이 버린 폐기물은 우리의 일상적 삶의 공간까지도 빼앗아버릴 수 있다.

사람으로 변신한 들쥐처럼 환경호르몬은 인체에서 쉽게 나가려 하지 않는다. 이들은 지방세포를 붙들고 몸 안에 점점 더 축적된다. 외부 물질인 환경호르몬의 방해 작용은 결국 건강상의 문제까지 일으키는 것으로 알려져 있다.

환경호르몬은 생명체의 반응 스위치가 작동하는 것을 여러 경로로 방해할 수 있다. 물론 환경호르몬의 호르몬 사칭 소동에 생태계에서도 이런 저런 소동이 벌어지고 있다. 미국 플로리다 주의 아폽카호에서는 수컷 악어의 성기가 짝짓기가 어려울 정도로 왜소해졌다. 캘리포니아 주 산타바바라 해변에서는 암컷끼리 둥지를 틀고 살아가는 갈매기 커플이 주목받았고, 노르웨이에서는 암컷과 수컷의 성기를 모두 지닌 북극곰이 발견되기도 했다.

이 같은 재앙은 인간에게도 예외가 아니다. 입덧 방지제로 이용되었던 탈리도마이드thalidomide를 예로 들 수 있다. 이 약을 복용한 산모의 자녀에게 끔찍한 일이 일어난 것이다. 1960년대 당시 이 약을 복용한 임신부들의 아이들에게서 해표지증(바다표범과 유사해서 붙여진 이름)을 비롯해 시력과 청각의 상실, 뇌 손상 등의 증상이 나타났다.

태아는 어머니의 양수를 마시고 그곳에 몸을 담고 살아간다. 간과 콩팥 등의 성장이 완전하게 이루어지지 않았기 때문에 오염 물질에 노출되었을 때 더욱 치명적일 수밖에 없다.

다시 아놀드의 사망 사건 수사로 돌아와보겠다. 이튿날 페이건 박사는 또 다른 연구 결과를 내게 보여주었다. 이 지역의 물이 이미 환경호르몬에 심각하게 노출되어 있고 이것이 지속되면 인체의 성장과 발달에 영향을 줄 수 있다는 내용이었다. 자료에는 물고기와 개구리에 대한 실험 내용뿐 아니라 이 지역 남성들의 정자 수 감소, 생식기 기형, 암 발생율의 증가 등을 보이고 있다는 조사 결과도 함께 제시되어 있었다. 그는 실험실 연구뿐 아니라 포시즌 메디컬 센터를 찾은 환자들을 대상으로 실제 사례 연구도 추진하고 있었던 것이다. 페이건 박사는 미국 연방환경청에 이 보고서와 함께 탄원서를 보내 마을에 벌어지고 있는 문제를 바로잡을 것이라고 했다.

페이건 박사가 마을의 상황과 연구 결과에 대한 동영상을 그의 블로그와 유튜브에 게시하자마자 엄청난 조회 수를 기록하며 삽시간에 전국으로 퍼져 나갔다. 페이건 박사가 홀로 세상을 향해 벌이고 있는 투쟁에 가슴이 뜨거워졌다.

"페이건 박사님, 현대판 로빈 후드 같으신데요."

그는 멋쩍은 듯 고개를 내저으며 손사래를 쳤다. 필라델피아의 빈민가 출신인 페이건 박사는 돈이 없어 치료 한번 제대로 받지 못하고 하늘나라로 떠난 어머니에 대한 후회와 죄책감에 사로잡혀 오랫동안 방황했다고 한다. 건달들과 어울리며 주먹질만 일삼던 그가 의사가 되기로 결심한 것도 바로 그 때문이었다. 가난으로 고통 받고 끊임없이 거절당하며 살아가는 사람들을 위한 페이건 박사의 헌신은 바로 돌아가신 어머니를 향한 속죄 의식과도 같은 것이었다.

아놀드의 죽음에 대해 왠지 모를 책임감이 느껴졌다. 페이건 박사에게 그의 일을 돕겠다고 말했다. 나는 호수의 물을 채취해 실험실로 돌아왔다. 산미겔 호에서 합성 에스트로겐을 비롯한 각종 의약품의 잔류 성분들이 검출되었다. 마을의 수돗물도 크게 다르지 않았다. 마을 근처에 오염원이 있었던 것이다. 근교의 약품 공장에서 피임과 호르몬 대체 치료용 약품들을 제조하고 있었다. 조사 결과, 하수처리수에서도 상당량이 검출되었음은 물론이고 구조적 결함도 발견되었다. 관 오접합 등 여러 이유로 수도 시설에 오염물이 혼입되고 있었다. 더구나 이곳의 표준 수처리 공정만으로 미량의 오염 물질을 제거할 수 있는 상황도 아니었다.

이 내용은 한 지역 방송국 기자의 취재로 처음 알려졌고 이를 필두로 전국 방송국에 아놀드의 죽음과 페이건 박사의 연구 내용이 속속 보도되

국내 방송에도 출현해 화재가 되었던 닉 부이치치Nick Vujicic는 테트라-아멜리아증후군tetra-amelia syndrome이라는 유전 질환을 갖고 태어났다. 손과 발이 없거나 짧아 바다표범과 비슷하다고 해서 해표지증phocomelia으로 불리기도 한다. 한때 입덧방지제로 판매되었던 탈리도마이드를 산모가 임신 초기에 복용할 경우 발생율이 높은 것으로 알려져 있다.

캘리가 주말을 맞아 데이트를 즐기고 있다. 인체 내에 호르몬을 분비하는 조직이나 기관을 내분비샘이라고 한다. 인체에는 12개의 주요 샘이 있는데 이곳에서 성장, 신진대사, 생식, 발생 등을 조절하는 호르몬이 분비된다. 표적세포는 호르몬의 내분비 신호에 반응, 결합하여 적절한 반응을 일으킨다.

었다. 호수의 수질 상황이 사람들에게 알려지자 마을 여기저기에서 그동안 쉬쉬해오던 사례들이 하나둘 드러나기 시작했다. 분노한 마을 사람들은 수질 개선과 피해 보상을 위한 대책위원회를 결성하기에 이르렀다.

유행병 앞에서 속수무책일 때마다 우리는 '슈퍼super'라는 말을 힘없이 내뱉을 수밖에 없다. 알렉산더 플레밍Alexander Fleming이 푸른곰팡이에서 우연히 페니실린을 발견한 이래 항생제는 수많은 사람의 귀중한 목숨을 살려냈고 팔다리를 절단해야만 하는 끔직한 고통에서 해방시켜주었다. 그러나 문제는 남용이었다. 항생제에 적응하여 살아남은 미생물은 항생제에 대한 내성을 획득하게 된다. 이를 흔히 '슈퍼박테리아'라고 부르는데 공중 보건에서 수많은 문제를 일으키고 있다. 반코마이신 내성 장구균vancomycin-resistant Enterococci, 다제 내성 녹농균multidrug-resistant *Pseudomonas aeruginosa*, 메티실린 내성 황색포도상구균methicillin-resistant *Staphylococcus aureus* 등이 잘 알려져 있다. 특히 메티실린 내성 황색포도상구균은 고인이 된 마이클 잭슨 덕분에 더욱 유명해졌다. 그는 성형수술을 반복하는 동안 이 감염증에 걸려 치료를 받았다고 한다. 세균 감염에 대한 공포심은 항균제가 함유되어 있는 손세정제, 샴푸, 세제 등 생활용품의 대량생산을 부추겼고

사진 속의 미군은 피난민의 몸에 DDT(Dichlorodiphenyltrichloroethane)를 뿌리고 있다. DDT는 스위스의 화학자 파울 뮐러에 의해 살충제로 개발되었고 그는 그 공로를 인정받아 1948년 노벨생리의학상을 받았다. 해충 퇴치에 각광받던 DDT는 레이첼 카슨의 저서 『침묵의 봄』에서 그 유해성이 소개된 후 재앙을 가져오는 치명적인 물질로 추락했다.

지금도 과학자들은 초강력 항생제를 개발하는 데 안간힘을 쓰고 있다.

몇 달 후, 페이건 박사는 아놀드의 어머니와 함께 연방환경청에 탄원서를 냈다. 아놀드의 어머니는 주민대책위원회와 함께 기자회견을 열고 정부가 앞장서서 마을의 문제를 풀 수 있는 강력한 대응책을 마련해야 한다는 견해를 밝혔다. 물론 약품회사와 수처리업체는 이에 맞서 모든 자료가 조작된 것이라 주장했다. 그리고 서로에게 책임을 떠넘기기 바빴다. 이후 그들은 공식적으로 마을 사람들의 주장은 단지 억측에 불과하다는 성명을 발표했고 향후 법적 대응을 통해 이를 밝힐 것이라고 으름장을 놓았다.

워싱턴에서 돌아오는 길에 우리는 아놀드의 무덤을 찾았다.

"어머니, 두렵지 않으세요?"

그녀는 내 손을 꼭 쥐며 그동안 참아왔던 눈물을 쏟아냈다.

"이 일은 비단 아놀드와 나만의 일이 아니라는 걸 깨달았어요. 내 아들의 죽음이 헛되지 않게 끝까지 싸울 겁니다."

에필로그

혼자 될 용기

호르몬은 우리 몸의 내분비계라는 일종의 통신체계에서 활용하는 신호를 전달하는 물질이다. 아놀드의 사건을 수사하면서 줄곧 마음에서 떠나지 않는 것이 있었다. 삶도 서로의 신호에 마음이 반응하는 것이기에 신호 전달은 간과할 수 없는 중요한 문제가 된다. 우리가 인간관계에 힘겨워 하는 것도 바로 그 이유 때문일 것이다. 결국 관계에 반응하는 방식 탓이다.

에스트로겐 수용체는 외부에서 들어온 유사한 화학물질에도 그다지 까다롭게 굴지 않고 꼭 그 상대가 아니어도 결합을 성사시켜버리고 만다. 이렇게 시작된 잘못된 상대와의 관계는 반드시 대가를 치르게 된다. 홀로 남겨질 때보다 더 비극적인 결과를 초래하게 되는 것이다. 이렇게 환경호르몬이 호르몬 수용체와 결합하여 천연호르몬을 모방하여 작용하는 것을 호르몬 유사작용이라고 한다. 이때 유사물질로는 유산방지제로 이용되었던 합성호르몬 DES diethylstylbe, 컵라면 용기 등에 함유된 비스페놀 A 등을 예로 들 수 있다.

인간은 누구나 사랑받고 안정된 관계 속에서 행복감을 느끼는 삶을 동경한다. 누군가와 마음 깊은 곳까지 결합할 수 있는 애착관계를 늘 바라고 있다. 세상에 나가 상처받는 일이 생길지라도 단 한 사람이라도 좋으니 그 사람에게만은 존중받고 열렬한 응원과 지지 속에 살고 싶어 한다. 그 상대가 떠나지 않고 오래도록 내 곁에 있어주기만을 바랄 것이다. 그러나 이런 생각에 몰두하다보면 삶은 고독감을 피하기 위한 몸부림으로 채워져 가고 결국 누군가가 보낸 거짓 신호에도 쉽게 반응하게 된다. 정도의 차이는 있겠지만 우리 모두는 고독을 껴안고 살아간다. 어쩌면 고독감을 느끼는 것은 인간의 본질적인 속성일 것이다. 더구나 자신의 고유한 질서를 망가뜨려버리는 대상과 결합하는 것은 건강한 인간관계를 파괴하는 것은 물론이고 안정적인 삶 자체를 불가능하게 한다.

관계에서 벗어나더라도 자신의 삶을 유지할 수 있어야 한다. 누구라도 다가와 신호를 던져주기만을 기다리는 것은 소용없는 일이다. 물론 다양한 상대에게 마음의 문을 열어둔다면 긍정적인 측면이 더 많을 것이다. 하지만 이것이 단지 갈등을 피하기 위해서, 혹은 그 갈등 때문에 혼자 남게 될까봐 모든 관계에 있어서 수동적인 태도를 선택한다면 자신이 진정으로 원하는 일은 늘 접어두고 살아가야만 한다. 또한 그 자리에 있었던 누군가와 비슷해서 아니면 누군가를 거절할 수 없어서 무차별적으로 받아들인다면 당장 외로움과 불안을 모면할 수는 있겠지만 원하는 일이 아니었기에 마음 한구석이 늘 씁쓸한 상태로 남아 있게 된다.

자존감이 낮은 사람은 타인에게 사랑받거나 자신을 과시하는 일에만 높은 가치를 두는 경향이 있다. 그래서 자신이 바라는 바를 억누르고 고유의 행동 방식을 포기해서라도 타인의 기대에 부응하려 한다. 어쩌다 마음을 다잡고 변화의 의지를 발휘해보려 해도 '이건 뜻밖이야'라는 주위 사람들의 시선과 냉랭함 때문에 또다시 뒷걸음 치는 일을 반복하게 된다. 그 누구도 평생 동안 고독감 속에서 허우적거리고 싶은 사람은 없을 것이다. 그러나 인생길에서 누군가와 떠들썩하게 함께 가는 때가 있다면 홀로 자아를 돌보는 시간도 의미가 있다. 오히려 이때는 자신과 타인과의 관계를 재설정하는 시간으로서 자신에게 매우 소중한 시기임을 잊지 말아야 하겠다.

노르웨이의 작가 헨리크 입센Henrik Ibsen은 "세상에서 가장 강한 인간은 고독 속에 혼자 서는 사람이다"라고 말했다. 그의 작품 『인형의 집』의 주인공 노라는 남편에게 헌신하는 착한 아내였다. 하지만 그녀는 남편이 자신을 인형 같은 존재로 취급하고 있다는 것을 깨닫게 된다. 그녀는 걸맞지 않은 신호에 반응해 잘못된 관계를 억지로 유지하는 것을 거부하고 자신의 삶을 찾아 집을 떠난다.

환경호르몬의 작용 메커니즘의 하나로 유사작용과 더불어 봉쇄작용이 자주 언급된다. DDT의 분해산물인 DDE는 수용체 결합 부위를 차단해 호르몬이 수용체에 접근하지 못하게 만든다. 상처만 주는 방해꾼이 늘 버티고 서 있다면 정상적인 상대를 만나도 새로운 관계는 봉쇄되기 마련이다. 한편 다이옥신과 같은 환경호르몬은 수용체와의 반응에서 암과 같은 비정상적 대사 작용을 일으키는 데 이를 촉발작용이라고 한다.

상실과 좌절 같은 인생의 고비를 넘어갈 때 성장을 선택하는 것은 삶의 주인공으로서 이에 깃든 모든 것을 주체적으로 관리할 수 있다는 믿음에서 비롯된다. 타인에 의해 내 삶이 억압받거나 함부로 좌지우지되지 않기 위해서는 신실을 알아보는 안목뿐 아니라 거짓 신호를 슬며시 눈감아 버리지 않을 용기가 필요하다.

SEASON 8 예고

다음 사건 현장으로 가기 위해 운전대를 잡았다. 신호가 바뀌는 동안 준비해온 사과를 가방에서 꺼내 한입 베어 물고는 아삭아삭 씹고 있었다. 저만치 보닛을 열어젖힌 자동차 한 대가 도로 한가운데에 멈춰 서 있는 모습이 보였다. 바닥에는 빨간 머리의 여성이 혼절해 있었다. 그 옆에는 검정색 가죽 재킷에 같은 색 야구 모자를 깊게 눌러 쓴 여성이 있었는데 긴 머리에 가려 얼굴이 잘 보이지 않았지만 쓰러진 그녀의 손을 잡고 어쩔 줄 몰라 하고 있는 것 같았다.

'무슨 일이지? 사고가 난 것 같은데.'

사건 수사도 중요하지만 위험천만한 상황을 보고도 그냥 지나칠 수는 없었다. 그녀를 일으켜 병원까지 데려다주어야겠다는 생각이 들었다. 문득 누군가 부르는 게 나을지도 모른다는 생각이 들었지만 사람이 다쳐 길 한복판에 누워 있으니 한시가 급한 상황이었다. 차창을 열자 가죽 재킷을 걸친 여자가 큰 소리로 제발 도와달라고 애원을 했다. 얼른 차에서 내려 기절해 있는 그녀 곁으로 다가갔다.

"저기, 아주머니. 정신 좀 차리세요."

큰 소리를 내며 그녀의 몸을 여러 번 흔들었다. 미동도 없던 그녀가 갑자기 눈을 번쩍 떴다. 그리고는 내 얼굴에 후추 스프레이를 마구 뿌려댔다. 그때 누군가 내 뒤로 다가와 목을 졸랐다. 나는 그 자리에서 쓰러져 정신을 잃고 말았다.

눈을 떠보니 손발을 움직일 수 없게 침대 난간에 단단한 밧줄로 묶여 있었다. 습한 공기에 한기가 느껴져 몸이 부르르 떨렸다. 어둠 저편에 누군가 있었다. 자세히 보니 아까 바닥에 쓰러져 있던 여인과 그 일행이었다. 그들은 가발과 원피스를 벗은 남자들이었다. 둘 다 얼굴에 짙은 화장을 한 걸 보니 쇼에 서는 사람들 같았다.

여기가 어디일까? 주위를 둘러보니 여기저기 박스로 포장된 물건들이 쌓여 있었다. 밖에서 강한 비트의 경쾌한 음악 소리와 흥을 돋우는 디제이의 목소리가 들렸다. 클럽의 창고인 것 같았다. 침대 옆에 빨래와 이불들을 널어놓은 모습을 보니 누군가 여기서 생활하고 있는 게 틀림없었다. 이윽고 어디선가 총을 장전하는 소리가 들렸다. 내가 깨어난 것을 보고 가죽 재킷을 입은 남자가 가까이 다가왔다. 실내에 불이 환하게 들어왔다. 나는 소스라치게 놀라고 말았다. 가슴에 칼이 꽂힌 시신 한 구가 침대 밑에 나동그라져 있었던 것이다. 그는 손을 묶었던 밧줄을 풀더니 시신을 가리키며 내게 말했다.

"과학수사관 나리가 이제야 깨셨군. 훗, 아니라고 발뺌할 생각일랑 하지도 마. 트럼프 호텔 살인 현장부터 따라온 거니까."

그는 내가 몸을 일으키려 애쓰는 모습을 내려다보며 담배에 불을 붙였다. 그리고 한 모금 길게 들이키더니 연기를 허공에 내뿜으며 말을 이었다.

"허튼 짓은 하지 않는 게 신상에 좋을 거야. 저 놈하고 같은 꼴 되고 싶지 않으면 말이야."

그는 위협하듯 내게 총을 겨누고는 사나운 기세로 나를 노려보았다.

아까 도로에 누워 있던 남자가 빨간 가발을 들고 다가왔다. 잠시 내 얼굴을 이리저리 뜯어보더니 총을 겨눈 사내에게 말했다.

"이쁜 언니한테 윽박을 지르고 그래. 매너가 없네?"

그는 내 쪽으로 얼굴을 돌려 나긋나긋하게 말했다.

"언니가 이해해. 이 사람이 원래 말투만 그래. 근데 자기 가까이서 보니까 너무 잘빠졌다. 어머머, 피부 좀 봐."

"이 사람 어쩌다 이렇게 된 거죠?"

그는 다시 담배를 깊게 빨아들이더니 내 얼굴에 가까이 대고 연기를 뿜었다. 빨간 머리의 남자가 나무라는 듯 그의 어깨를 살짝 치며 말했다.

"거봐, 내가 위험한 물건은 가지고 다니지 말라고 그랬지."

"돈을 안 갚아서 겁만 주려고 그랬다고. 그냥 가까이 칼을 들이댄 것 뿐 인데 그냥 고꾸라져 죽고 말았어. 난 정말 죄가 없어. 억울하다고. 카지노 CCTV에도 찍혔을 텐데, 경찰한테 잡히면 난 꼼짝없이 범인으로 몰리겠지. 수사관, 네가 경찰에 가서 내가 범인이 아니라고 말해줘."

"당신이 죽이지 않았다고요? 대체 여기다 날 묶어두고 뭘 어떻게 하라는 거죠?"

"내 말부터 좀 들어봐. 이게 어떻게 된 건지 다 설명해줄 수 있어."

"자초지종은 차차 듣고 우선 시신부터 살펴볼게요."

내가 시신을 들여다보고 있는 동안, 두 사람은 나를 믿을 수 있는지에 대해 옥신각신하고 있었다. 가죽 재킷의 남자는 내가 수사관인 게 좀처럼 믿기지 않는지 착각해서 다른 사람을 데려온 게 아니냐고 따져 묻고 있었다. 잠자코 나를 지켜보던 빨간 가발의 남자는 못들은 척 여러 번 공들여 속눈썹에 마스카라를 덧칠하고는 이제 무대로 나가봐야 한다고 짜증 섞인 말투로 말했다. 그들은 헤르메스 나이트클럽의 게이 댄서였다. 내가 다시 입을 열었다.

"저어, 어서 이 일부터 마무리해야 하지 않겠어요? 내가 당신들을 도울 수 있도록 해주세요. 멋진 숙녀분이 밖에 나가는 길에 몇 가지만 구해와요."

캘리가 납치되었다. 그들은 칼이 꽂힌 한 시신을 보여주며 경찰서에 함께 가서 자신들이 범인이 아니라고 말해달라고 애원했다. 캘리는 그들에게 구리선과 염산 용액을 사오라고 했다. 얼마 후 재료가 준비되었다. 그리고 캘리는 피해자가 이미 누군가에게 독살되었다고 말한다. 실험실까지 가지 않고도 살인의 비밀을 밝혀냈다. 어떻게 캘리는 이를 밝혀낸 걸까?

"멋진 숙녀분이라고? 후훗, 좋았어. 아까, 아줌마라고 해서 기분이 상했는데, 이걸로 용서해줄께."

멋진 숙녀라고 불러주니 기분이 좋아졌는지 금세 그의 표정이 밝아졌다. 그는 얼른 가발을 눌러 쓰고는 약국과 철물점에 들러 청소용 염산 용액과 구리선을 사왔다. 사실 나도 이 남자가 어떻게 죽었는지 궁금하던 참이었다. 재료가 준비된 후, 시신 조직의 일부를 채취해 염산에 투입하고 가온했다. 그러자 구리선 표면에 회색 피복물이 생겼다. 정확한 결과를 얻기 위해서는 기기분석을 해봐야 하지만 이 테스트에서 회색이나 흑색의 침전물은 시신이 수은, 비소, 안티몬, 비스무트 중 하나에 중독되었을 가능성을 나타낸다. 이를 '라인슈 반응 reinsch test'이라고 부른다.[33] 피해자가 독살되었는지 여부를 현장에서 간단히 확인해보는 방법 중에 하나다.

아까는 제대로 하지 않으면 당장 없애버리겠다고 으름장을 놓더니 가죽 재킷을 입은 사내도 이 테스트의 과정이 신기했는지 눈도 깜박이지 않고 유심히 지켜보았다.

"이 언니 제법인 걸."

"죽은 이 사람의 몸이 죽음의 진실을 밝힌 거죠. 여기 봐요. 구리선의 색이 변했죠?"

들고 있던 구리선을 빨간 가발의 사내에게 보여주자 그는 겸연쩍어 하며 헛기침을 하더니 물었다.

"어머머 세상에, 회색으로 변했잖아. 거봐 과학수사관 맞네, 맞아. 근데 그게 무슨 뜻이야?"

"당신들이 거짓말쟁이가 아니라는 뜻이죠."

두 사람은 서로의 눈을 마주치더니 동시에 고개를 끄덕였다.

"누군가 한발 앞서 이 사람을 독살하려 했거든요."

SEASON 8

은밀한 살인병기, 독

지옥의 연인

분석 기술이 발달하지 않았던 시절에 독살은 흔적을 남기지 않고 어렵지 않게 원한을 풀기 위한 방법 중 하나였다. 독극물이 개인의 복수를 넘어서 정치적 무기로 공공연하게 활용되어왔다는 사실은 누구도 부인할 수 없다. 우리나라에도 예외는 아니어서 조선 시대에 임금이 수라를 들기 전에 음식에 독이 들어 있는지 시식을 하는 기미상궁이 있을 정도였다. 그 시절 독을 이용하면 피를 묻히거나 들킬 염려도 없었고 뒤처리를 해야 할 번거로움도 없었다. 세력 다툼으로 없애버리고 싶거나 혼쭐을 내고 싶은 사람이 있다면 음식이나 음료수에 독극물을 넣고 저만치서 결과를 지켜보고 있었을 것이다. 미량만으로도 저 세상으로 보낼 수 있을 뿐 아니라 음식물과 잘 섞어두면 별다른 저항 없이 스스로 독약을 섭취하기까지 한다.

세월이 가도 사람들은 여전히 원한을 풀기 위해 독극물을 이용한다.

독을 먹인다는 것은 가해의 목적뿐 아니라 왠지 상대를 응징하는 것 같은 묘한 심리적 만족감까지 충족시키기 때문일 것이다.

과거에는 독극물을 자살로 위장하는 데 큰 어려움이 없었다. 〈비창〉의 작곡가 차이콥스키는 동성애자였다고 한다. 그가 활동했던 시대에는 동성애가 금기시되었다. 그의 죽음은 콜레라 감염에 의한 것이라 알려져 있지만 비소를 탄 물로 죽기를 강요한 명예 살인이었을 가능성도 여전히 제기되고 있다. 한편 독성 원소가 주변에 즐비했던 시절에는 굳이 독살자의 음모가 아니더라도 생활 속 유해물에 의해 사람들이 중독되어 죽어가기도 했다.

기술의 진보 덕에 과거에 널리 쓰이던 악명 높은 독극물들을 분석하여 존재를 확인하는 일은 이제 더 이상 어려운 일이 아니다. 더구나 요즘은 과학수사 드라마와 추리소설의 인기 소재로 독극물이 자주 등장하기 때문에 일반 대중들도 중독에 대해 상당한 지식을 갖추고 있다. 사람들이 독극물의 신호를 파악하고 있음에도 암살자들은 여전히 독극물을 애용하고 있다.

아무튼 독극물에 대한 서론은 이만하고 앞서 트럼프 호텔의 사건 현장에서 이동하는 길에 납치되었던 이야기로 되돌아가보겠다. 나는 시신에 라인슈 반응 테스트를 하고 난 후 이 일이 어떻게 된 것인지 직접 보여주겠다는 용의자의 손에 이끌려 카지노의 이곳저곳을 옮겨 다녔다. 내 앞에서는 큰소리를 쳤지만 무심코 칼을 휘두른 후 피해자가 죽어버렸기 때문에 잔뜩 겁을 집어먹은 듯 보였다. 테스트 결과를 보니 범인은 이미 독살되었던 것 같다.

살인 사건의 전모는 이러했다. 범인은 피해자 션의 여자 친구 애니였다. 일찍 부모를 여읜 그녀는 프로 포커꾼인 션을 만나 첫눈에 사랑을 느켰다. 지금껏 카지노의 딜러로 살아왔지만 남들처럼 단란한 가정을 꾸려 안정된 삶을 살아가길 바랐다. 반면 션은 오로지 일확천금만을 꿈꾸며 결혼에는 전혀 관심이 없었다. 그런 션에게 애니는 요행을 바라며 놀음판을 떠도는것이 얼마나 무의미한지를 깨우쳐주고 싶었다.

피해자는 얼마 전 햄버거를 먹고 장염으로 호되게 고생을 한 후 밖에서는 음식을 먹지 않았다. 이후로 그는 식단에 강박적으로 집착했고 늘 집에서만 식사를 했다. 집을 나서기 전에는 보온병에 마실 물과 스프를 준비하곤 했다. 물론 애니도 이 사실을 잘 알고 있었다. 션은 게임 중에 출출할 때마다 스프로 허기를 달랬지만 집에 돌아와 제대로 된 식사를 하려고 매번 들고 간 스프 대부분을 남겨오곤 했다.

애니는 션이 집을 나서기 전에 스프 병에 비소를 넣었다. 처음에는 연달아 좋은 패가 들어왔기에 션은 병에 손도 대지 않았다. 그리고 그날 따라 행운이 따라주는 포커 판에서 판돈을 싹쓸이했다. 그는 흥분한 나머지 금발의 칵테일 걸이 건네는 술까지 연거푸 두 잔을 비웠다. 게임이 끝나 혼자 남게 되자 술기운에 긴장이 스르륵 풀리고 허기가 몰려왔다. 그는 병에 있는 스프를 컵에 따라 남김없이 먹어치웠다. 눈앞이 흔들거리고 입 끝이 부르르 떨리기 시작했다.

그때 게이 댄서들이 공연을 위해 그곳을 지나갔고 우연히 고개를 푹 숙이고 앉아 있던 션을 발견했다. 그들은 오랫동안 빌려준 돈을 갚지도 않고 요리조리 피해 다니는 션에게 몹시 화가 나 있었다. 그래서 이번에도 자신을 얕보고 외면하려는 행동이라고 오해를 하게 된다. 그들은 호신용으로 가지고 다니던 잭나이프를 꺼내들고 션에게 다가가 돈을 내놓으라고 고래고래 소리를 질렀다. 션은 온몸에 경련을 일으키며 그들에게 마지막 힘을 다해 손을 뻗어 도움을 청한다. 빚을 독촉하려고 겁만 주려 했을 뿐

인데 션은 그대로 쓰러져 죽고 말았다. 그렇게 션은 한방의 인생역전만 좇다 덧없이 카지노 바닥에 쓰러져 마지막 순간을 맞았다.

며칠 후 경찰은 나를 납치한 게이 댄서와 함께 스프 병에 비소를 탄 애니까지 검거했다. 물론 나는 다시 일상으로 돌아왔다.

아직까지도 납치범에게 목이 졸렸던 기억이 생생하다. 그들은 내 팔에 흉터까지 남겼다. 하지만 체포되면서도 그들은 내게 고맙다는 인사를 잊지 않았다. 앞뒤 순서는 바뀌었지만, 용의자의 주도하에 현장에서 사건 경위에 대한 그들의 자백을 들으며 증거 수집까지 마친 이상야릇한 상황을 겪은 셈이다. 어쨌든 이번 사건은 누구의 도움 없이 나 혼자 현장 검증까지 한꺼번에 마칠 수 있었다.

나폴레옹의 죽음은 비소 때문일까

따끔한 교훈을 주려다 목숨까지 무참히 앗아간 비소에 대해 좀 더 알아보자. 비소는 오랫동안 수많은 독살자의 장바구니에서 빠지지 않았던 재료 중에 하나일 것이다. 분석 기법이 발달하지 않았던 시절에는 독극물로 사람을 죽여놓고도 뻔뻔스럽게 다른 사람에게 죄를 뒤집어씌우거나 마치 지병 끝에 사망한 것처럼 위장해 덮어버리는 일도 수두룩했다. 비소에 의한 죽음이 비밀스럽게 위장되어 진실은 죽은 자와 함께 조용히 묻히기도 했다. 독살자들에게 비소가 매력적일 수밖에 없는 또 하나의 이유는 냄새가 나지 않을 뿐더러 맛을 거의 느낄 수 없다는 점이다. 그들은 종종 비소를 설탕이나 밀가루 속에 섞어두었는데 이를 구분해내는 일은 쉽지 않았다. 상대를 속일 꾀를 내느라 성가실 필요도 없었던 것이다.

사극 속 독약 약사발 속에 자주 등장하는 '비상'이라고 불리는 성분의 정체는 삼산화이비소diarsenic trioxide, As_2O_3이다. 이것은 굳이 독약 사발 속에서 찾지 않아도 주변에서 흔히 발견할 수 있다. 쥐약, 파리 끈끈이, 벽지, 안료, 방부제, 농약, 화장품에도 비소 성분이 있다. 더구나 영국, 인도 등의 민간요법에서도 삼산화이비소를 이용한 치료법을 종종 찾아볼 수 있다. 피부와 건강 회복에 좋다는 광천수나 온천에 비소 성분이 함유되어 있는 경우도 더러 있다.

의사들이 갖가지 질병의 치료를 위해 비소 성분을 처방하던 시절도 있었다. 판매가 금지될 때까지 요통, 신경통부터 매독에 이르기까지 각종 증상에 대한 만병통치약으로 통하며 대단한 인기를 누렸던 파울러용액Fowler's solution은 삼산화이비소를 탄산수소칼륨 수용액에 녹여서 만든다. 특허권자인 파울 에를리히Paul Ehrlich를 백만장자로 만들어준 살바르산salvarsan은 비소를 매독, 수면병 등의 치료에 적용한 대표적인 사례다.

비소와 같은 독성 물질이 단기간에 질병으로 발전하는 현상을 급성중독acute intoxication이라고 한다. 비소의 급성중독이 일어나면 피부가 창백해지고 맥박이 약해지는 증상을 보이며 대개 12시간에서 36시간 후면 생을 마감한다. 장기간 축적의 결과로 나타나는 만성중독chronic intoxication인 경우에는 피부에 얼룩덜룩한 침착이 생기고 손과 발바닥에 피부가 두꺼워지는 특유의 증상이 나타난다. 파울러용액의 장기 복용자도 각화증과 피부암의 부작용이 나타난다고 알려져 있다.

비소가 특히 살인자들의 눈길을 끄는 이유 중 하나는 치사량보다 적게 섭취했을 때 특이할 만한 증세가 나타나지 않는다는 점이다. 구토나 갈증 등과 같은 증상을 보이더라도 식중독에 걸린 것처럼 보이기 때문에 정확한 진단에는 어려움이 있다. 반면에 한꺼번에 많은 양의 비소를 섭취하면 쇼크 증상이 나타나고 호흡곤란, 중추신경마비 등의 증세로 사망에 이를 수 있다. 어떤 이들은 사약을 마시는 형벌이 비교적 덜 잔인한 사형 집행 방법이라고 생각할지 모른다. 하지만 구토, 설사 후 토혈, 하혈뿐 아니라 마비 증상까지 일으키는 비소중독의 증상들을 고려한다면 사극에서 비상 약사발을 받고 우아하게 죽음을 맞이하는 모습은 비소에 의한 쇼크 상태에서 도저히 불가능한 것으로 보인다.

나는 오늘도 살인 사건 현장으로 향하고 있다. 사건 현장으로 가기 전에 비소에 의한 중독에 대해 자세히 설명하는 이유는 앞으로의 사건을 이해하는 데 도움이 되기 때문이다. 이번 사건 현장은 도심 지역으로 출근하는 사람들이 많이 살고 있는 한 고층 아파트였다. 침대 위에는 민소매에 반바지 차림을 한 노인이 홀로 누워 있었다. 22세 때 터키에서 이민 온 그는 평생 독신으로 살았고 하나뿐인 조카를 빼고는 가족도 없었다. 피해자는 마치 깊은 잠에 빠져 있는 것 같았다. 언뜻 보기에 특별한 외상이 없어서 자연사라고 볼 수도 있을 것 같았다. 시신을 좀 더 관찰하기 위해 몸통을 돌려보았다. 피부에 얼룩덜룩한 색소가 침착된 것이 보였다. 이것은 비소의 만성중독 증상 가운데 하나다. 문득 그가 외로움과의 싸움에 지쳐 자살한 것이 아닐까라는 생각이 들었다.

분석을 위해 그의 머리카락을 증거로 채취했다. 생전에 작가였는지 책상에는 구식 타자기로 쓴 원고들이 수북이 쌓여 있었다. 식탁 위에는 스프가 담긴 그릇이 하나 놓여 있었다. 옆에 놓인 영수증을 확인해보니 '이슈켐베 초르바스'라는 이름의 스프였다. 남아 있던 스프와 건더기를 가져와 실험실에 분석을 의뢰했다. 살인자들은 종종 이 고체를 따뜻한 스프나 죽 같은 요리에 섞어 먹이기도 하는데 그렇게 하면 용해가 잘 되어 탄로 날 위험이 적다. 하지만 그의 스프 볼에서 비소는 검출되지 않았다. 피해자는 어떻게 비소의 만성중독에 이르게 된 것일까?

몇 시간 째 수사를 벌였지만 아직까지 비소의 출처를 찾지 못했다. 비소에 만성적으로 중독되었다면 공급지는 그가 매일 사용하는 물건 중에 있을 가능성이 높을 것 같았다. 찬장과 선반을 뒤지며 조미료, 음료수 병을 둘러보는데 불쑥 눈에 들어오는 물건이 있었다. 식탁 위에 놓인 원두커피였다. 커피를 무척 좋아했는지 터키식 주전자인 체즈베와 핸드드립 커피기구가 나란히 놓여 있었다. 원두커피의 포장지에는 그의 조카가 운영한다는 카페의 브랜드 로고가 박혀 있었다. 카페 '외즐레딤'은 피해자의 소유로 되어 있었는데, 미국에서 활동하는 터키 출신 문인들 사이에서는 글을 쓰고 토론을 하는 장소로 꽤 잘 알려진 곳이다.

범인은 그의 조카로 밝혀졌다. 피해자는 '론리 문Lonely Moon'이라는 필명으로 잘 알려진 얼굴 없는 작가, 누만 카야였다. 누만은 대부분의 시간을 집에서 보냈기에 외부 사람들과의 접촉이 거의 없었다. 그도 그럴 것이 화재로 얼굴의 절반 가까이 심한 화상을 입고 앞머리를 길게 늘어뜨려 흉터 부위를 가리고 다녔으며 대인기피증 때문에 문 밖 출입을 거의 하지 않았다고 한다. 그래서 그는 사고 후 카페의 경영을 조카에게 맡기고 글을 쓰는 데만 전념했다. 조카는 가끔씩 집에 들를 때마다 이런저런 생필품들을 사왔고 커피를 좋아하는 삼촌을 위해 카페에서 판매하는 고급 원두를 가져오기도 했다. 그는 자신을 독살하려는 조카의 계획은 꿈에도 모르고 이를 건네받아 매일 커피를 내려 마셨다.

조카는 커피를 곱게 갈아 비소 성분의 쥐약을 몰래 넣은 후 피해자의 식탁 위에 가져다두었다. 누만은 비소가 들어 있는지도 모르고 계속해서 커피를 들이켰다. 그는 지난 8개월 동안 뜨거운 물에 우려낸 비소 탄 커피를 마시면서도 비소의 맛을 전혀 느낄 수 없었을 것이다. 조카는 손에 피한 방울 묻히지 않고 삼촌을 서서히 죽음으로 데려간 것이다. 앞서 포커꾼 사건이 급성중독의 한 사례라면 비소 커피 사건은 만성중독의 예라고 할 수 있다.

비소는 섭취할 경우 위를 통과해 간, 신장, 폐 같은 내장에 쌓이고 머리카락, 손톱, 뼈까지 침투한다. 범죄연구소로 돌아와 피해자의 머리카락을 분석하고 있을 때 헌터가 다가왔다. 그의 카트에는 포스터 박사가 의뢰한 샘플들이 놓여 있었다.

"머리카락을 분석하려나 보네요. 독극물 분석인가요?"

"피해자의 비소 노출 정도를 알아보려고요."

"비소라… 나폴레옹이 떠오르는군요. 나폴레옹이 비소에 중독되었다는 거 알아요? 그걸 밝혀내려고 많은 사람들이 캘리처럼 머리카락을 분석했죠."

"그런가요? 결론은요?"

헌터와 나는 바삐 손을 움직이며 각자가 맡은 실험을 하면서도 나폴레옹의 최후에 대한 이야기를 주고받았다. 겨우 오십두 해를 살고 저 세상으로 떠나버린 나폴레옹의 죽음을 두고 아직까지 사람들의 의견이 분분하다. 그는 세인트헬레나 섬에서 생의 마지막 밤을 보냈고 시신은 이십년 후 파리로 이장되었다. 작은 거인, 나폴레옹의 죽음에 대해 자연사가 아니라 암살되었다는 주장부터 천공성 위궤양 때문이라는 주장까지 온갖 설들이 제기되고 있다. 비소중독이 사망 원인이라는 주장도 있다.

"글쎄요. 나폴레옹의 죽음에 대해서는 아직까지도 의견이 분분하지요."

"헌터는 나폴레옹이 비소로 독살되었다는 주장이 맞다고 보나봐요."

헌터는 대답 대신 고개를 한번 끄덕였다.

"그거 알아요? 나폴레옹이 죽음에 이를 때까지 몇 달 동안 오한, 메스꺼움, 설사, 복통 등의 증상을 보였거든요. 그 점을 그냥 지나칠 수가 없더군요."

"흠, 그럴 만하네요. 비소중독의 전형적인 증상이니까요."

"비소중독은 다른 질병으로 오인되기 쉽죠. 나폴레옹은 늘 위장병으로 고생을 했다고 해요. 나폴레옹이 배앓이를 하고 설사를 할 때 누가 비소에 중독되었다고 상상이나 했겠어요?"

"나폴레옹의 머리카락에서 비소가 얼마나 검출되었나요?"

"놀라지 말아요. 정상 수준의 최대 100배까지 검출되었대요. 물론 샘플링 시점에 따라 농도에 차이는 있었지만 적어도 그가 고농도의 비소에 노출되었다는 것만은 확실하죠."

"혹시 나폴레옹이 파울러용액을 습관적으로 복용했던 건 아닐까요?"

"파울러용액이 가정상비약으로 통했던 당시 상황으로 보건데 그럴 가능성도 충분히 있지요. 하지만 나폴레옹의 몸에 축적된 고농도의 비소가 어디에서 온 것인지는 여전히 수수께끼죠."

"음, 그건 그렇고 이 사건에서 비소의 출처로 마음을 두고 있는 데가 있죠?"

헌터는 빙그레 미소를 지으며 말했다.

"들켰네. 사실 난 벽지라고 생각해요."

"벽지라고요? 어떻게 벽지에서 비소가 나올 수 있죠?"

"뉴캐슬 대학교의 데이비드 존스 박사는 롱우드 하우스의 셸레그린으로 장식한 벽지 때문에 나폴레옹이 비소에 노출된 것이라고 주장했죠."

셸레그린Scheele's green은 산성 아비소산 구리를 재료로 만든 초록색 안료다. 1800년대에 벽지에 사용되었고 선풍적인 인기를 누렸다. 하지만 날씨가 습해지면 벽지에서 거슬리는 냄새가 났다. 당시에는 밝혀지지 않았지만 이 물질의 정체는 트리메틸아르신이었다. 앞서 언급한 것처럼 유배 기간 중 나폴레옹이 호소했던 증상들은 그가 비소중독을 앓고 있었을 가능성을 뒷받침해준다.

"그럼 이번 사건에서는 비소가 어디서 나온 걸까요?"

"커피죠."

"비소 커피라, 흥미롭군요. 죽기까지 몇 달 동안이나 원두커피를 가져다놓는 수고도 마다하지 않았을 텐데 대체 용의자는 피해자와 어떤 관계였나요?"

"현재까지는 조카가 유산을 노리고 저지른 짓인 듯해요."

누만처럼 비소가 우러난 물을 장기간 섭취하면 만성적인 중독 현상을 보일 수 있다. 또한 이 사건은 마시는 물이 비소로 오염되었을 때 일어날 수 있는 재앙을 암시하기도 한다. 커피를 통해 물에 우러난 비소처럼 사람들이 마시는 물속에도 비소 성분이 녹아 있기 때문이다. 미국 환경보호국은 비소를 발암물질로 분류하고 있는데 안타깝게도 중국, 인도, 방글라데시, 대만 등에서는 이 무시무시한 재앙의 확률 게임이 아직도 진행 중이다.

1970년대 방글라데시와 인도의 서 뱅골 지역에는 매년 수많은 이들

인도, 방글라데시 등의 여러 나라에서는 음용수 중에 함유된 비소 때문에 많은 사람들이 중독 현상을 겪고 있다.

이 장티푸스, 이질과 같은 수인성 전염병으로 사망했다. 유니세프가 수인성 질병 없는 식수를 제공한다는 취지의 사업을 시작할 때만 해도 장기적으로 주민들에게 막대한 혜택을 제공하는 일이라는 것에 추호의 의심도 없었을 것이다. 이 지역 사람들에게 깨끗한 물을 공급하는 일이 워낙 시급한 사안이었기 때문이다. 그들은 좋은 일을 하려고 했지만 결과적으로 수많은 이들을 만성 비소중독에 빠지게 한다. 토목 공사에 착수하기 전 지층에 대한 조사를 체계적으로 하지 않은 채 우물을 파내려가는 공사를 서둘러 진행했던 것이다.

이 물을 마신 주민들에게 하나둘 문제가 생기기 시작했다. 손과 발의 피부색 변화, 각화증, 피부 염증 등의 증세를 보이는 것은 물론이고 피부 발진은 암으로까지 이어졌다. 이 모든 증상은 비소와 관련이 있다. 서 뱅골 지역에서 비소 농도가 3,200ppb 이상 검출되었는데, 이를 세계보건기구World Health Organization의 먹는 물 비소 권고 농도 10ppb와 비교해보면 오염의 심각성을 충분히 이해할 수 있을 것이다. 농업용수에 함유된 고농도 비소는 작물에도 영향을 주며 결국 상품화되어 사람들의 식탁에 오르게 된다. 그뿐 아니라 그 작물은 다른 지역으로 이동해 판매될 수 있기 때문에 피해자의 규모는 눈덩이처럼 불어난다. 마치 거대한 비소 티백으로 우려낸 물을 많은 사람들이 나누어 마시고 있는 상황과 다름없는 것이다.

살인자의 뒷주머니에나 있을 법한 비소는 셸레그린 벽지처럼 일상에서도 어렵지 않게 발견된다. 사람들은 인식하지 못한 채 숨 쉬고 먹고 마시면서 비소에 노출된다. 이처럼 살인자가 물과 땅, 공기 중에 있다면 사람들은 만성적으로 병들어가게 된다.

식품 중의 비소 오염도 간과할 수 없다. 비소가 함유된 쌀과 비소를 먹인 닭을 예로 들 수 있다. 현재는 미국식품의약국에 의해 판매가 금지된

록사르손roxarsone이라는 비소화합물은 닭의 성장을 촉진하고 기생충 질환을 낮추기 위한 목적으로 사용되었다.

한편 영국 에버딘 대학교 연구진들은 미국 중남부 지역의 쌀에서 비소가 검출되었다고 보고했다.[34] 특히 루이지애나 지역의 쌀에서는 비소가 최고 660ppb까지 검출되었다. 루이지애나는 과거에 목화 재배지였고 비소 성분의 살충제를 사용했었던 것으로 알려져 있다. 방글라데시에서도 비소로 오염된 관개수를 이용하기에 농작물이 그 영향을 받을 수밖에 없다.

"나도 매일 밥을 지어먹는데요."

헌터는 나를 바라보며 비장한 표정을 짓고는 어깨를 으쓱해 보였다.

"에취, 에이취."

그는 고개를 반대 방향으로 돌리더니 연신 재채기를 해댔다. 그러더니 자기 코를 여러 번 문지르고 숨을 참고 있었다. 피해자의 집에 수집한 머리카락과 개털을 분석하려던 참이었다. 우리가 이야기를 나누는 동안에도 헌터의 눈과 손은 여전히 실험에 매달려 있었다.

"에취! 캘리, 난 개 알레르기가 있어요."

"미안해요, 헌터. 정말 몰랐어요. 실험은 나중에 해도 돼요."

나는 샘플 백을 다시 밀봉했다. 그는 간간히 요란스럽게 재채기를 해대며 말을 이어갔다. 이야기의 화제는 비소를 이용한 무기로 옮겨갔다. 비소 벽지의 사례를 통해 비소가 삶의 공간에 유해한 공기를 만들어낸다는 것을 알아낸 사람들은 이 원리를 전쟁에 적용한다. 이렇게 탄생한 것이 루이사이트lewisite($C_2H_2AsCl_3$), 애덤자이트adamsite($NH(C_6H_4)_2AsCl$) 등과 같은 무기이다. 특히 '죽음의 이슬'이란 무시무시한 별명을 가진 루이사이트는 만주 전쟁에서 일본에 의해, 이란-이라크 전에서는 사담 후세인에 의해 이용되었다. 루이사이트에 노출되면 피부에 물집이 생기고 간이 손상되며 고통 속에서 무력화된다. 물론 무기 개발과 동시에 아군을 위한 해독제가 개발되었는데 이를 디메르카프롤dimercaprol(British anti-lewisite로도 불림)이라고 한다. 이것은 오늘날에도 비소의 해독제로 널리 이용되고 있다. 헌터에게 윌슨병에 대한 이야기를 막 시작하려는데 휴대폰으로 출동을 알리는 문자가 도착했다.

탈모의 원인이 탈륨이었다고?

"로건 반장의 문자메시지군요. 핸더슨가의 프록터 아트스쿨로 출동하라는데요."

"어서 출발하죠. 오늘은 내가 운전할게요."

나와 헌터 요원은 나란히 차에 올라탔다. 연습실로 들어가자 이젤뿐 아니라 벽에도 그림들이 빼곡히 채워져 있었다. 누군가 그림이 생각처럼 잘 되지 않아 화가 치밀어 올랐는지 아니면 이곳에서 몸싸움을 벌인 건지 바닥에는 부서진 유리잔 파편들이 널려 있었다.

문득 한 가지 생각이 뇌리에 스쳤다. 나는 깨진 유리잔을 들고 분젠 버너로 가져갔다. 잔 속의 루비색 내용물이 녹색의 아름다운 불꽃을 내며 타올랐다. 불현듯 그 옆에 같은 색의 히비스커스 화분이 눈에 들어왔다.

"탈륨이었군."

피해자가 마지막으로 들이켰던 붉은 히비스커스 차 속에는 치명적인 성분이 숨어 있었던 것이다. 이처럼 간단하게 그 은밀한 물질의 존재를 알아낼 수 있었던 것은 금속 원소를 겉불꽃 속에 넣으면 존재를 알리는 특유의 색을 드러내기 때문이다. 참고로 나트륨은 노란색, 스트론튬은 빨간색을 나타낸다.

초록색 불빛을 바라보고 있으니 탈륨이 '초록색 작은 가지'라는 뜻의 그리스어, '탈로스thallos'에서 유래했다는 것이 실감났다. 탈륨을 발견해 이름까지 붙인 사람은 영국의 화학자 윌리엄 크룩스William Crookes 경이었다. 크룩스 경은 음극선 연구를 위해 크룩스관을 고안해냈다. 그는 한때 심령술에 심취해 '영혼의 속삭임을 포착하는 장비'라는 것을 만들기도 했던 독특한 이력의 소유자다. 크룩스는 다른 과학자들과 달리 초자연적인 현상에 관심을 쏟았고 남들에게 이를 타당하게 입증해보이겠다고 공표까지 했다.

살인자들에게 탈륨은 앞서 살펴보았던 비소만큼이나 특별한 매력을 지닌 물질임에 틀림없을 것이다. 물에 잘 풀릴 뿐 아니라 무색, 무미의 용액으로 만들어지기 때문에 와인, 커피, 콜라 등 음료수에 넣으면 상대가 눈치챌 염려도 없다. 더구나 좋아하는 음식을 알고 있다면 치사량을 한꺼번에 섭취하게 할 수도 있다. 이렇게 섭취하고도 첫날에는 별다른 증상이 없으며 있다 해도 가벼운 감기 증상쯤으로 보일 것이다. 그래서 범인으로 의심받거나 들킬까봐 마음을 졸일 염려도 없다. 하지만 독성은 익히 알려진 수은이나 납보다도 강하다. 탈륨을 먹이고서 당장 피를 토하며 쓰러지는 극적인 상황을 기대했다면 다소 실망스러울 수도 있다. 가해자는 탈륨이 차곡차곡 골격에 축적되고 조직에 침투되어 부작용이 겉으로 드러날 때까지 조금 더 끈기 있게 기다려야 할 테니 말이다.

탈륨에 노출된 후 예정된 시간에 이르면 탈륨은 비로소 자신을 알리는 신호를 보낸다. 이것은 비극적인 결과를 암시한다. 이런 점 역시 가해자의 복수 심리를 만족시키는 요소일 수 있다. 가해자는 탈륨을 누군가에게 먹이면서 시간에 따라 그 영향 때문에 점점 더 괴로워하는 모습을 지켜볼 수 있다. 마치 꼭두각시 인형을 가지고 놀 듯 누군가의 목숨을 붙잡고

캘리는 히비스커스 유리잔에 남은 탈륨을 발견한다. 깨진 파편에 분젠버너를 가져다 대니 녹색 불꽃이 나타났다. 헌터가 원소의 겉불꽃 속 특유의 색에 대해 설명하고 있다.

조종할 수 있는 대단한 존재가 된 것 같은 착각에 빠지게 될지도 모른다. 피해자는 온몸에 통증을 느끼며 증상은 시간이 지날수록 더욱 심해진다. 실명하거나 마비 증세로 말을 못하게 된다. 심장과 신장 기능이 떨어지고 신경계의 영향이 점점 커지며 정신적인 문제도 일으킨다.

머리가 빠지는 증상 역시 탈륨이 우리의 몸으로 들어오며 나타나는 신호 중에 하나다. 현장에서 유리잔에 분젠버너를 가져다 대어 겉불꽃 색을 확인하고자 했던 이유는 피해자의 시신에서 나타난 바로 그 신호 때문이었다. 피해자의 머리에서 증거를 채취하려 빗질을 했을 때 탈륨에 노출되었음을 의심하게 되었다. 머리카락이 쑥쑥 빠졌기 때문이다.

탈륨의 특성을 잘 아는 사람들은 이를 생활에 이용하기도 했다. 과거에 버짐의 일종인 백선을 치료할 때 머리를 빠지게 할 목적으로 탈륨을 이용했다. 셀리오 크림Celio Cream 같은 탈모 촉진제 크림을 먹고 자살을 시도한 사람도 있다. 약사의 저울이 고장나 14명의 아이들이 사망한 사고도 있다.

헌터와 나는 사건 현장을 둘러보며 계속해서 증거를 수집했다.

"혹시 〈영 포이즈너 핸드북The Young Poisoner's Handbook〉이란 영화 알아요?"

"그 영화를 아시는군요? 계모한테 천연덕스럽게 탈륨을 먹이는 모습이 아직도 생생하네요. 그 장면을 생각하면 지금도 소름이 돋아요."

차마 말은 못했지만 헌터가 1993년에 개봉한 영화의 한 장면을 기억하고 있다는 것에 더 놀랐다. 영화의 모티브가 된 사람은 영국의 연쇄살인범인 그레이엄 영Graham Young이었다. 그는 화학과 오컬티즘에 빠져 있던 어눌하고 내성적인 성격의 아이였다. 특히 소년 시절부터 탈륨을 독약으로 애용한 것으로 유명하다. 마음속으로 늘 계모를 저주했고 그래서 그녀를 닮은 인형에 바늘을 꽂는 흑 마술을 걸어보기도 했다. 이것도 별 효력이 없자 독살을 결심한다. 먼저 이를 위해 약국과 학교 실험실을 배회하며 독약을 수집했다. 유감스럽게도 독약을 테스트하기 위한 실험 대상은 가족과 친구들이었다. 재미삼아 독약을 실험해보고는 모든 내용을 노트에 꼼꼼히 기록해 두었다. 보통 살인범들은 들킬 염려 때문에 독약의 기록들을 남겨두지 않는 경우가 많은데 그는 독약 주입과 중독 과정을 노트에 상세히 묘사해두었다.

드디어 그는 증오하는 의붓어머니를 처치하기로 결심하고 아세트산 탈륨을 음식에 듬뿍 넣는다. 그리고 그녀는 결국 사망에 이른다. 계모의 시신은 화장되었기 때문에 9년 뒤 그가 스스로 입을 열지 않았다면 이 사실은 아마 세상에 알려지지 않았을지도 모른다. 그는 십 대부터 가족들을 실험 대상으로 이용했고 독극물로 사람들을 중독시키는 일을 취미 삼아 즐겼다. 그레이엄 영은 독극물을 늘 휴대했고 마음 내킬 때마다 누군가의 찻잔에 독약을 탔다. 그러다 직장 동료들을 아세트산 탈륨으로 살해하게 된다.

독성이 큰 탈륨은 발암물질로 간주된다. 앞서 언급했던 것처럼 탈륨에 장기간 노출되면 모낭에 작용하며 신체의 털이 빠질 뿐 아니라 무기력증, 사지 통증 등을 호소하게 된다. 고농도의 탈륨은 구토, 설사 등의 증상을 나타내며 혼수상태나 사망에 이르게 할 수도 있다. 사담 후세인Saddam Hussein이 애용했다는 황산탈륨은 먹이에 섞으면 동물조차도 이를 구별할 수 없다고 알려져 있다. 안전성 때문에 현재는 이용이 금지되었지만 개발도상국에서 아직도 살충제로 이용하고 있는 실정이다. 탈륨 중독의 응급약으로 유용하게 쓰이는 것은 짙은 푸른색 물감으로 더 유명한 프러시안 블루prussian blue다.

용의자의 은신처 수사는 거의 끝나가고 있다. 하지만 라스베이거스 범죄연구소로 돌아가 탈륨의 녹색 섬광 뒤에 숨겨진 살인의 흔적들을 과학적 방법으로 분석하는 일이 아직 남아 있다.

"캘리, 프러시안블루가 화학자의 부주의로 탄생하게 된 거 알아요?"

나는 잘 모르겠다는 듯이 고개를 갸우뚱거렸다.

"한 화학자가 용액 한 병을 디스바하라는 염료 제조가에게 빌려주었대요. 그런데 실수로 다른 실험에 사용했던 용액을 준거죠. 그걸로 실험을 하면 원래 붉은 염료가 가라앉아야 하는데 예상치 못했던 푸른빛이 나오게 되었지 뭐예요."

"그래서요?"

"디스바하는 이를 그냥 넘기지 않고 오염 경로를 다시 되풀이해서 프러시안블루라는 색을 개발하게 된 거죠."

"음, 무척 의미심장하네요. 우연을 필연으로 만들었군요."

"안료뿐 아니라 탈륨에 중독되었을 때 해독제로도 이용하죠. 탈륨 원자를 붙잡아 푸른색 변으로 몸 밖으로 나가게 한답니다. 프러시안블루, 이름값 하죠?"

나는 말없이 고개를 끄덕였다. 라디오에서 베토벤의 교향곡 〈운명〉이

이 작품은 일본의 목판화가 카츠시카 호쿠사이의 대표작 〈가나가와 해변의 높은 파도 아래〉(1931)이다. 일본 판화에 최초로 청색 안료인 프러시안블루를 사용하여 화제가 되었다.

흘러나오고 있었다. 연구소로 돌아가는 중에도 누군가의 운명에 대한 우리의 대화는 계속되었다.

베토벤의 배앓이 운명은 납중독 때문?

"빰빰빰빠! 클래식은 내 취향은 아니지만 운명 교향곡은 달라요. 들을 때마다 웅장함이 느껴지죠."

헌터는 흥얼거리며 선율에 따라 지휘하는 흉내를 냈다. 백미러를 보다가 그와 눈이 마주쳤다. 헌터는 씩 웃으며 또다시 말을 걸어왔다.

"캘리, 베토벤이 생전에 복통으로 고생하다 나중에 귀까지 멀었다는 사실 알아요?"

땀 때문에 엉망이 된 메이크업을 고치려고 파우더를 꺼내려다 뜬금없는 그의 질문에 미간이 모아졌다.

"일종의 직업병이라고나 할까? 음악을 들으면서도 분석을 하게 되네요. 왜 이러고 사는지 몰라. 그건 그렇고, 베토벤의 사망 원인이 무엇이라고 생각해요?"

"납중독 아닐까요? 그의 머리카락에서 정상인의 100배에 해당하는 납이 검출되었다는 실험 결과를 본 적 있어요."

"오, 역시! 나도 같은 의견이에요."

헌터가 한 손을 들어 하이파이브를 청했다. 손바닥을 마주치자 차안 가득 경쾌한 소리가 울렸다.

"그에게 나타났던 우울증과 배앓이 역시 납중독의 현상으로 의심되죠. 광기 어린 천재의 상징인 그의 까칠한 성격도 납에 의한 신경계 손상 때문에 나타난 증상이었는지 몰라요."

납 화합물은 저수조, 페인트, 그릇 등의 의식주 생활 재료로 이용되어 왔고 사람들은 다양한 경로를 통해 납에 노출되었다. 사람들은 납중독이 치명적이라는 것을 알고 있었지만 너무도 유용했기 때문에 좀처럼 포기할 수 없었다. 문명은 납으로 빚어졌다 해도 과언이 아닐 정도로 납은 다양한 용도로 이용되었다. 그림을 그리고 활자를 만드는 데 쓰였을 뿐 아니라 탄약, 동전, 타일 등 생활에 필요한 유용한 자재들을 만드는 데 사용되기도 했다.

납은 가공하기 좋고 쉽게 망가지지도 않는 재료다. 납과 사랑에 빠진 로마인들은 납 파이프를 설치해 도시의 용수를 끌어왔고 납이 함유된 페인트로 벽과 건물을 칠했다. 종기나 티눈이 생기면 납이 함유된 고약을 발랐다. 심지어 납을 식재료로도 이용하기도 했는데 이것이 사파sapa라고 불리는 감미료이다. 납 냄비에다 포도주를 졸여 만든 달달한 감미료의 성분은 아세트산납이었다. 사파는 당시 로마인의 각종 대중 요리와 포도주에 첨가되었고 로마인들의 식탁은 온통 납으로 뒤덮였다. 사파를 섭취하면 낯빛이 창백해지는 중독 증상이 나타난다. 이를 알고 있던 로마인들은 종종 낙태용으로 사파를 섭취했다고 전해진다. 이처럼 제국의 운용을 위해 납을 선택했기에 로마인들은 납에 중독될 가능성이 높았다.

제국이 무너진 후에도 사람들은 여전히 납을 사랑했다. 백랍 잔에 음료를 채웠고 납 유약을 칠한 도기에 음식을 담았다. 물은 납으로 덧댄 지붕에서 받아 납 용기에 저장해서 마셨기 때문에 식수에는 납 성분이 함유되어 있었다. 그밖에도 납이 함유된 화장품, 의약품, 염색약 때문에 사람들의 몸은 병들어갔다. 12세기에 고안된, 납 유약을 그릇에 바르는 기법은 17세기에 이르러 널리 이용되었다. 유약으로 인한 납중독 사고는 오늘날까지도 일어나고 있다.

헌터가 운전하는 차는 도로 위를 미끄러지듯 달렸다. 바람이 차창을 두드리는 소리가 운명의 한 소절 같다는 생각이 들었다. 헌터의 노랫소리가 들려왔다. 어느새 나도 헌터처럼 손가락으로 창문을 톡톡 두드리며 라디오에서 나오는 멜로디에 맞추며 노래를 흥얼거렸다.

"누가 베토벤을 독살했을까요?"

그는 잠시 아무 말도 없었다. 하지만 나는 참을성 있게 그의 답변을 기다렸다.

"굳이 말하자면, 문명이죠."

자동차 엔진 소리에 묻혀 헌터의 목소리가 들리지 않았다.

"뭐라구요? 운명이요, 문명이요?"

그는 소리 내어 웃더니 박수까지 쳤다.

"둘 다 맞는 것 같은데요. 이번에는 내가 하나 물을까요? 무엇 때문에 상당한 양의 납이 그의 머리카락에서 검출되었을까요?"

"혹시 납 유약? 납 유약을 바른 항아리 때문이 아니었을까요?"

"오, 역시!"

그는 감탄사를 내지르며 엄지손가락을 올려 보였다.

"어디까지나 제 추측일 뿐이지만, 독일 사람들의 즐겨먹는 사우어 크라우트라는 발효 음식 때문일지도 몰라요."

"양배추로 만든 독일식 김치 같은 거죠?"

"맞아요. 유약을 칠한 도기에 사우어 크라우트 같은 산성 음식이나 포도주를 담아두고 먹었다면 용기 벽으로부터 납이 녹아들었을 수 있어요. 확인할 길은 없지만 당시 상황으로 미루어볼 때 베토벤도 물이나 포도주를 납으로 만든 독에 담아두고 마셨을 테죠."

"베토벤이 평생 배앓이로 고생했다는데 그 이유가 납중독이었을 수도 있겠네요. 자신이 죽더라도 그 원인을 꼭 밝혀달라고 유언장에 남겼다는군요."

헌터는 얼굴에 파우더를 바르고 있는 나를 힐끗 쳐다보더니 물었다.

"오늘 데이트 있나봐요?"

"아쉽게도 데이트는 아니네요. 퇴근 후에 페이건 박사님이 저녁을 사주신다고 해서요. 연구소 들렀다가 약속 시간에 맞추어 나가려면 시간이 빠듯해요. 아무래도 외출을 해야 하니 신경이 쓰이네요. 이 꼴로 나갈 수는 없잖아요. 대충 단장하고 있었어요."

"나 신경 쓰지 말고 하던 일 계속해요. 여자들이 화장하는 모습을 볼 때마다 화장품의 납 성분에 대한 생각이 떠올라서요."

그는 재킷 주머니에서 초콜릿을 하나 꺼내 내게 내밀었다.

"뭐예요. 그 말이 더 신경 쓰여요. 아무튼 초콜릿은 잘 먹을게요."

"그나저나 우리 둘 중 한 사람이 해군 과학수사본부에 파견 나간다는 소식 들었어요? 감염 비상사태 때문이라 하던데요. 캘리 같이 예쁜 과학수사관이 그곳에 파견되면 발칵 뒤집히지 않을까 걱정되네. 다른 요원들이 업무에 제대로 집중이나 하겠어요?"

잡티 없이 뽀얀 피부는 시대를 초월한 여성들의 공통된 소망일 것이

백연은 페인트 뿐 아니라 화장용으로 오랫동안 이용되었다.
하얀 피부, 붉은 입술, 짙은 눈썹의 전통은 지금도 연극 무대에 남아 있다.

다. 백연이라 불리는 탄산납은 수많은 화가들에게 각광 받는 물감 재료였다. 과거에도 자연에서 채취한 진주, 굴 껍질 등으로 흰 물감을 만들 수는 있었지만 화폭에 담았을 때 백연만큼 독특한 분위기를 내기는 쉽지 않았다. 하지만 백연을 사용한 화가, 페인트 공은 물론 백연 함유 물감이나 페인트를 생산하던 제조공들까지 중독 현상을 보였다. 정신질환을 앓았던 빈센트 반 고흐Vincent van Gogh는 그림을 그릴 때 물감을 빨아 먹는 습관이 있었는데 이것도 중독 현상과 무관하지 않을 것으로 추측된다.

백연은 화폭에 입힐 물감이었을 뿐 아니라 여성의 얼굴을 곱게 단장하는 화장 재료로도 각광을 받았다. 일본의 게이샤 특유의 화장을 할 때에도 백연은 필수 재료였다. 영국의 엘리자베스 1세는 천연두로 얽은 자국을 가리기 위해 매일 두껍게 백연 분으로 화장을 했다고 전해진다. 당시에는 이 같은 화장법 때문에 사망에 이른 여성들도 있었다.

1961년에 처음 등장한 한국 최초 화장품인 박가분도 유사한 사례를 남겼다. 박가분은 판매 당시 하루 만 개 이상이 팔릴 정도로 대단한 인기를 누렸다. 하지만 납 가루가 함유된 박가분을 애용하던 기생들이 정신착란 증세를 일으켰고 낯빛이 푸르스름해지며 피부가 괴사되는 지경에 이르게 되었다. 한편 중동 지역에서는 눈을 까맣게 칠하는 화장 재료로 황화납

영국의 여왕 엘리자베스 1세는 얼굴에
얽은 자리를 가리기 위해 늘 백연 분으로
화장을 했다고 한다.
그녀는 결국 납중독으로 얼굴이 시퍼렇게
변해버렸는데 화가 나서 궁궐의 모든
거울을 없애버렸다는 이야기가 전해온다.

가루를 이용했다.

인간이 생활하는 동안 납은 다양한 경로를 통해 인체로 유입되는데 이는 소변으로 배출되거나 뼈에 남는다. 납중독으로 두통, 만성 변비, 배앓이, 빈혈, 손발 저림 등이 나타나고 악화될 경우 환각, 발작, 우울증, 시력 상실 등의 증상을 보인다. 일상생활에서 어린이에게 특히 문제가 되며 태반을 통해 이동하거나 장난감, 건물 도색에 사용되는 납 함유 페인트를 통해서 노출될 수 있다.

헌터가 운전한 차가 어느새 연구소 앞에 도착했다. 샘플을 냉장고에 넣은 후 페이건 박사가 일하는 병원으로 향했다. 일전에 베트남 식당에서 쓰러진 환자 때문에 식사를 함께 하지 못해서 오늘 다시 약속을 잡은 것이다. 이왕 병원에 들른 김에 혹시 몸에 특별한 이상이 생기지는 않았는지 진료를 받기로 했다. 한참 동안 다른 환자들과 함께 차례를 기다리며 내 이름을 부를 때까지 진료실 앞에서 대기하고 있었다. 드디어 이름이 불리자 문을 열고 진료실 안으로 들어갔다. 페이건 박사는 마침 누군가와 통화를 하고 있었다. 손을 올려 반갑게 인사를 건넸는데도 그는 아무 대답이 없었다. 페이건 박사는 전화를 끊더니 황급히 자리에서 일어났다. 마치 내가 눈앞에 보이지 않는 듯 지나치더니 어딘가로 향했다. 나도 그를 따라갔다. 그는 병실로 들어가 끙끙 앓는 소리를 내고 있는 한 환자 앞으로 다가갔다.

귀 아래부터 어깨까지 'mute(음소거)'라는 청록색 글자를 새긴 이 환자는 청각 장애자였다. 그는 얼마 전까지 '콘Con'이라는 마피아 조직의 행동대원으로 활동하던 전과자였다. 그는 머리가 깨질 것 같다며 두통으로 괴로워하고 있었다. 그리고 변비와 극심한 복통을 호소했다. 진통제를 투여해도 복통은 쉽게 완화되지 않았다. 그를 보자 무심코 말이 튀어나왔다.

"증상이 납중독과 다를 바 없네요."

마침 헌터와 내내 납중독에 관한 이야기를 해서 그랬는지 나도 모르게 새어나간 말이었다. 아차 싶었다. 페이건 박사는 눈을 치켜뜨더니 잠시 생각에 잠겼다. 그러고는 획 돌아서서 오른팔을 흔들더니 간호사를 불렀다. 환자는 스트립에서 폭력조직 간 총격전이 벌어졌을 때 부상을 입었다. 이때 할로우 포인트 탄알이 그에게 발사됐던 것이다. 그 총기 사고 후 제거되지 않은 탄알 파편들이 여전히 체내에 남아 있었다. 할로우 포인트 탄알은 앞부분이 파여 있고 몸 속에 들어오면 비산한다. 페이건 박사는 바로 환부를 열어 납중독의 원인이었던 탄환을 제거하는 수술을 시작했다. 이번에도 페이건 박사와 저녁 식사를 함께 하지 못했다. 그는 이 환자뿐 아니라 또 다른 긴급한 수술에 들어가야 했기에 부득이 약속을 취소해야 했다.

오늘 밤에도 혼자 식사를 한다. 집으로 돌아오는 길에 포트와인을 한 병 샀다. 잠자리에 들기 전 장식장에서 와인 잔을 꺼내 포트와인을 가득 채웠다. 포트와인은 와인을 양조하는 과정에 브랜디를 첨가해 도수를 높여서 개봉 후에도 쉽게 상하지 않는다. 위스키는 과하고 와인은 좀 약하다고 느껴진다면 포트와인을 선택하는 게 제격일 것이다. 이 와인은 낯선 잠

할로우 포인트탄은 표면이 갈라져 있다. 물체와 충돌시 탄의 표면이 찌그러져 큰 손상을 유도한다. 할로우 포인트 탄의 원조는 영국군의 납 탄인 '덤덤탄'인데 끝부분에 십자 모양 홈을 내었기 때문에 파편들이 몸에 맞을 때 비산하여 치명적 손상을 가져온다.

자리에서도 단잠을 청하는 데 도움을 주므로 '여행자의 술'이라고 불리기도 한다. 포트와인을 유달리 사랑했던 게오르크 헨델George Handel과 벤자민 프랭클린Benjamin Franklin이 공통적으로 앓았던 통풍의 원인으로 납중독의 가능성이 제기된 바 있다.

두 잔 가득 와인을 채운 후 거실로 향했다. 그리고 양손에 잔을 하나씩 들고 건배를 했다.

"오늘 밤은 나를 위해!"

포트와인을 한 모금 들이켰다. 그리고 쇼파에 누워 텔레비전을 켰다. 〈조지 왕의 광기〉라는 영화가 방영되고 있었다. 조지 3세는 정신착란, 변비, 복통, 손발의 무력증 등의 증세를 보였다. 이것은 납중독의 전형적인 증상이다. 후대의 의학사 연구자들은 조지 3세의 소변이 붉은 색이었다는 기록을 들어 포르피린 증으로 진단하기도 했다.[35] 하지만 1820년에 눈을 감은 조지 3세가 살았던 시대상을 고려해볼 때 그 역시도 당시 사람들처럼 여러 경로로 납에 노출되었을 가능성이 높다는 사실을 생각해보지 않을 수 없다.

캘리, 해군수사대와 테러범을 추격하다

이제 막 범죄연구소에 도착해 실험복으로 갈아입었다. 로건 반장이 다가와 내게 무언가를 내밀었다. 샌디에이고행 편도 항공권이었다.

"미리 이야기 못해 미안하네. 상부에서 급하게 결정된 일이니 이해하게나. 지금 바로 샌디에이고로 이동해야 하네. 미생물 테러가 발생했다는군. 위기 상황이 진정될 때까지 해군 과학수사본부에서 지원 근무를 해야 한다네."

"너무 갑작스런 명령이라 얼떨떨합니다."

"준비할 시간도 없이 낯선 곳으로 또 파견을 보내니 나도 마음이 좋지 않군. 하지만 이번 출장은 내년에 있을 승급 심사 때도 도움이 될 걸세. 어서 출발하게나."

나는 항공권을 받아들고서 고개를 끄덕여 보였다. 로건 반장은 당국에서 이번 일의 배후가 테러 조직과 연관된 것으로 여긴다는 말을 전했다. 그러면서 미생물 테러에 관한 상황을 수습하기 위해 내가 해군수사요원들과 함께 작전에 투입될 것이라고 했다.

비행기를 기다리며 공항 대합실에서 텔레비전을 보고 있었다. 뉴스 앵커가 다급한 목소리로 한국의 메르스 감염 사태를 보도하기 시작했다. 화면속의 장면들은 재난 영화에 등장하는 가상의 상황보다 더 위태롭게 보였다.

의료 기술과 백신의 발달에도 불구하고 여전히 속수무책으로 당할 수밖에 없는 질병들이 인류를 위협하고 있다. 더구나 생물학적 무기를 활용하면 불특정 다수의 목숨을 단숨에 빼앗아 갈 수 있다. 생물 폭탄에 의한 감염의 공포는 막대한 인적, 물적 피해를 가져올 뿐 아니라 시민들을 극단적인 공포와 혼란 속에 밀어넣고 사회 활동에 집중할 수 없게 동요시킨다. 그래서 사회에 불만을 갖고 있는 집단이나 테러리스트들에게 생물 폭탄은 틀림없이 무척 솔깃하게 들릴 것이다. 생물학적 무기로 인해 발생하는 감염병에는 탄저, 페스트, 에볼라열, 보툴리눔 독소증, 흑사병, 천연두 등이 있다. 나는 이제부터 해군 과학수사본부의 패트릭 틴슬리 수사관과 함께 탄저균*Bacillus anthracis*과 흑사병 테러 사건에 참여하게 될 것이다.

탄저균 택배 왔어요!

샌디에이고 공항에 도착하니 패트릭이 마중 나와 있었다. 우리는 가볍게 인사를 나눈 후 해군 과학수사본부로 향했다. 얼마 전 해군참모총장에게 익명으로 우편물이 배달되었고, 그는 탄저균에 감염되어 입원 치료 중인 상황이었다. 생물학 테러에 의한 것으로 추정되며 앞으로 패트릭 요원과 함께 작전에 투입되어 수사를 하게 될 것이라고 말했다.

무심코 받은 택배 속 탄저균에 의한 사고는 비단 드라마 세상의 일만은 아니었다. 이번 감염 사고와 유사한 사례가 현실에서도 발생했다. 2001년 미국 워싱턴의 상원의원과 뉴욕에 있는 언론사에 탄저균이 배달되었던 것이다.[36]

편지에는 내용물이 탄저균이라는 설명과 함께 이슬람 극단주의자들의 소행인 것처럼 보이려는 의도가 담겨 있었다. 이 사건으로 집배원, 기자를 비롯해 다섯 명이 사망했다. 탄저병이 생물학테러에 악용될 경우 치명적이라는 것을 보여주는 대표적인 사례이기도 하다. 더구나 놀랍게도 당초 추측과는 달리 용의자는 내부에 있었다. 지목된 용의자는 미 육군 전염병의학연구소의 브루스 이반스Bruce Ivans 박사였다. 하지만 그는 기소되기 전에 스스로 목숨을 끊어버렸다. 이렇게 용의자가 사라져버리자 사건

탄저란 말은 그리스어 '석탄'에서 유래되었다. 피부탄저는 시간이 지남에 따라 움푹 파인 검은 딱지가 앉는 것이 특징이다. 탄저균은 피부탄저, 호흡기탄저, 위장관탄저로 구분되며 이중 피부탄저가 가장 많이 발생한다.

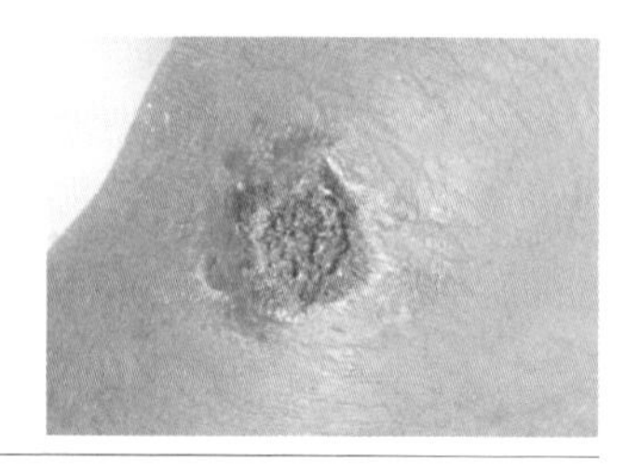

의 배후에 대한 여러 의문은 풀리지 않은 채 남게 되었다.

국내에도 탄저균 택배 배달 사고가 있었다.[37] 살아 있는 탄저균이 미국 유타 주의 더그웨이 연구소로부터 페덱스를 통해 주한미군 오산공군기지로 배송된 것이다. 당시 주한미군은 예방 백신을 비롯한 모든 대응 조치가 준비된 상황이었지만, 우리는 탄저균 위험에 그대로 노출되었던 아찔한 상황이었다. 탄저균이 전국 여기저기로 택배로 보내진다면 감염 환자는 기하급수적으로 늘어날 수 있으며 대중들이 느끼는 공포심은 극에 달할 것이다. 그뿐 아니라 사람들이 불안에 동요하는 모습을 지켜보며 그 상황을 즐기는 반사회적 인격장애자나 사회 불만 세력들에 의한 모방 범죄 가능성도 높아질 수 있다. 분말형으로 만들면 운반과 살포가 쉽다는 점도 테러에 이용하기에 좋은 조건이다.

나는 패트릭과 함께 라호야 비치로 향했다. 모래사장에 주차된 승용차 안에서 발견된 청년을 수사하기 위해서였다. 청년은 운전석에서 수면제에 취해 잠들어 있었는데 신원을 조회해보니 샌디에이고 해군기지 소속 던컨 엘모어 수병이었다. 얼핏 보니 코에 피가 흐르고 있는 것 같았다. 응급조치라도 받아야 할 것 같아 그를 흔들어 깨웠다. 가까이 다가가 살펴보니 피가 아니라 검은색 피부 병변이었다. 나는 급한 대로 페이건 박사에게 사진을 찍어 보내 환자의 증상에 대해 물었다. 그는 자세한 상황은 직접 봐야 알 수 있겠지만 탄저병에 걸린 것 같다고 말했다.

이 병은 탄저균으로부터 발생한다. 호흡기탄저는 오염된 포자를 흡입할 때 발생하는데 초기에는 감기와 같은 증상을 보이다가 며칠 후 호흡곤란, 청색증, 쇼크 등이 나타나 빠른 시일 안에 죽음에 이르게 된다. 탄저병은 대개 피부탄저 형태로 나타나는데 세균이 피부의 상처로 침입해 궤양으로 발달되고 이것은 검은색 부스럼 딱지로 변한다. 염증이 나타나며 붉은 부종이 생길 수 있다. 감염된 식품의 섭취로 인한 위장관탄저도 드물게 발생한다. 구토와 열이 발생하며 진행됨에 따라 복통과 피 섞인 설사를 동반하는데 쇼크와 패혈증으로 병이 악화되면 사망에 이르게 된다.

생물학 무기는 저비용으로도 대량 살포가 가능한데다 높은 치사율 때문에 테러 집단들이 매우 선호한다. 생물학 무기는 기존의 재래식 무기처럼 비축해놓을 필요도 없다. 생물학적 기술력만 있다면 실험실에서 간단한 장비만으로도 필요할 때마다 생산해 빠른 시간 내에 전투에 투입할 수 있다. 일본군은 이미 2차 세계대전 중에 생체실험부대인 731부대를 만들어 탄저균, 페스트 등의 생물학 무기 개발에 열을 올린 바 있으며 그 과정에서 수많은 사람들이 마루타로 희생되었다. 북한도 생화학 무기 강국이라는 점을 떠올리지 않을 수 없다. 상공에 무인기를 띄워 미생물을 살포하면 순식간에 속수무책으로 온 나라가 감염 공포에 빠질 수 있다.

페이건 박사는 사람과 사람 사이에 탄저균이 전파되지는 않는다고 했지만 여전히 마음을 놓을 수는 없었다. 테러 집단의 미생물학자들이 변종 탄저균을 개발해 치료할 방법을 차단해버린다면 더 큰 재앙이 발생할 수도 있다. 던컨의 치료를 맡은 담당 의사에 따르면 다행히 그에게서 변종 탄저균은 발견되지 않았다.

던컨은 최근 아비얌이라는 교주가 이끄는 신흥종교에 빠져 휴가 중에 집회에 참여했다. 이들은 교도들에게 악의 세력들을 처단해 지상에 신천지를 건설해야 한다고 역설했다. 악의 세력들에게 재앙을 내리는 방법으로 생물학 테러를 제안하며 동참하라고 선동했다. 그러다 던컨은 아비얌 교도들이 기도실로 위장해놓은 생물학 무기연구소에 들어갔고 거기서 탄저균에 감염된 것으로 밝혀졌다.

그때 패트릭은 본부로부터 전갈을 받았다. 아비얌 추종자들이 탄저균을 가스램프 프라자와 해군기지에 살포하기 위해 소형기 두 대를 띄워 이동할 예정이라는 첩보가 입수되었다는 것이다. 그들은 목표 상공에 접근한 후 지상에 탄저균을 투하하려 했지만 기도실에 잠복하고 있던 군인들에 의해 모두 체포되었다.

그녀가 예뻤다고? 얼굴에 남는 역사, 천연두

천연두는 두창 바이러스variola virus에 의해 발생되는 감염성 질환이다. '마마'라는 이름으로 잘 알려져 있다. '못생겼다'라는 뜻의 '박색'이라는 말은 조선 시대에 마마 자국으로 얼굴이 얽은 여인의 모습을 지칭했다고 한다. 추사 김정희나 김구 선생의 얼굴에서도 마마 자국을 볼 수 있는데, 농포의 딱지가 떨어진 후 남는 곰보 자국은 이 시절 사람들의 외모에 꽤 많은 영향을 주었을 것이다.

"사람과 짐승에게 붙어서 악성 종기를 일으켰다"라는 『구약성서』「출애굽기」의 한 구절 역시 천연두를 앓는 모습을 표현한 것이라 추정된다. 이처럼 천연두는 선사시대 이래 인류의 역사와 함께했던 질병이라고 해도 과언이 아니다. 그러나 1980년 세계보건기구는 지구상에 천연두가 사라졌음을 공식적으로 선포했다. 그래서 많은 이들이 더 이상 예방접종을 받지 않을 뿐 아니라 이를 받았던 고령자들도 면역력이 떨어지고 있다. 이런 상황에서 미국 애틀랜타의 질병관리본부를 비롯해 러시아, 북한 등이 천연두 바이러스 스톡Stock을 보유하고 있다고 알려져 있다. 세계 도처에서 보유하고 있는 천연두 바이러스가 방출된다면 우려할 만한 사태가 초래될 수 있을 것으로 보인다.

그렇다면 최초로 천연두가 유행하게 된 사건은 무엇일까? 그 옛날, 사람이 한꺼번에 모이는 일은 전쟁이었다. 최초로 천연두가 유행한 것은 이집트와 히타이트간 전쟁 중에 일어났다고 전해진다. 그뿐 아니라 기원전 1157년경에 사망한 이집트의 파라오 람세스 5세의 미라에서도 천연두의 흔적을 찾아볼 수 있다.

천연두는 환자의 침, 가래, 체액이 부착되어 전파되기 때문에 감염자와 직접 접촉하거나 혹은 감염자가 이용한 옷, 이불 등에 의해 간접적으로도 전염된다. 이런 끔찍한 천연두의 악몽에서 벗어날 수 있게 된 건 에드워드 제너Edward Jenner라는 영국의 한 시골 의사 덕분이다. 아테네인 투키디데스Thucydides 역시 천연두를 앓았다가 생존하면 면역을 갖는다는 사실을 이미 알고 있었다. 중국과 인도에도 제너보다 먼저 종두를 실시했던 기록이 남아 있다. 특히 인도에서는 천연두를 약하게 앓았던 사람의 수포나 딱지를 취해 분말로 만들고 이를 코와 피부에 주입하는 방법을 이용했다고 전해진다. 따라서 1796년의 제너의 업적은 민간요법이었던 종두법을 개량하여 예방접종을 일반화시킨 것이라고 말할 수 있다.

천연두는 역사상 가장 오래된 전염병으로 알려져 있다. 제너는 우두 환자에서 빼낸 고름을 주사했는데 우두 종두법은 민간적 요법을 과학적으로 개량한 것이다. 백신요법Vaccination이라는 말도 라틴어의 암소를 뜻하는 Vacca에서 유래했다.

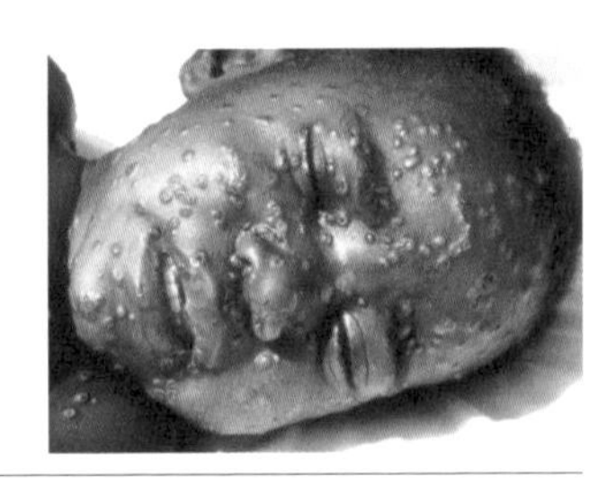

몽골인의 저주, 흑사병

흑사병은 불과 5년 동안 유럽 인구 가운데 3분의 1의 생명을 앗아간 거대 역병이다. 당시 감염된 벼룩을 품은 쥐들이 사람들 사이로 옮겨 다니며 끝없는 죽음의 행렬을 만들어냈다. 이탈리아 소설가 조반니 보카치오 Giovanni Boccaccio는 『데카메론』에서 가래톳흑사병 bubonic plague의 증상을 이렇게 묘사했다.

"사타구니나 겨드랑이에 종기가 생겼을 때, 어떤 것은 사과 크기만큼 자라났고, 다른 종기는 계란 정도만큼 자랐다."

흑사병은 쥐, 다람쥐, 프레리도그 등에 기생하는 쥐벼룩 *Xenopsylla cheopis*에 의해 전염된다. 주요 증상으로는 가래톳흑사병, 폐렴성흑사병 pneumonic plague, 폐혈증흑사병 septicaemic plague이 있다. 많은 사람들이 흑사병의 원인균을 예시니아 페스티스 *Yersinia pestis*라고 믿는다. 위생 상태가 향상되어 지금은 사라진 병이라고 생각하는 사람들도 있지만 지금도 아프리카, 아시아, 남미 등에서는 여전히 흑사병 환자가 발생한다.

흑사병을 이용한 최초의 생물학 전쟁은 몽골인들에 의해 치러졌다. 이들은 적군의 사기를 꺾기 위해 투석기를 이용해 흑사병에 걸려 죽은 시

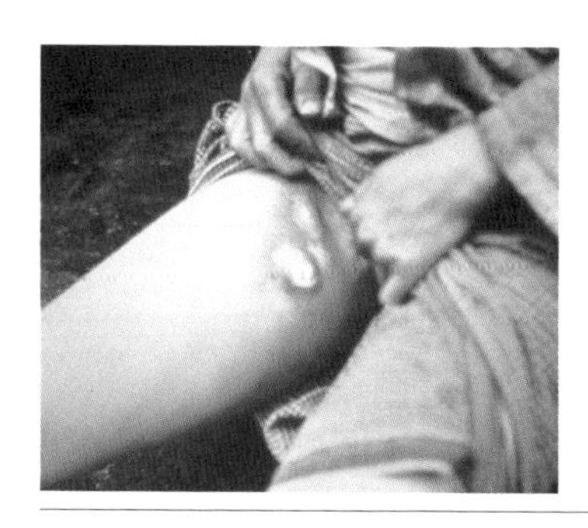

중세 유럽을 덮친 흑사병은 수천만 명을 죽음으로 끌어넣었다. 흑사병 환자의 대부분을 차지하는 가래톳흑사병은 림프절이 부어오르고 고열, 통증과 같은 증상을 보인다.

신을 적진으로 발사했다고 한다. 일본군은 2차 세계대전 중에 흑사병에 감염된 벼룩을 전파시키는 실험을 실시했는데 이 때문에 적군뿐 아니라 아군까지 흑사병에 걸리고 말았다. 인구 500만 명 이상이 생활하는 도시에 에어로졸 형태로 50kg의 페스트균이 방출된다면 약 3만 6,000명이 사망할 것이라 추정된다.[38]

패트릭과 나는 잠수함 맥스 3호에 승선했던 해병들이 흑사병에 걸려 사망한 사건을 맡게 되었다. 먼저 잠수함 내부를 조사했다. 해병들은 육지에 내리기 전에 사망했으므로 민간으로의 감염은 더 이상 없는 것으로 파악되었다.

범인은 해군 메디컬 센터의 예방의학과에서 근무하는 오코넬 소령으로 밝혀졌다. 그는 해군 본부가 질병관리 예산을 감축하고 자신을 타 부서로 보낸 것에 앙심을 품고 예르시니아 페스티스의 변종을 일부러 잠수함에 퍼트린 것이다. 체포된 그는 샌디에이고 해군 기지뿐 아니라 미국의 전 함정에 이를 감염시킬 계획이었다고 자백했다. 그는 자신이 보유한 백신으로 진급은 물론 국민적 영웅이 될 수 있으리라 기대했다고 말했다.

이렇게 나는 이곳 샌디에이고 해군 과학수사본부에 파견되어 탄저병, 흑사병에 대한 미생물 테러 수사를 무사히 마쳤다. 샌디에이고의 풍경과 운치를 즐기지 못하고 라스베이거스로 돌아가는 비행기에 올라야 했기에 아쉬움이 남았다. 어제는 패트릭의 집에서 열린 작별 파티에서 그동안 함께 했던 수사관들과 만나 작별의 인사를 나누었다. 패트릭은 이번에도 공항까지 나와 배웅을 해주었다. 그는 내 어깨를 끌어안고 토닥토닥 등을 두드려주었다. 끈끈한 전우애가 무엇인지 조금은 알 것 같았다. 나는 샌디에이고 해군 기지에서의 잊지 못할 추억들을 뒤로 한 채 북적이는 인파를 가로질러 빠른 걸음으로 나아갔다.

캘리는 흑사병에 걸려 사망한 해병들의 사건을 맡아 잠수함 내부를 조사하고 있다. 페스트 공포의 시작은 1347년 몽고군단이 크림 반도에 있는 카파를 공격하면서 투석기로 흑사병 걸린 시신을 던진 것에서 비롯되었다는 주장이 있다. 페르낭 브로델Fernand Braudel 이 언급한 것처럼 몽골인들은 유럽으로 흑사병을, 유럽인들은 아메리카에 천연두의 재앙을 전해준 것이다.

에필로그

독이 차오르는 소녀

다시 라스베이거스 범죄연구소로 돌아왔다. 이번에는 은색 벤츠 승용차가 벼랑 아래로 추락한 사건을 조사하게 되었다. 피해자 해롤드는 부동산업으로 꽤 돈을 모은 사람이다. 처음에는 사고를 가장해 자살을 한 것이 아닐까 생각도 했었지만 자동차 내부를 살피다 누군가 브레이크를 의도적으로 망가뜨린 흔적을 발견했다. 경찰은 용의자로 옛 약혼자인 몰리 고메즈를 붙잡아 심문했다. 자동차 여기저기에 몰리의 지문이 남아 있었다. 해롤드의 아내는 두 사람이 언성을 높이며 다투는 것을 나무 뒤에서 지켜보았다며 몰리가 온갖 욕설을 퍼부으며 사이드미러를 부수기까지 했다고 증언했다. 한때 연인이었던 그들 사이에는 '베티'라는 이름의 딸이 하나 있었다. 몰리는 미혼모로 혼자 베티를 낳아 지금까지 키워왔다고 했다. 그녀는 해롤드가 단지 베티의 생물학적 아버지일 뿐 아무 관계도 없는 사람이라고 울분을 토해냈다. 이 말이 채 끝나기도 전에 심문실의 문이 열리고 놀란 얼굴의 한 소녀가 급히 안으로 들어왔다.

"수사관님, 제발 절 가두세요. 엄마가 아니라 제가 범인이라고요. 돈이 필요하다고 말했더니 하찮은 벌레처럼 취급하더군요. 화가 치밀어 참을 수가 없었어요."

해롤드는 자신이 윌슨병 환자라는 사실을 부끄러워하며 누구에게도 알리지 않았고 자신과 같은 병을 가진 아이가 세상에 태어날까봐 늘 두려워했다. 그래서 몰리가 임신 사실을 처음 알렸을 때도 자신의 아이일 리가 없다며 불같이 화를 냈다. 그 사실을 까맣게 모르는 몰리는 배신감에 휩싸여 그를 떠나기로 결심했다. 그렇게 베티는 선천적으로 구리 대사를 하지 못하는 유전자를 물려받고 세상에 태어났다.

나는 그녀의 증상을 첫눈에 알아볼 수 있었다.

"베티, 치료는 받고 있는 거니? 윌슨병이지?"

"어떻게 아셨나요?"

"눈을 보고 알았지. 몸이 많이 안 좋은가 보구나."

"의사 선생님이 제 몸은 선천적으로 구리가 배설되지 못한데요. 몸 여기저기에 축적되고 있다고 해요. 정말 끔찍하죠?"

구리는 비록 미량일지라도 생명 유지에 있어서 필수적인 요소다. 윌슨병이라는 유전병에 걸리면 구리 대사 이상으로 구리가 외부로 배설되지 못하고 간, 뇌, 각막, 신장 및 적혈구에 축적되어 생명이 위험할 수 있다. 그리고 간 장해뿐 아니라 신경학적 증상이 나타나기도 한다. 그녀가 윌슨병에 걸린 것을 알아본 것은 일전에 페이건 박사의 병원에 입원했을 때의 경험 때문이었다. 그가 진료하던 윌슨병 환자에게서 동일한 증상을 본 적이 있었다. 카이저 플라이셔 고리Kayser-Fleischer ring라고 불리는데, 각막에 반지 모양의 구리 침착 현상이 생기는 것이다.

어떻게 해롤드를 죽였냐는 질문에 베티는 얼버무리며 답변을 회피

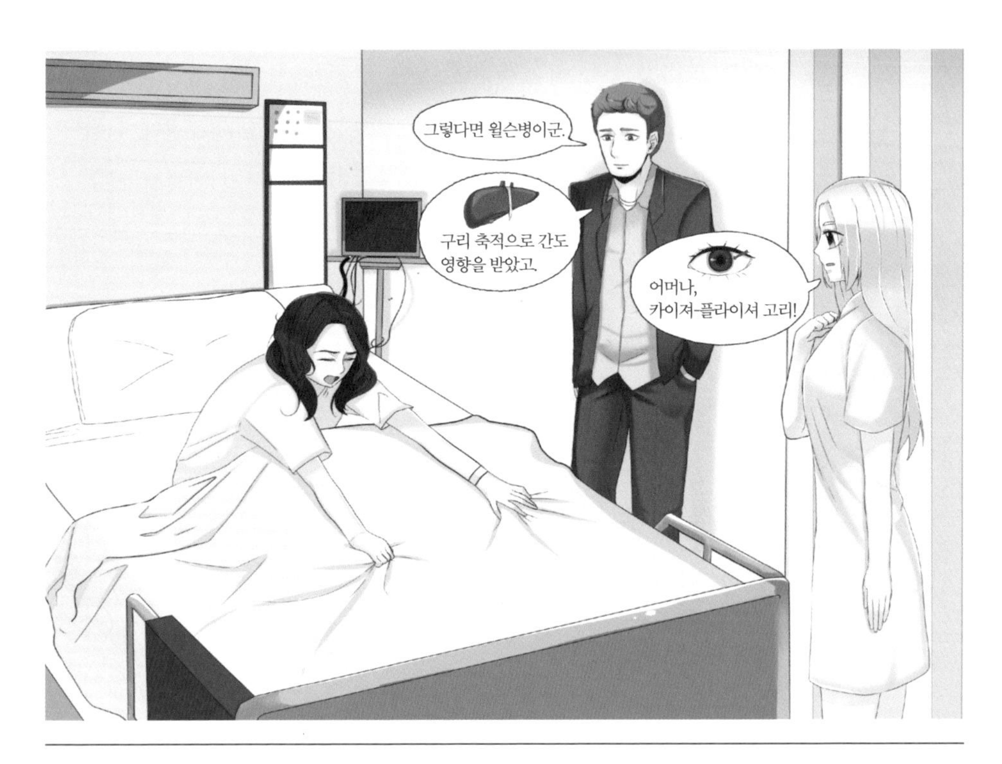

캘리는 자동차 추락 사망사건의 용의자로 그의 딸 베티를 심문했다. 캘리는 그녀와 이야기를 나누며 일전에 페이건 박사가 치료했던 윌슨병 환자를 떠올렸다. 윌슨병은 구리 대사의 이상으로 인해 주요 장기에 구리가 축적되는 유전 질환이다. 이 장면은 시즌 7에서 캘리가 병원에 입원했을 당시의 상황이다.

했다. 이튿날과 그다음 날, 베티는 편의점에서 5달러 혹은 10달러짜리 사탕과 초콜릿을 훔쳐 가방에 넣고는 경찰서에 제 발로 걸어들어왔다. 그때마다 나는 편의점 주인에게 상황을 설명하고 물건을 돌려주거나 변상해주었다.

몰리가 헤롤드의 집을 찾아가 베티의 수술비를 도와달라고 사정했던 것은 사실이었다. 그러나 그는 몰리와의 대화를 거부했고 더 이상 자신을 찾아오지 말라며 냉정하게 등을 돌렸다. 몰리는 울분을 삼키지 못하고 마당에 있던 삽을 가져와 그가 애지중지하던 자동차의 사이드미러를 내리쳐 버렸다.

자동차 브레이크를 망가뜨린 범인은 몰리의 남편이었다. 집안 형편이 어려워 베티의 치료는 엄두도 내지 못하고 있는데 아무런 책임도 지지 않으려는 그가 원망스러웠다. 그나마 정비공으로 일하던 카센터에서도 해고되어 살길이 막막해졌는데 헤롤드는 이 근방에서 손꼽히는 부자였다. 그는 아내가 해롤드에게 부당한 대우를 받는 모습을 지켜보다 격분해 이 일을 벌이게 되었다.

한편 베티는 이 모든 일이 엄마가 아픈 자신 때문에 저지른 것이라 자책했고 빈곤의 늪에서 허덕이는 엄마의 짐을 덜어주고 싶었다. 더구나 교도소에 가면 어려운 집안 형편에 입 하나를 덜 수 있을 뿐 아니라 치료까지 받을 수 있으리라는 기대를 품고 거짓 자백을 했던 것이다. 그러나 처지가 안타깝다고 죄 없는 사람을 감옥에 가둘 수는 없는 노릇이었다.

이처럼 유전적으로 몸속에 과도한 양의 구리가 축적되는 사람도 있다. 하지만 그것은 비단 윌슨병의 이야기만은 아닐 것이다. 우리의 몸뿐 아니라 마음이 돌아가는 원리이기도 하다. 쌓이면 독이 된다.

에필로그

세상의 모든 것은 독이 될 수 있다

집으로 돌아와 평소보다 일찍 침대에 누웠다. 막 잠이 들려는 찰나에 이웃집에서 파티를 하는지 음악 소리가 시끄럽게 들려왔다. 여독 때문에 온몸이 천근만근 무겁고 몹시 피곤했는데도 좀처럼 잠을 이룰 수 없었다. 어린 나이에 너무 일찍 철이 든 베티에 대한 생각이 머릿속에서 떠나지 않았다. 내일은 도움을 줄 방법이 없을지 페이건 박사와 통화를 해봐야겠다. 이리저리 뒤척이다 어렴풋이 잠이 들었을 때 어디선가 날카로운 여자의 비명 소리에 들려와 눈을 떴다. 오늘 밤잠은 포기해야 할 것 같다. 밖으로 나가 보니 이미 꽤 많은 사람들이 모여 웅성거리고 있었다.

벌써 누군가 신고했는지 경찰이 이미 출동해 있었다. 여기저기서 사람들의 외침이 들려왔다. 아까 큰 소리로 음악을 틀어대던 그 집이었다. 누군가 사고를 당했는지 구급대원들이 환자를 급히 구급차로 옮기고 있었다. 두 명의 청년이 실신했고 출동한 구급대원에 의해 응급조치가 취해졌으나 이들 중 한 명이 현장에서 사망하고 말았다. 생존자는 병원으로 옮겨진 뒤 오래지 않아 의식을 회복했다고 한다. 나는 로건 반장에게 사건을 보고한 후 그의 병실을 찾았다.

그가 눈을 뜨자 나는 사건에 대해 자초지종을 물었다.

"앤드류, 파티에서 무슨 일이 있었던 거니?"

그는 고개를 숙인 채 아무런 대답도 하지 않았다.

"책임을 추궁하려는 건 아니야. 어제 어떤 일이 있었는지 밝혀내는 데 네 증언이 무척 중요하단다. 앤드류의 도움이 필요해."

놀란 그는 눈을 동그랗게 뜨고 여자 친구의 상태가 어떠냐고 물었다. 사실을 말해주자 안색이 창백해졌다. 잠시 훌쩍거리다 더 이상 참을 수 없었는지 이내 눈물을 쏟아냈다.

"믿어주세요. 정말 약물은 이번이 처음이었어요. 안 된다고 여러 번 말렸는데도 클로이가 딱 한 번만 해보자고 졸랐어요."

믿을 수가 없었다. 그들을 죽음으로 몰고 간 약물은 염화칼륨potassium chloride이었다. 그렇다면 누군가 사형 집행이나 안락사를 위한 약물을 마약이라고 속여 판매한 것인지도 모른다. 하지만 앤드류가 의학을 전공하는 학생이라는 것이 내내 마음에 걸렸다.

칼륨은 골격근의 수축과 이완 작용, 신경 자극의 전달, 혈압의 유지 등 생명을 지속시키는 데 있어서 중요한 역할을 한다. 그러나 칼륨의 농도가 지나치게 높으면 죽음에 이르게 된다. 이처럼 필수적인 요소도 농도에 따라 독약이 될 수 있다. 저염 식품에는 나트륨 대신 칼륨 성분을 보강한 제품이 많다. 하지만 이 식품을 과다하게 섭취하는 것은 만성 콩팥 병 환자 등에게는 독이 될 수 있다. 염화칼륨은 말기 암 환자의 안락사 때 투여하는 약품으로 알려져 있다. 그래서인지 의사나 간호사가 연쇄 살인범으로 등장하는 영화나 드라마에 염화칼륨을 치사량 이상으로 투여해 심장

근육을 멈추게 하는 장면이 종종 등장한다.

영화가 아닌 현실에도 이런 상황은 종종 발생했다. 영국의 그란섬 앤드 케스테븐 병원Grantham and Kesteven Hospital의 간호사 비벌리 알리트Beverly Allitt, 미국 버밀리온 카운티 병원Vermillion County Hospital의 간호사 오빌 메이저스Orville Majors가 이와 같은 일을 저질렀다.

앤드류의 침대 밑에서 여러 종류의 약물과 주사기를 발견했다. 앤드류는 실습생으로 일하던 병원을 드나들며 이것들을 구할 수 있었다. 그는 클로이에게 새 남자친구가 생기자 분개했지만 막상 그녀가 떠날까봐 두려웠다. 그러던 어느 날 클로이는 앤드류에게 이별을 통보했고 그는 협박 반 애원 반으로 매달렸지만 소용이 없었다. 클로이는 미련 없이 떠나가버렸다. 파티가 있던 그날 밤 앤드류는 친구들 앞에서 자신을 소 닭 보듯 하는 클로이의 태도에 이성을 잃게 된다. 그리고 클로이가 술에 취해 인사불성이 되었을 때 일을 저지르고 말았다.

우리는 독에서도 삶을 배우게 된다. 삶에 의미 있는 존재들을 모두 내 안에 가두어두려 하는 것은 독성을 만들어낸다. 독은 비단 분노나 원한과

이 그림은 조반니 바티스타 랑게티Giovan Battista Langetti의 〈디오게네스와 알렉산더〉(1650년 경)이다. "개처럼 살자"라고 외쳤던 철학자 디오게네스는 평생 옷 한 벌, 지팡이 한 자루만 들고 통 속에서 살았다고 한다. 하루는 알렉산더대왕이 직접 그를 찾아왔다. "자신이 두렵지 않냐고 묻자 그는 당신이 스스로를 선하다고 생각한다면 난 두려워할 이유가 없다"고 답했다.
대왕이 소원을 들어줄 테니 말해보라고 하자 디오게네스는 "태양을 가리지 말고 좀 비켜주겠소?"라고 말했다고 한다.

같은 감정만이 아니다. 소중한 존재에 대한 지나친 집착 그리고 극도로 강렬한 애정조차 어느 순간 상대를 묶어두려 하는 욕심으로 변화되면 관계에 독이 되어버린다. 삶에서 꼭 성취하고 싶은 일들에 대한 열망도 이와 마찬가지일 것이다. 인체 내에서 칼륨과 나트륨이 균형을 이루고 있는 것과 같은 이치이다. 꼭 필요한 성분인 칼륨도 너무 높은 농도로 존재하면 죽음에 이르게 하는 독이 되는 것처럼 관계의 불균형은 비극적 결말을 가져올 수 있다.

수잔 해밀턴Susan Hamilton은 자신의 아이에게 소금물을 주사해 결국 뇌에 돌이킬 수 없는 손상을 가하고 말았다.[39] 인간의 삶에서 없어서는 안 될 소금 역시 사람의 목숨을 앗아갈 수 있다.

연금술사 파라켈수스Paracelsus는 "세상의 모든 물질은 독극물이 될 수 있으므로 독약이 아닌 것은 없다. 그래서 독약인지 치료제인지를 결정하는 것은 사용량이다."라고 말했다. 영혼을 병들게 하는 독약의 정체는 어쩌면 지극히 일상적 감정 중에 하나일 것이다. 인체는 외부의 물질이 지나치게 많은 농도로 들어오면 독이 된다는 것을 알고 있기에 다급히 이를 밀어내기 위한 다양한 반응을 보인다. 그러나 그 과정에서 오히려 타격을 입을 수 있다. 우리 역시, 삶 속의 독이라 생각되는 존재를 밀쳐내려다 스스로에게 상처를 입히기도 한다. 어쩌면 우리를 고통스럽게 하는 것은 독의 존재감이며 그 때문에 두려워하는 자신의 모습을 깨닫게 되는 것이 현실인지 모른다.

그뿐 아니라 독의 유해성은 얼마나 용해될 수 있는지에 따라 다르다. 예를 들어 흰색 안료로 사용되는 황산바륨barium sulfate은 위산에 녹지 않고 배출되므로 위장의 X선 조영제로 사용해도 문제가 없다. 하지만 유리를 만드는 데 이용되는 탄산바륨barium carbonate은 위에서 수용성인 염화바륨을 만들 수 있어 유독하다. 불용성인 황산바륨을 섭취해도 해가 없는 것처럼 삶 속의 유독한 존재를 삼켰다고 해도 이를 영혼에 용해시키지 않는다면 독성은 드러나지 않을 것이다. 반대로 그 존재가 마음에 용해되면 특유의 독성은 곧 발휘된다.

독은 이번에도 우리에게 중요한 가르침을 준다. 우리가 세상의 유독한 존재들을 피해갈 수 없다면 이를 마음에 녹이지 않는 일에 더욱 집중해야 할 것이다.

룩소르 성인클럽 살인 사건 용의자의 행적을 수사하기 위해 조지아 주 애틀랜타를 방문한 적이 있다. 목격자의 증언을 받아내는 일이 의외로 수월하게 진행되어 조사는 예정보다 빨리 끝났다. 시계를 보니 예약된 라스베이거스행 비행기 탑승 시간까지는 한참 더 남아 있었다. 이곳에 온 김에 근처에 있는 코카콜라 박물관에 들러보기로 했다.

박물관 이곳저곳을 둘러보다 오래 전 코카콜라 광고 포스터를 발견했다.

'어, 이거 뭐지? 코카콜라Coca-cola와 코카인cocaine은 코카coca라는 부분이 같잖아. 그렇다면 코카콜라에 코카인이 들어 있다는 뜻인 것 같은데. 그러고 보니 초기 광고에는 그걸 밝히고 있었네.'

남미의 안데스산맥 지역에서 코카나무를 따서 씹는 행위는 잉카문명의 주요 종교 의식 중 하나였다. 스페인 정복자들 역시 코카 잎이 근력을 강화한다고 믿었기 때문에 노동자들에게 코카 잎을 지속적으로 공급했다. 물론 지금까지도 이 지역에 사는 많은 원주민들이 코카 잎을 씹는 행위를 지속하고 있다. 지금은 판매할 수 없는 음료들이 인기를 누렸을 뿐 아니라 여러 용도로 코카인이 남용되었던 때도 있었다.

옛날 이 동네에 살았던 존 팸버튼John Pemberton은 카페인이 함유된 아프리카산 콜라 열매로 만든 시럽과 코카 잎에서 추출한 코카인을 적절히 섞어 소다수를 만들었는데 이것이 코카콜라의 할아버지뻘쯤 된다. 코카콜라, 코카 잎과 콜라 열매. 지금도 이름이 그 성분을 설명해주고 있다. 이 시대에는 코카콜라뿐 아니라 유사 상품들이 음료 시장에서 경쟁을 벌였다. 심지어 치과 치료를 마치면 통증을 완화시켜주는 코카인 사탕을 아이에게 주기도 했다. 이처럼 대중적인 코카인 성분을 함유한 상품이 시장에 나와 판매된다는 것은 모든 세대를 아우르는 코카인 중독이 일어날 수 있는 상황이라고도 할 수 있다. 흥미로운 점은 이 시절 사람들은 코카인 함유 음료를 술의 남용을 막기 위한 대체 음료수 정도로 여겼다는 사실이다.

이 글을 읽고 어떤 이들은 자신이 콜라 음료를 끊지 못하는 이유에 대해 코카인 중독 때문이 아닐까 고민하고 있을지도 모른다. 물론 코카콜라를 만들기 위해 코카 잎이 필요한 것이 사실이다. 하지만 현재의 음료는 코카인이 제거된 잎으로 생산되며 이 비마약성 코카 잎 잔류물은 코카콜라 특유의 맛을 내는 역할을 하고 있다. 당신이 매일 코카콜라를 마시지 않고는 견딜 수가 없

초기 코카콜라 광고. 코카콜라가 두통, 우울증 등에도 효과가 있다고 설명하고 있다.

다면 그것은 코카인 때문이 아니라 오히려 설탕이나 카페인의 영향을 의심해 볼 필요가 있다. 초기의 코카콜라 광고를 읽어보니 팸버튼은 자신의 발명품인 코카콜라를 청량음료라기보다 치료제처럼 소개하고 있었다. 그는 자신이 제조한 이 탄산소다가 두통, 히스테리 증세, 우울증에도 도움을 준다는 사실을 강조했다. 대중들 역시 특이한 향미뿐 아니라 효과 만점이라는 이 소다 광고에 틀림없이 매료되었을 것이다.

SEASON 9

마약단속 수사본부

코카인은 프로이트의 추천 마약?

지금 막 나는 로건 반장과 함께 뉴욕 라과디아 공항에 도착했다. 라스베이거스, 뉴욕, 로스앤젤레스, 디트로이트, 세인트루이스 이렇게 다섯 도시의 수사팀이 마약 조직의 소탕을 위해 대대적인 합동 수사 작전을 펼칠 예정이다. 나 역시 당분간은 공동 수사본부가 마련되어 있는 뉴욕에서 마약 수사에 참여하게 될 것이다. 우리는 숙소도 들리지 않고 공항에서 바로 뉴욕 수사본부로 향했다. 이번 공동 작전을 담당한 수사관들의 미팅에 참여하기 위해서였다.

범죄연구소의 회의실에 들어서자 누군가 내 옆으로 다가와 반갑게 손을 내밀었다.

"로렌조 매켄지입니다. 뉴욕 지부에 오신 것을 환영합니다."

"저는 라스베이거스 과학수사대의 캘리 버넷이라고 합니다."

아무 생각 없이 그의 손을 잡고 고개를 들었을 때 가슴이 철렁 내려앉았다. 도저히 믿을 수 없는 일이 눈앞에 벌어지고 있었다. 그였다. 그날 밤 재즈 바에서 만났던 뮤지션이 내 눈앞에 서 있었던 것이다.

나는 당황하여 서너 걸음 뒷걸음치다 발을 헛디딜 뻔했다. 그가 재빨리 다가와 휘청거리는 나를 붙잡아주었다. 그의 입가에 미소가 감돌았다. 매켄지 반장의 팔에 안긴 꼴이 된 상황이 민망해져 얼굴이 상기되었다. 부끄러워 고개를 아래로 떨구었다. 그러자 그가 나를 향해 고개를 숙였다. 매켄지 반장은 내가 공손히 허리를 굽혀 인사를 했다고 생각한 모양이었다.

"버넷 요원도 아시아 지역에 파견된 적 있었나요? 난 2년 동안 주한 미군으로 근무한 적이 있었어요. 그래서 동양 문화에 친숙하답니다."

어떻게 그가 이곳의 과학수사관이 되었단 말인가. 다시 한 번 그의 얼굴을 찬찬히 살펴봐도 밤새 감미로운 연주와 노래를 들려주던 그 뮤지션이 틀림없었다. 그의 질문에 나는 이렇게 둘러댔다.

"대학 시절 남자 친구가 한국인이었답니다. 그리고 앞으로는 캘리라고 불러주세요."

"그렇게 할게요. 캘리와 나는 오늘부터 한 팀이 되어 이번 공동 수사에 참여할 예정입니다."

"그럼 로건 반장님은?"

"로건 반장님은 디트로이트 과학수사대의 스캇과 한 팀을 이루어 DNA프로파일링을 하시게 될 겁니다."

그의 낮고 차분한 목소리가 마치 음악 연주처럼 기분 좋게 들려왔다. 매켄지 반장의 말을 듣고 있노라니 불현듯 그날 밤의 일이 떠올랐다. 차분하고 기품 있는 목소리는 여전했다. 그리고 나를 안고 있던 부드러운 팔의 감촉도 온몸이 녹아내릴 듯한 입맞춤도 생생하게 떠올랐다. 아마도 매켄지 반장은 나를 기억하지 못하는 것 같았다. 여전히 친절했지만 난생 처음 나를 만난 것처럼 대하고 있다. 그는 휴대폰으로 지금 막 들어온 문자를 확인한 후 이렇게 말했다.

"여독이 아직 풀리지 않았을 텐데 미안합니다. 하지만 서둘러 출동을 해야겠네요. 사건이 발생했습니다."

매켄지 반장이 서둘러 자리에서 일어나자 나도 그 뒤를 따랐다.

"프로이트의 추천 건이군."

"네? 반장님, 무슨 말씀이신지요?"

나는 고개를 갸우뚱하며 되물었다. 그는 나를 돌아보며 또 한 번 특유의 착한 소년 같은 맑은 미소를 지어보였다. 그리고 잠시 숨을 길게 내쉬더니 사건 현장으로 가는 동안 이야기를 계속하자고 말했다.

우리가 이름만 들어도 다 아는 정신분석학자, 지그문트 프로이트Sigmund Freud, 그가 마약을 추천했다는 말인가. 프로이트가 정신분석학을 통해 20세기 이후 사상 전반에 걸쳐 상당한 영향력을 발휘한 학자라는 것은 누구도 부인할 수 없을 것이다. 그렇다면 과연 이번 사건은 프로이트와 어떤 연관이 있는 것일까.

나는 묵묵히 걷고 있는 그를 따라 주차장으로 향했다.

"프로이트가 정신분석학자였다는 것은 캘리도 잘 알고 있으리라 생각합니다. 우리 모두가 그렇듯 그도 살면서 실수를 했죠. 그중 하나가 코카인을 추천한 일입니다."

"정말, 우리가 아는 그 프로이트가 맞나요?"

그는 고개를 끄덕여 보였다.

"그렇다면 그가 한때 마약에 손을 댔다는 이야기일 수도 있겠군요."

"물론 스스로도 복용을 했죠. 코카인 사용을 권장하는 저서를 발표하기도 했답니다."

하지만 프로이트의 아이디어는 조금 달랐다. 코카인을 복용하면 알코올이나 모르핀 중독 치료에 도움을 줄 수 있을 것이라 생각했던 것이다. 때마침 그의 친구 에른스트 폰 플라이슐 막소프Ernst von Fleischl-Marxow가 모르핀 중독에서 헤어 나오지 못하고 있었던 참에 그에게 코카인 복용을 권했다. 그리고 플라이슐은 프로이트의 말만 철석 같이 믿고 코카인을 얻어 이용해보았던 것이다. 안타깝게도 플라이슐은 코카인에 중독되었을 뿐 아니라 심각한 정신이상에 빠지고 말았다. 그는 밤마다 몸에 뱀이 기어 다닌다고 소리치며 두려움에 떨었던 것이다. 프로이트는 끔직한 지경에 이른 플라이슐을 간호하며 긴 밤을 새워야 했고 그제야 코카인의 달콤한 환상에서 깨어나게 된다.

다시 코카인 음료에 관한 이야기로 돌아가보면, 존 팸퍼튼의 코카콜라 이전에도 코카인이 함유된 대중 음료가 있었다. 그것은 바로 안젤로 마리아니Angelo Mariani가 만든 빈 마리아니Vin Mariani였다. 코카잎 추출물과 와인을 섞어 만든 이 음료 덕에 마리아니는 부와 명성을 한 손에 거머쥐었다. 그 시절 프레데릭 바르톨디Frederic Bartholdi, 에밀 졸라Emile Zola과 같이 이름만 대면 알만한 유명 인사들이 앞다투어 빈 마리아니에 찬사를 아끼지 않았다.

한동안 말이 없던 매켄지 반장이 입을 열었다.

"뉴욕에 스피드볼speed ball사용자가 늘어나고 있어요. 이번 총격 사건은 마약 카르텔과 분명 관련이 있을 거라고 생각됩니다."

"반장님은 이번 사건 수사를 통해 마약 밀매 조직의 덜미를 붙잡으시려는군요."

"맞습니다. 현장에서 두 사건의 배후를 동시에 조사할 겁니다. 캘리도

용의자들의 마약 제조와 거래 방법을 살펴보고 연관성을 찾아내는 데 집중해야 해요."

"네, 최선을 다해 수사하겠습니다. 그런데 반장님 스피드볼이 뭔가요?"

"그건 이용자들이 흥분 효과를 조절하기 위해서 코카인에 헤로인을 혼합해 주사하는 것을 말해요."

한 가지 약물에만 만족할 수 없는 사람들은 이렇게 두 가지 약물을 섞는 아슬아슬한 약물 외줄타기를 서슴지 않는다. 많은 사람들이 술에 취해 마약을 사용한다는 것도 간과할 수 없는 사실 중 하나다.

이렇게 인체 내에 뒤섞인 약물들의 화학반응은 목숨을 위협할 수도 있다. 사람들이 코카인을 이용하는 이유는 황홀감을 얻기 위해서이지만 지나치게 흥분하면 발작을 일으킬 수 있다. 코카인과 알코올을 함께 섭취하면 코카에틸렌cocaethylene이라는 대사 물질이 생기는데 코카인을 체내에 더 머물게 하며 혈압과 심박에 영향을 준다. 그래서 심장마비로 즉사할 수 있는 위험이 최고 25배까지 높아진다.

지금은 고인이 되었지만 가수 휘트니 휴스턴Whitney Houston이 〈나 언제나 그대를 사랑하리라I will always love you〉를 열정적으로 부르던 모습과 그 감미로운 음성을 아직도 많은 사람들이 기억할 것이다. 심장병을 앓던 그녀는 마지막 밤을 코카인에게 내어주고 말았다. 휘트니는 호텔 욕조에서 의식을 잃은 채 발견되었는데 시신에서 코카인뿐 아니라 근육 이완제, 신경안정제 등의 약물도 함께 검출되었다고 한다. 검시관은 코카인을 비롯한 각종 약물이 심장을 멎게 한 원인이라고 추측했다.

코카인 남용자들은 종종 심각한 우울증을 경험한다. 장기간 코카인을 복용하면 불안, 조급함, 피로, 불면증 등의 증상이 나타날 수 있다. 약물에 대해 반감기half-life란 용어는 '초기 농도의 절반으로 감소되는 시간'을 일컫는다. 코카인의 인체 반감기는 대략 1시간 정도이며 정맥으로 투여해도 30분 정도면 그 효과가 사라져버린다. 이처럼 코카인은 다행감의 지속 효과가 짧을 뿐 아니라 반복적으로 이용하면 약물에 대한 내성이 증가한다. 그래서 중독자들은 기대치의 약물 효과를 얻기 위해 자꾸 코카인의 투여량을 높일 수밖에 없다.

코카인 남용자들 중에서 자살 기도자가 종종 발생하는 이유도 복용 후 감정의 급격한 변화가 주요 원인일 것으로 알려져 있다. 코카인을 투여하고 황홀한 정점을 맛본 후에 곧 기분이 곤두박질치기 때문에 이렇게 하룻밤에 각성 수준의 흥분과 극심한 우울증을 경험하면 자살을 기도하는 원인이 될 수 있다. 사용 후에 동공이 팽창되고 심박 수가 증가하는데 과량 사용시 뇌졸중, 발작 등을 일으킬 수 있다. 장기간 이용 시에는 환각, 환청이 들리기도 하며 공포와 편집증에 사로잡혀 플라이슐의 경우와 같은 코카인 정신병에 이를 수 있다. 많은 이들이 코카인이 주는 흥분 상태 때문에 성기능이 향상될 것이라 기대하지만 실상 만성의 남용자들은 코카인에 빠져 성욕뿐 아니라 식욕까지 잃게 된다. 코카인의 남용은 임신부의 자연유산율뿐 아니라 영아돌연사증후군의 가능성도 높이는 것으로 알려져 있다.

2009년 미국 다트머스 매사추세츠 대학교 연구팀은 미국 지폐의 90%에서 코카인이 검출되었다는 연구 결과를 발표했다. 코카인 거래시에 또는 지폐로 말아 흡입하는 등의 다양한 경로를 통해 지폐가 코카인에 남게 된 것으로 추측된다.

볼리비아나 페루의 안데스산맥에 사는 원주민들도 코카인을 사용한다. 하지만 코카인 남용에 빠지는 일은 거의 없다. 원주민들은 코카 잎을 씹거나 빠는데, 이 방법으로는 코카인이 천천히 흡수되고 뇌로 전달되는 코카인의 양도 비교적 적기 때문이다. 프로이트 역시 코카인을 정맥 투여가 아닌 경구로 복용했기 때문에 남용에 빠지지 않았던 것으로 추측된다. 남미에서는 코카 반죽을 담배와 섞어 피우기도 한다. 베이킹 소다로 처리한 크랙 코카인은 흡연이 가능한 형태인데 뇌로 빠르게 유입되어 강력한 의존성을 야기한다. 남용자들은 코카인을 코로 흡입하기도 한다. 거울 위 여러 줄의 코카인을 배열한 후 빨대나 종이를 말아 이용하는 것이다.

매켄지 반장이 운전한 차는 수사본부를 떠난 지 30분 만에 사건 현장인 파라다이스 스트립 클럽에 도착했다. 이 클럽은 올해만 벌써 두 번째 공격을 받았다. 클럽 내부는 물론이고 노상과 근처의 불상 공장에서도 탄피가 발견되었다. 먼저 클럽과 도로변의 총알 파편 수거를 끝낸 후 불상 공장으로 향했다. 그곳에서는 대리석, 옥, 황동 등으로 불상을 만들어 화교들의 사원에 납품을 하고 있었다.

내부로 들어가려 하자 험상궂은 얼굴에 커다란 덩치의 사내 여러 명이 출입문을 가로막았다. 중국인 관리자들에게 수사 협조를 얻어 내부에 들어가기까지 한참 동안 그들과 언쟁을 벌여야 했다. 가까스로 수사를 시작했지만 탄피가 불상에 깊이 박혀 있어 이를 빼내느라 진이 다 빠졌다. 불상을 조각하는 중에 발생한 분진 때문인지 작업장의 공기가 썩 좋지 않아 가슴이 답답했다. 몇 시간 동안 공장 내부에 머물며 불상에서 탄피를 수거하는 동안 자꾸만 재채기가 튀어나왔다.

무언가가 마음속에 언뜻 스쳐갔다. 탄피와 불상 내부에서 긁어낸 가루를 테스트 액에 넣자마자 푸른색으로 변했다. 놀랍게도 코카인 양성반응이 나왔다. 그들은 종교 행사를 핑계로 코카인을 소형 불상 내에 숨겨 미국계 중국인과 인도인 코카인 남용자들에게 공급해왔던 것이다.

어떻게 현장에서 탄피에 묻은 성분이 코카인이라는 것을 확인했을까? 일명 '스캇 테스트scott test'라고 불리는 코카인 예비 실험을 수행했던 것이다. 시료가 염산 코카인이라면 티오시안산 코발트cobalt thiocyanate 용액, 클로로포름chloroform 용액을 첨가했을 때 푸른색 침전물이 나타난다. 크랙 코카인이라면 테스트 시 염산 혹은 황산과 같은 강산을 첨가해주면 푸른색 침전물이 나타난다. 이렇게 나는 현장에서 코카인의 존재를 확인했다. 이어서 특수 기동대가 출동해 불상 내 마약의 운반과 판매에 연루된 화교 마피아들을 검거했다.

돈벌이가 되는 일이면 사람들이 몰려들게 마련이다. 마약 판매와 유통 경로를 단속한다 해도 여러 방법으로 이를 들여오려는 시도가 계속된다. 때로 상상을 초월한 방법들까지 동원된다. 심지어는 헤로인heroin이나 코카인 같은 마약을 콘돔에 넣고 삼킨 후 옮기려 하는 이들이 적발되기도 한다. 위 장관에 운반하는 방법뿐 아니라 항문, 유방 보형물에 마약을 감추어 반입하기도 한다. 어제는 매켄지 반장과 함께 한 성형외과를 급습했다. 이 병원의 의사가 유방보형물에 숨겨 반입된 코카인을 수술로 빼낸 후 마약 조직에 전달해주는 역할을 하고 있다는 첩보를 입수했기 때문이다.

마약을 포장한 뒤 삼키면 목적지까지 배설 등의 인체 반응을 억지로 참아야 한다. 그래서 이들은 기내에서 음료나 음식을 모두 거절하기도 한다. 마약을 싸고 있던 포장이 새면 위험에 노출될 수 있고 치사량을 넘어 죽음에 이르는 사고가 발생할 가능성도 있다.

이루지 못한 슈퍼 파워의 꿈, 암페타민

지금 막 코카인으로 채워진 유방 보형물의 분석을 마쳤다. 이제 코카인에 대한 보고서를 만들어야 한다. 커피를 좀 더 들이키려고 보니 잔이 어느새 비어 있었다. 나는 자리에서 일어나 조리대로 향했다. 누군가 방금 커피를 내려놓았다. 주위를 둘러보니 아무도 없었다. 머그잔에 커피를 가득 채웠다. 발소리가 들려 뒤돌아보니 매켄지 반장이었다.

"캘리 요원, 메스 쿠킹 사건이군요."

그의 말에 갑자기 머릿속이 복잡해졌다.

'마약 수사 때문에 뉴욕까지 왔는데, 쿠킹 사건이라니. 메스 쿠킹math cooking이라면 컬리네리 메스culinary math인가? 대체 뭐지, 요리하는 데 필요한 계산이라는 말인가?'

고개를 돌려보니 매켄지 반장이 커피메이커에 남아 있는 커피를 종이컵에 따르고 있었다.

"반장님, 혹시 커피 내려놓으셨어요? 먼저 마셨습니다. 죄송합니다."

"아닙니다. 여긴 다 함께 사용하는 공간인 걸요."

"아까 메스 쿠킹이라고 하셨는데요. 혹시 식품 연구소나 학교 식당 같은 곳에서 일어난 사건인가요?"

무표정한 얼굴로 컵을 매만지고 있던 매켄지 반장의 얼굴에 웃음이 번졌다.

"메스는 메스암페타민을 말하지요. 이를 합성하는 과정을 쿠킹이라고 부르고요. 나머지 이야기는 차에서 계속하죠. 자, 어서 출동합시다."

국내에서 '필로폰'으로 불리는 메스암페타민Methamphetamine은 스피드speed, 고go, 집zip, 크랭크crank 등의 이름으로도 불린다. 이번 사건 현장은 주택가였다. 제조 공장이었던 차고지는 불길에 휩싸여 있었다. 용의자는 메스암페타민을 합성하다가 수사관들이 들어오는 소리를 듣고 현장을 은폐하기 위해 일부러 불을 지른 것이다. 이들은 제조 공장을 외딴 시골에 있는 헛간 등으로 옮기기도 하고 단속을 피하기 위해 늘 이동할 수 있도록 캠핑용 차량이나 이동식 주택에 쿠킹 장비를 설치하기도 한다. 화재로 출동한 소방관들은 차고뿐 아니라 캠핑용 차량 안에서도 쿠킹 장비를 찾아냈다.

5,000년 전 쯤, 중국에서는 천식 치료와 기관지 확장을 위해 마황이라는 생약을 이용했는데 이 약초의 활성 성분을 에페드린ephedrine이라고 부른다. 이후에 이 성분이 식욕을 억제하는 효과가 있다는 것이 알려지면서 체중 감량용 건강보조식품으로 불티나게 팔려나가게 된다. 연구자들은 그 유사 화합물을 실험실에서 합성하는 데 성공했고 이것이 바로 암페타민amphetamine이다. 특허를 받은 암페타민은 천식 치료를 위한 '벤제드린Benzedrine'이라는 상품명으로 판매되었다.

암페타민은 피로를 몰아내고 슈퍼 파워를 내고 싶은 인간의 원초적 욕망을 은밀히 채워주던 약물이라고 볼 수 있다. 나약한 육체를 지닌 인간의 내면에는 늘 무한대의 에너지를 내는 강력한 존재가 되거나 지치지 않고 일하고 싶은 욕망이 숨겨져 있다. 그래서 이 약물은 전투하는 군인들에

메스암페타민 정제인 페비틴은 2차 세계대전 동안 전투력 향상을 위해 군인들에게 지급되었다.

게 오랫동안 잠들지 않고 적과 계속 싸울 수 있는 각성제로, 학생들은 시험 전날 벼락치기용 비상약으로, 날씬해지고 싶은 여성들에게는 다이어트 약으로, 파일럿이나 트럭 운전사에게는 피로회복제로 이용되었던 것이다. 날씬해지고 싶지만 일에 집중해야만 하는 일상적 욕구들을 충족시키기 위해, 혹은 삶과 죽음이 교차하는 전쟁터에서 살아남기 위해 사람들은 그 정체를 모르고도 혹은 뻔히 알면서도 이 약물을 복용해왔다. 특히 2차 세계대전 중 일본에서 같은 목적으로 이용되었고, 전쟁 후에 제약 회사들은 그동안의 재고를 소모하기 위해 처방전 없이 판매하기까지 했다.

이처럼 암페타민이 요즘 카페인을 섭취하는 것처럼 일을 위해 깨어 있으려는 목적으로 거리낌 없이 이용되던 시절도 있었다. 하지만 사람들이 이 약물을 기분을 고조시키는 용도로 찾기 시작하면서 뒷거래가 이루어졌다. 1960년대 미국에서 암페타민 남용이 심했는데, 암페타민 처방이 약물 처방의 8%를 차지할 정도가 되었다. 헤로인 중독자들은 급할 때에는 헤로인 대신 암페타민을 구해 정맥에 꽂는 일들이 종종 있었다고 한다. 이를 지켜보던 의사들은 암페타민이 헤로인의 대체제로 적절한 치료제가 될 수 있지 않을까 희망을 품기도 했다.

메스암페타민의 반감기는 12시간 정도다. 황홀감, 각성 증가 등은 코

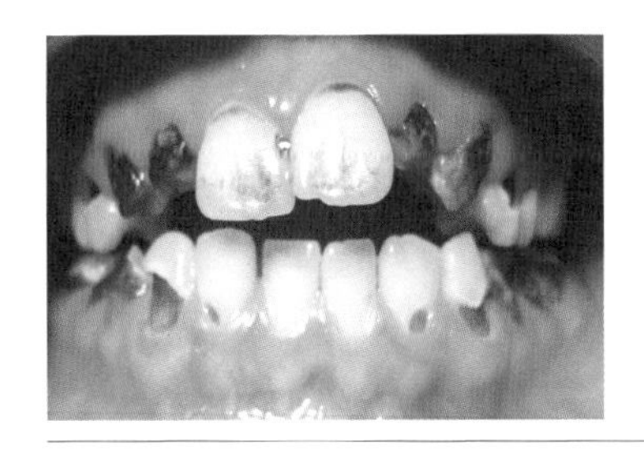

테네시 대학교 보건과학센터에서 치료받은 환자의 치아다. 이 환자는 메스암페타민 중독자로 추정된다. 이 같은 메스마우스의 이미지는 마약추방캠페인에도 많이 쓰인다.

카인의 효과와 유사하고 흥분 자극제로서 휴식 없이 운동을 지속하거나 수면 감소, 자신감 상승 등의 효과가 나타난다고 알려져 있다. 반면 혈압과 호흡률을 증가시키며 뇌졸중이나 경련 등의 증세를 보일 수 있다. 또한 남용자들은 코카인 중독자들처럼 피부 위에 벌레가 기어 다니고 있다는 환각, 망상에 빠지거나 강박증, 편집증 같은 증세를 경험하기도 한다. 이를 암페타민 정신병이라고 부른다. 메스암페타민 중독자들과 신경계의 퇴행성 질환인 파킨슨병Parkinson's disease과 상관관계가 있다는 연구 결과도 있다.[40] 이들은 메스암페타민 이용을 중단할 경우 우울증, 불안감 등의 증세를 나타내는 데 수주일 동안 금단현상을 이겨내는 것은 고통스러운 과정이므로 약물 남용자들 중 메스암페타민 중독자들의 재발율이 가장 높다고 알려져 있다.

수사를 마치고 범죄연구소로 돌아오는 차 안에서 매켄지 반장은 휴대폰 속의 한 사진을 내게 보여주였다.

"무슨 사진인가요?"

"멀티 노머 카운티의 보안관인 내 친구가 체포한 필로폰 만성중독자 사진입니다. 일명 필로폰의 얼굴[41]이라 불리죠. 필로폰과 2년 반 동안 사랑에 빠진 후 얼굴이 폭삭 늙어버렸답니다."

처음 이 사진을 보았을 때 어머니와 딸이 따로 찍은 사진을 나란히

필로폰 중독자들의 노화를 보여주는 사진. 필로폰의 얼굴Face of Meth 홈페이지에서 이를 비롯한 다양한 중독자들의 사진을 볼 수 있다. 이는 체포 당시의 머그샷을 보안관 사무실에서 담아 제작한 것이다.

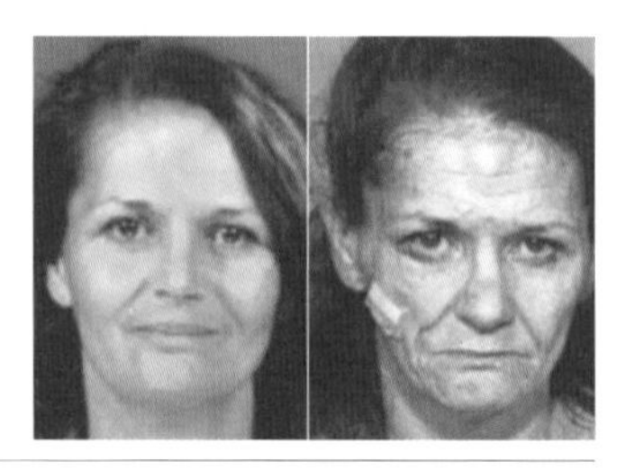

편집한 것인 줄 알았다. 사람의 얼굴이 이렇게 단숨에 노화될 수 있는 것인지 믿겨지지 않을 정도였다. 이 사진 대로라면 필로폰의 향락을 얻기 위해서는 노화의 대가를 톡톡히 치러야 할 것이다. 또한 남용자들은 벌레에 대한 상상으로 피부를 마구 긁어 상처를 내기도 한다. 자신의 외모에 신경 쓰는 사람이라면 메스암페타민의 유혹이 들 때마다 '필로폰의 얼굴' 사진을 옆에 걸어 두면 경각심을 갖는 데 꽤 도움이 될 것 같다. 더군다나 만성중독자들에게서는 메스 마우스meth mouth와 같은 치아 부식 및 손실 현상도 나타난다. 누군가 필로폰의 유혹에 끊임없이 흔들리고 있다면 멀지 않아 사진 속 그들처럼 혹독한 대가를 치러야 할 것임을 잊지 말아야 할 것이다.

마리화나 VS 담배

매켄지 반장과 내가 연구소에 거의 도착했을 무렵, 누군가 벨라 비스타 호텔 앞 분수대를 들이받고 사망한 사건에 대한 무전을 받았다. 매켄지 반장이 운전하는 차는 맨해튼을 지나 회색빛 현수교에 들어섰다. 도시에서 쏟아져 나온 수많은 차량들이 다리 위에 오가고 있었다. 한참 동안 말없이 운전하던 그가 먼저 입을 열었다.

"이 다리 이름이 뭔지 알아요?"

"아까 이정표를 보니 조지워싱턴 다리라고 하던데요."

"그래서 말인데, 조지 워싱턴이 한때 농부였다는 거 알아요? 대마도 재배했었죠."

"정말로요?"

"대마는 당시엔 중요한 농작물이었어요."

"하긴, 이미 기원전에도 대마가 고대 중국, 인도 등에서 의학적 혹은 종교적인 목적으로 사용되었다는 기록을 본 적이 있어요."

반장은 대꾸하지 않았으나 경적을 울리며 여기저기에서 끼어드는 차량들 때문인 것 같아 더 이상 그에게 아무것도 묻지 않았다. 허드슨 강물을 물끄러미 내려다보며 배낭여행을 했던 시절의 기억 속으로 빠져들었다. 네팔을 여행하며 민가에서 자라고 있는 대마를 본 적이 있다. 그 나무를 유심히 바라보고 있을 때 내 곁을 때마침 지나던 한 청년이 묻지도 않았는데 이렇게 말했다.

"여기에 힌두교 수행자가 살고 있답니다. 그건 다 종교의식에 필요한 것이죠."

네팔의 국경을 건너 이웃 나라인 인도를 여행하다 보면 '간자'라고 불리는 마리화나를 피우는 사두를 어렵지 않게 만날 수 있다. 앞서 청년의 말처럼 사두들이 깨달음을 얻는 수행을 할 때도 마리화나를 이용한다고 한다. 또한 '방Bhang'이라는 대마 잎을 원료로 한 가루를 음료에 섞어 파는 가게를 볼 수 있다. 인도의 전통 발효 음료인 라씨에 이 마리화나 제제를 넣은 방 라씨의 정체를 모르고 마셨던 관광객들이 뒤늦게 곤혹을 치루는 일도 있다.

미국에서는 이미 워싱턴 주, 콜로라도 주, 알래스카 주 등에서는 마리화나를 합법적으로 피울 수 있다. 이곳은 기호품으로 마리화나를 인정하는 셈이다. 마리화나를 판매하는 자판기가 등장했고 소비자의 취향에 따라 다양한 향이 첨가된 마리화나가 상점에 진열되어 있다. 그뿐 아니라 유효 성분을 함유한 음료수, 사탕, 브라우니, 쿠키도 판매되고 있다. 이곳에서는 배달 사업 등 마리화나의 상업화가 빠르게 진행되고 있다. 반면

싱가포르에서는 대마를 500g이상 반입하면 사형에 처해진다. 이렇듯 특정 지역의 법적 허용 유무뿐 아니라 특정 약물에 의존성을 갖게 될 경우 육체적, 정신적으로 삶의 질에 영향을 줄 수 있다는 사실도 염두에 두어야 할 것이다.

대마의 정식 이름은 카나비스 사티바*Cannabis sativa*이며 이중 향정신성 활성 성분은 바로 THC(delta-9-tetrahydrocannabinol)이다. 권련으로 말아 THC를 흡연하는 방식이 바로 마리화나이다. 캡슐로 판매되는 THC 함유 처방 약품으로는 드로나비놀dronabinol(상품명: 마리놀Marinol), 나빌론nabilone(상품명: 세사메트Cesamet, THC합성유도체)이 있다. 이 약품들은 암 화학요법을 받는 환자와 에이즈 환자들의 메스꺼움을 진정시키고 식욕을 촉진하는 목적으로 이용된다.

아마 많은 이들이 마리화나와 담배를 비교했을 때 어떤 것이 더 해로운지에 관심 있을 것이다. 연기 속 성분만 보면 발암 물질인 벤조피렌은 마리화나가 담배보다 높게 발견되고 일산화탄소나 타르는 비슷한 수준으로 검출된다. 하지만 담배는 하루에도 수십 개비까지 피우는 사람들이 있고 필터 유무 등의 조건들을 고려한다면 이들의 정량적 비교는 쉽지 않다. 또한 마리화나 권련은 타면서 THC 입자가 폐로 들어가는 것이므로 마리

대마는 놀라운 번식력으로 뜻하지 않은 곳에서 곧잘 발견된다. 또한 마리화나의 의료적 유용성과 향정신성 효과 때문에 칭송과 비난을 한 몸에 받고 있다.

화나의 효과는 마리화나 연기를 깊게 들이마시고 머금는 시간에도 영향을 받게 된다. 그래서 도취 효과의 향상을 위해 마리화나의 연기를 여러 번 흡입하여 머금는 흡연 방식의 경우 좋지 않은 결과를 가져올 수 있다. 따라서 흡연 패턴까지 염두에 두면, 마리화나의 기도 내막세포의 손상 수준은 통계적으로 담배에 비해 10배에 이른다고 제시되고 있다.[42]

마리화나는 도취 상태에서 시각이나 청각 능력이 예민해지고 시간이 느리게 흐르는 느낌 등을 경험하게 된다. 의존성은 헤로인이나 알코올에 비해서 상당히 약한 것으로 알려져 있다. 매일 습관적으로 마리화나를 피우는 사람들은 만성 기침, 기관지염 등의 증상을 보일 수 있다. 그리고 치료 중인 정신병 환자의 증세에 영향을 줄 수 있다고도 알려져 있다. 마리화나 흡연 후 기억 및 인지 능력이 감소되며 장기 사용자는 계획이나 판단에 장애가 있을 수 있다. 특히 마리화나 흡연자는 운전할 때 사고를 낼 가능성이 높다. 또한 마리화나 흡연이 다른 불법약물의 관문이 된다는 '관문 가설gateway hypothesis'도 제시되었다. 이는 담배와 술은 마리화나 흡연의 연결 통로가 되며 결국 코카인이나 헤로인 같은 중독성 약물에 손댈 확률을 높게 만든다는 것이다.[43]

예로부터 대마에서 기름을 짰고 이를 한방의 약재로 이용해왔다. 대마는 흔히 알려진 도취 효과말고도 치료 약으로서 유용성을 갖추고 있다.

암스테르담에서는 유효 성분을 함유한 아이스크림, 마리화나 케이크, 쿠키, 사탕 등을 흔히 발견할 수 있다.

하지만 통제 약물이라는 이미지 때문에 그동안 유용한 가치에 대해 제대로 평가받지 못한 것이 사실이다. 앞서 언급한 것처럼 대마는 식욕 증진에 탁월한 효과가 있을 뿐 아니라 녹내장과 천식 치료에도 활용될 수 있을 것이라 기대되고 있다.

아직도 필립스버그의 사건 현장에 도착하려면 차로 꼬박 한 시간 이상 달려야 한다. 매켄지 반장이 도로 분리대에 서 있는 나무를 가리키며 말했다.

"대마가 저런 데서 자라고 있네요."

대마는 이처럼 뛰어난 생존력으로 척박한 환경에도 자라나는 작물이다.

"버락 오바마Barack Obama나 엘 고어Al Gore같은 유명 정치인들도 대마초를 피워본 경험이 있다더군요. 혹시 반장님도 해보셨어요?"

"철없을 때 두어 번 정도요. 방황하던 시절이었으니까요."

"어떤 일을 하셨는지 물어도 될까요?"

그는 잠시 겸연 쩍은 표정을 지었지만 사실을 숨기려 하지 않았다.

"음악을 했죠."

과거형이다. 그렇다면… 나는 차마 내뱉지 못한 질문을 삼켜버렸다. 차창으로 들어오는 햇빛에 그의 머리카락이 반짝거렸다. 매켄지 반장의 옆얼굴을 바라보고 있으니 그날 밤의 기억이 또다시 밀려왔다. 밤새 말없이 내 곁에 머물러주었고 울컥해 쏟아내는 말에 귀기울여주었다. 내가 그의 어깨에 기대 흐느껴 울 땐 낮은 목소리로 위로해주었다. 어쩌면 내가 들었던 것은 감미로운 기타 연주가 아니라 낮고 부드러운 그의 음성이었는지도 모른다. 아니, 그것마저도 착각이었을까? 한때 밴드에서 음악을 했을 수도 있었겠지만 과학수사대의 반장인 그가 취객들이 모여드는 바에서 기타 연주를 하며 노래를 부를 턱이 없지 않은가. 매켄지 반장은 내 시선을 느꼈는지 고개를 돌려 나를 힐끗 쳐다보았다. 시선이 맞닿자 어색했는지 고개를 돌려 헛기침을 하더니 그가 먼저 입을 열었다.

"마약 수사는 이번이 처음이죠?"

"아, 예전에 한 번 관련 수사를 맡아본 적은 있었어요. 마약 수사라기보다 살인 사건 수사였어요. 라스베이거스의 한 마리화나 상점에서 발생했던 사건이었거든요. 이제는 마리화나를 뒷골목이 아닌 상점에서 살 수 있다는 것이 신기했죠. 각종 마리화나를 진열하고 파는 곳에 들어가본 것은 처음이었거든요."

"치료를 위해 혹은 얼마 남지 않은 삶의 질을 위해 마리화나가 꼭 필요한 이들도 있으니까요."

"저도 그 말에 생각나는 사람이 있어요. 함께 일했던 한 수사대원이 암 치료 중에 마리화나를 피웠나봐요. 검진 결과가 공개되어 파문이 일었었죠."

"그래요? 어떻게 되었나요?"

"결국은 사직 권고를 받았죠. 상부에서는 약물 사용자에게 증거 다루는 일을 맡길 수는 없다고 결정을 내린 거죠."

이곳 네바다 주에서 의료용 마리화나의 이용은 범죄로 간주되지 않는다. 마리화나 때문에 파면당한 수사관은 총기분석실에서 일하던 데릭 로빈슨이었다. 데릭은 가슴에 심한 통증을 느껴 병원에 갔다가 암이 꽤 진행되었다는 것을 알게 되었고 곧 화학 치료를 시작했다. 항암제를 투여하자 구토 때문에 일상적 생활이 어려웠고 제대로 먹지도 못하는 상황이 되었다. 치료 후 데릭의 체중은 위험할 정도까지 빠졌다. 의사에게 처방받은 마리놀을 이용하기에는 경제적으로 부담이 될 뿐 아니라 일상에서도 도취 상태에 있게 되는 부작용을 겪게 된다. 그는 단지 구토를 멈추고 입맛이 돌기를 바랐을 뿐이었다. 그래서 다시 의사를 찾아 마리화나를 처방받았다. 물론 업무 중에는 마리화나를 이용하지 않았다. 마리화나 권련을 피우면 THC는 지방조직에 흡수되어 제거속도가 느리므로 도취 상태에 있지 않더라도 검출될 수 있다. 그는 의료용으로 처방받아 이용했지만 향정신성 효과가 있는 마리화나를 피웠다는 것이 문제가 될 것 같아 이 사실을 숨겨왔던 것이다. 하지만 관리자들은 마리화나 이용을 지속한다면 수사 업무를 수행하는 데에는 문제가 될 수 있다고 판단했다.

약물은 이처럼 전혀 다른 얼굴을 가지고 있다. 치료의 목적으로 사용되면 생명을 연장할 수 있는 수단이 되기도 하지만 도취 상태에 이끌리면 중독의 그물에서 벗어나는 일이 쉽지 않다. 중독자들 중에 자신의 의지로 약물의 이용 횟수를 조절할 수 있다는 착각에 빠진 이들도 종종 있다. 그러나 이번 딱 한 번만이라는 결심은 매번 물거품이 되어버리고 결국 약물에 빠져들어 모든 상황이 피폐해질 때까지 악순환이 지속되기도 한다.

마리화나에 대한 이야기를 나누는 동안 매켄지 반장이 운전하는 SUV 차량은 벌써 필립스버그의 중심가로 들어섰다.

PCP는 외과용 마취제였다

매켄지 반장의 차가 필립스버그의 사건 현장에 도착했다. 도로에는 빨간색 스포츠차가 분수대를 들이받고 뒤집혀 있었다. 운전자는 도로를 역 주행하다 사고를 냈다. 구급대원이 그를 구출했을 때 속옷만 입은 상태였다. 그는 구급대원의 처치를 받은 후 근처에 뉴저지 메디컬 센터로 옮겨졌지만 지금까지도 혼수상태에 빠져 있다고 한다. 그의 이름은 가브리엘

가르시아로 올해 처음 이종격투기 무대에 선 선수였다. 가브리엘은 몬테델 고소 호텔에 마련된 특설 경기장에서 미들급 랭킹 5위인 디에고 페로소와 맞붙었다. 전문가들의 예상을 깨고 디에고는 가브리엘의 매서운 공격에 처참하게 패하고 말았다. 디에고는 경기를 마친 후에 링에서 걸어 나왔지만 몇 시간 뒤, 호텔 로비에 있는 쇼파에 누워 숨진 채로 발견되었다.

나는 먼저 가브리엘이 탔던 차의 내부를 조사했다. 재떨이에 수북하게 쌓인 담배꽁초 사이로 마리화나 여러 개를 발견했다. 아까부터 나를 유심히 지켜보고 있던 매켄지 반장이 가까이 다가왔다.

"피의자의 차에서 특별한 것이 발견되었나요?"

"가브리엘이 이것에 취해 운전을 했나 봐요."

나는 그의 차 안 재떨이에서 수거한 꽁초들을 그에게 보여주었다.

"혈중 THC 농도를 체크해 보도록 해요."

"역시 마리화나였군요."

"음, 그가 마리화나를 피웠다 할지라도 그 이상의 무엇이 있는 게 틀림없어요. 경기 중계방송을 보면 가브리엘이 약물에 취해 있었어요. 그가 마리화나말고 다른 약물을 함께했을 가능성이 있으니 좀 더 조사해봅시다."

분석실에서 증거들의 성분을 검사한 결과 흥미로운 결과가 나왔다. 예상했던 THC뿐 아니라 펜시클리딘phenylcyclodinem, PCP이라는 마약이 추가로 검출되었던 것이다. 나는 이 사실을 매켄지 반장에게 보고했다.

"반장님, PCP성분이 검출되었습니다."

그는 마침 가브리엘과 디에고의 경기 장면을 몇 번이나 반복해서 돌려보고 있었다.

"캘리, 이거 봐요. 경기가 시작되었는데도 가브리엘은 링에 기댄 채 멍하니 허공을 쳐다보며 있어요. 심판이 다가오는 데도 중앙으로 나가지 않고 머뭇거리고 있네요."

"아무래도, 첫 상대가 랭킹 5위라 두려웠던 것이 아닐까요?"

"나도 처음에 그렇게 생각했어요. 하지만 이걸 보세요."

나는 그가 띄우는 화면을 바라보았다.

"가브리엘은 디에고의 펀치를 정통으로 맞아 눈가가 찢어졌어요. 이후로도 몇 번을 더 맞고 쓰러졌는데도 그때마다 아무 일도 없었던 것처럼 다시 링에 섰죠. 그러다 완전히 지쳐버린 디에고에게 달려들어 무차별적 공격을 했던 겁니다."

나는 고개를 끄덕였다.

"PCP의 영향이었어요. 이제 해리형 마취 상태에 대해 설명할 수 있겠네요. 흠, 이처럼 PCP는 마리화나 흡연과 관련된 걱정거리 중 하나입니다."

PCP는 대개 다른 약물처럼 알약이나 주사로 이용하지만 이 경우처럼 담배나 마리화나에 섞어서 사용하는 경우가 종종 발견된다. 대마초의 효과를 높이기 위해서인데 가브리엘은 마리화나를 PCP에 적셔 피웠던 것이다. 뒷골목에서 판매되는 약물에 PCP가 섞인 경우 이용자에게 어떤 결과가 나타날지 알 수 없는 상황에 놓이게 된다.

'천사의 가루'라는 별명으로 불리던 펜시클리딘은 원래는 외과용 마취제로 시판되었다. 심박율에 영향을 주지 않는 마취제로 각광 받을 것이라는 기대와 달리 갖가지 문제들이 발생했다. 마취약이었던 PCP를 이용한 후 오히려 자극 효과가 나타났기 때문이다. 더구나 수술에서 깨어난 환자들은 불안, 환각, 상황 인식능력 장애 등과 같은 부정적 현상을 경험했다. 이런 결과가 보고된 이후에는 사람뿐 아니라 동물에게 사용하는 것도 금지되었다.

마취환각제인 PCP를 사용하게 되면 대체적으로 지나친 흥분, 우울, 사고의 혼란, 공격성 등의 증상이 나타난다. PCP의 진통 작용 때문에 불사조가 된 것 같은 느낌이 들기도 한다. 그래서 경찰이 PCP 남용자를 진압하는 과정 중에 보이는 폭력적이며 엽기적인 행동들이 화제가 되기도 한다. PCP남용자가 경찰이 전기 총을 쏘고 최루액을 분사했는데도 고통을 느끼지 못하거나 손에 수갑이 채워졌는데도 빠져나오려고 손목을 부러뜨리려 했다는 수사 일화들이 전해온다. 만성적으로 이용할 경우 지각 능력의 손상, 방광 통증, 요실금 등의 부작용을 경험할 수 있다. 앞서 가브리엘에게서 관찰되었던 머뭇거림이나 멍하니 한 곳을 응시하는 일명 '인형눈' 증상이 나타나기도 한다. 몸의 크기가 몇 배로 커지거나 벌레처럼 작아진 느낌이 들기도 한다.

이날 오후, 가브리엘은 생애 첫 경기를 승리로 장식하고 매니저와 함께 필립스버그의 선수 숙소로 돌아왔다. 하지만 그는 숙소를 몰래 빠져나왔고 자신의 차 안에서 또다시 PCP에 적신 마리화나를 피우다 사고를 냈던 것이다. 가브리엘이 경기 중에 비틀거리면서도 좀비처럼 다시 일어날 수 있었던 비결은 격투 실력과 근성이 아닌 약물에 의한 것이었다.

이렇게 사망 원인이 밝혀졌지만 또 다른 일이 나를 기다리고 있었다. 디에고의 아내, 케이트가 찾아온 것이다. 그녀는 최근 이종격투기협회 앞에서 1인 시위를 벌여왔다. 디에고의 사진을 목에 걸고서 사망의 진실을 밝힐 것과 엄격한 도핑시스템의 도입을 촉구했다. 케이트는 이미 디에고의 사망 당시부터 약물 중독자의 광기 어린 펀치에 희생되었다고 주장해왔다. 이제는 그녀에게 진실을 알려줄 수 있다.

케이트는 이번 대회가 끝나면 고향인 콜드스프링으로 돌아가 식당을 열기로 했다며 조용히 흐느꼈다. 디에고는 이를 준비하며 저녁에는 요리학교를 다니고 있었다고 했다. 나는 케이트의 손을 부여잡고 천천히 상황을 설명했다. 그리고 떨리는 그녀의 어깨를 안아주었다.

고개를 들었을 때 복도 저편에 슬픔에 잠긴 매켄지 반장의 모습이 눈에 들어왔다. 그의 얼굴에도 마치 지금 누군가를 떠올리고 있는 듯 잔잔한 애절함이 배어 있었다.

비틀스의 예스터데이, LSD

이른 새벽 요란하게 울리는 전화벨 소리에 잠을 깼다. 매켄지 반장이었다. 아미시[44] 여인들이 가담한 피살 사건이 발생했고 출동을 위해 곧 집 앞에 도착한다는 것이다. 주섬주섬 옷을 챙겨 입고 집을 나섰다. 집 앞에서 있던 나를 발견했는지 내 쪽으로 자동차가 가까이 다가와 멈춰 섰다. 자동차의 운전석 쪽 창문이 열리더니 좌우로 손을 흔들고 있는 그의 모습이 보였다. 차에 올랐다. 그는 다시 시동을 걸고 큰 길로 차를 몰았다. 차량이 뜸한 새벽길을 달려가는 동안 라디오에서는 잔잔한 영화음악이 흘러나왔다. 진행자는 비틀스의 〈다이아몬드와 함께 있는 하늘의 루시Lucy in the Sky with Diamonds〉라는 곡을 소개했다. 이윽고 노래가 흘러나왔다. 귀에 익은 노래가 나오자 나는 리듬에 맞추며 흥얼거리기 시작했다.

"캘리도 이 노래를 아는군요?"

"아이 엠 샘이란 영화를 무척 감명 깊게 보았어요. 숀 팬하고 다코타 패닝이 부녀로 나오는 영화인데, 혹시 반장님도 아시나요? 이 노래를 들을 때마다 가슴이 따스해지던 장면들이 새록새록 떠올라요."

"그렇군요. 분위기를 깨고 싶지 않지만 이 노래의 이니셜만 따서 말해 봐요."

"음, L… S… D… 설마, 똑같네. 혹시 환각제 LSD?"

그렇다면 이 곡이 환각제 엘에스디lysergic acid diethylamide, LSD와 무슨 관계라도 있는 걸까? 많은 평론가들에 비틀스의 음악적 색깔이 LSD를 접하게 된 후 변화했다는 주장을 제기했다. 그들은 누군가 커피에 넣은 각설탕 때문에 LSD에 빠지게 되었다는데 그 누군가는 다름 아닌 이들의 치과의사였다. 치과의사가 커피 잔 속에 풀어 넣은 것은 각설탕이 아니라 LSD 큐브였던 것이다.

LSD에 의한 환각은 색색의 사이키 조명처럼 강렬하고도 생생한 시각적 이미지라고 한다. 이 때문에 LSD 이용자들은 스스로 창의성이 높아졌다고 생각할 수 있지만 LSD 투여 후에 창의성은 객관적으로 큰 차이가 없다고 한다.

LSD 발견에 대한 에피소드는 중세 시대의 굶주린 사람들로부터 시작된다. 중세의 기근이 계속되면서 사람들은 곰팡이 낀 호밀까지도 빵으로 만들어 먹어야 할 만큼 허기에 시달렸다. 곡식에 피는 곰팡이의 독성 때문에 맥각중독ergotism(성 안토니오의 불St. Anthony's fire이라고도 불린다)이 발생하게 되었는데 이로 인해 사람들은 발작, 사고장애를 일으켰을 뿐 아니라 죽음에 이르기까지 했다. 심지어 맥각중독이 일어난 한 마을에서 수백 명

빌보드에 게재된 영국 록밴드 비틀스의 1965년 그래미상 수상 기념사진. 폴 매카트니는 인터뷰를 통해 〈다이아몬드와 함께 있는 하늘의 루시〉와 LSD의 연관성을 인정했다.

의 주민들이 한꺼번에 미쳐버리는 경우도 있었다고 한다.

1938년에 스위스 화학자, 앨버트 호프만Albert Hofmann 박사는 사람들을 사망에 이르게 했던 그 물질을 맥각 화합물에서 유도하여 합성하는 데 성공한다. 그는 이 물질의 자궁 수축 효과와 산후 출혈을 감소시키는 특성에 관심이 있었다. 물론 그때만 해도 호프만 박사는 훗날 이 약물을 "내 문제아"라고 부르게 될지는 상상조차 못했을 것이다.[45] 호기심 많은 호프만 박사는 이에 그치지 않고 자신이 합성한 물질을 몸소 체험해본다.

한때 학계에서는 이 약물이 잠재의식에 억눌려 있던 기억 저편의 문제들을 인식하게 하여 심리 치료에 긍정적으로 이용할 수 있으리라는 기대를 갖기도 했다. 하지만 1953년 생화학자 프랭크 올슨Frank Olson이 건물에서 뛰어내려 자살한 원인이 바로 LSD 때문이라는 것이 알려지게 된다. 누군가 그의 음료수에 몰래 LSD를 첨가했고 LSD에 의한 공황 반응 때문에 죽음에 이르게 되었다는 것이다. 더구나 당시 정부는 LSD로 심리 조절이 가능할 것이라고 여겼기에 반응을 주시하려는 시도를 서슴지 않았다. 그 대상은 피델 카스트로Fidel Castro와 같은 쿠바의 지도자들을 비롯해 민간인까지도 포함되어 있었다고 한다. 그들은 자신이 실험 대상인지도 모른 채 LSD가 함유된 음료수를 목구멍 너머로 넘겼다.[46]

LSD는 위에서 흡수가 잘 되며 섭취했을 때 반감기는 3시간 정도다. 정체성 상실, 시간 왜곡 등 다양한 환각 증상뿐 아니라 몸이 당장 산산조각 나는 것 같은 극도의 공포감, 불안감 등과 같이 불쾌하기 이를 때 없는 감정을 일으키기도 한다. 눈을 감아도 수만 가지의 색으로 뒤덮인 기하학적 무늬와 각종 형상들이 강렬하게 나타나며 왜곡된 이미지가 등장한다.

LSD 환각 중에는 음악 소리를 시각적인 장면으로 경험하기도 한다. 서로 다른 종류의 감각 전이 현상이다. 몸과 영혼이 분리되거나 눈앞의 현상이 기괴하게 과장되어 어떤 체험자들은 자신이 미세한 것까지 꿰뚫어볼 수 있다고 주장한다. 그뿐 아니라, 약물 복용을 중단했는데도 환각이 재현되는 플래쉬백flashback 현상을 경험하기도 한다. LSD의 환각은 극도로 소모적이고 마음대로 끝낼 수도 없으며 어떤 상황이 펼쳐질지 예상할 길이 없다.

비틀스의 노래가 막 끝났을 때 우리는 사건 현장에 도착했다. 매켄지 반장과 내가 이곳에 온 이유는 피투성이가 된 아미시 여인이 브로드웨이 한복판에서 몸을 가누지 못하고 비틀거리다 찻길에 웅크리고 쓰러져버렸다는 신고 때문이었다. 경찰관이 여러 번 이름을 물었으나 그녀는 아무런 대꾸도 하지 않았다. 더구나 신분증이나 신용카드도 없어서 신원조차 확인할 수 없었다.

처음에는 같은 사건일 것이라 생각하지 않았다. 아미시 여인을 경찰서로 연행한 후 근방의 스카이블루 아파트로 이동해 칼로 난자당해 살해된 한 커플의 사건을 수사했다. 침대 위에 널브러져 있는 두 구의 시신 밑에는 피가 흥건히 고여 있었다. 이들 중 보닛을 쓴 전통 복장의 한 여인이 눈에 들어왔다. 확인을 위해 거리에서 데려온 아마시 여인에게 그녀의 사진을 건네주자 부들부들 떨리는 손으로 이를 받아들더니 큰 소리로 오열하기 시작했다. 이렇게 아미시 여인은 두 사람을 죽인 살인범으로 체포될 위기에 놓였다.

잠시 후, 아미시 여인이 입을 열었다. 자신의 이름은 비앙카 암만이고 단짝 친구 제시와 함께 랭커스터 카운티의 아미시 마을에서 왔다고 말했다. 아파트에서 시신으로 발견된 몸집이 큰 사내는 폭력 전과가 있어서 신원 확인이 어렵지 않았다. 비앙카는 거리에서 우연히 그를 만나 어젯밤 술을 같이 마셨을 뿐 자신들은 어떤 종류의 마약도 하지 않았다고 결백을 주장했다.

그날 밤 이들에게 무슨 일이 있었던 걸까? 비앙카는 스무 번째 생일과 다음 달 결혼을 앞두고 배첼러렛 파티bachelorette party를 위해 뉴욕에 왔다. 아미시 교도들은 아직도 전기와 휴대폰을 쓰지 않고 전통의 삶을 고수하며 살아가고 있다. 하지만 늘 도시에 대한 막연한 동경을 품고 있던 비앙카는 가족들 몰래 마을을 빠져나와 결혼 전 마지막 휴가를 맘껏 즐기려 했던 것이다.

시신에 꽂혀 있던 나이프에서 비앙카의 지문은 발견되지 않았다. 한편 그녀뿐 아니라 시신에서도 예상했던 것처럼 LSD가 검출되었다. 제시와 함께 시신으로 발견된 사내는 '뉴욕 메스터스'라는 갱단의 부두목인 행크 슈미트로 밝혀졌다. 마약과 도박에 절어 사는 자신의 삶에 환멸을 느끼던 중 우연히 그날 바에서 전통 복장을 한 아미시 여인들을 만났던 것이다. 그는 처음에 이들이 브로드웨이의 배우들이거나 페스티벌 복장을 입고 있는 것이라 생각했다. 행크는 순진무구한 그녀들과 이야기를 나누면서 오랜만에 유쾌한 시간을 보냈다. 그리고 자신도 아미시 마을로 가서 새 삶을 시작할 수 있으리라는 희망을 품게 되었다.

하지만 이곳의 바텐더는 행크의 조직과 세력 다툼을 벌이고 있는 '37번가 갱단'의 일원이었다. 얼마 전 행크의 행동대원들이 이들의 업소를 부수고 술에 취해 있던 조직원들을 살해한 후 이들의 관계는 그야말로 살얼음판 위를 걷는 듯했다. 바텐더는 행크가 다시 자신들의 구역에 나타나자 위협을 느끼고 조직의 보스에게 이 사실을 알렸다. 그리고 칵테일을 만들 때 주머니 속에서 블로터형 LSD를 꺼내 그들의 술잔에 몰래 풀어 넣었다.

블로터형 LSD는 LSD를 물에 녹여 1회분에 해당되는 양을 종이에 흡수 건조시킨 것인데 용량 단위로 우표처럼 자를 수 있게 만들어졌다. 물론 이들은 술잔 속에 LSD가 든 것을 꿈에도 몰랐다. 술자리가 끝나고도 아쉬움이 남았던 그들은 근처에 있는 행크의 집으로 자리를 옮겼다.

그곳에서 이들의 달콤했던 밤은 순식간에 악몽으로 변해버렸다. 자신들의 구역에 뉴욕 메스터즈의 세력이 침범했다는 소식을 듣고 재빨리 뒤를 밟은 갱 조직원들은 행크의 집으로 들어와 모진 복수극을 벌였다. 그들은 행크의 목을 자르고 함께 있던 제시에게 칼을 휘둘러 죽음에 이르게 한다.

그 일이 벌어지고 있는 동안 비앙카는 손님용 침실에 있었다. 제시와 행크가 서로 끌린다는 것을 눈치 채고 그들만의 시간을 갖도록 자리를 비켜주었던 것이다. 양팔로 무릎을 안고서 바닥에 웅크리고 있던 비앙카는 공포스러운 환각에서 헤어 나오지 못했다. 두려움에 몸을 떨다 가까스로 거실로 나왔고 제시를 하염없이 불렀지만 아무런 대답이 없었다. 두 사람은 이미 살해된 뒤였다. 방문을 열어 침대 위에 그들의 시신과 핏자국을 보았을 때도 아직까지 나쁜 꿈을 꾸고 있다고 생각했다.

매켄지 반장은 비앙카의 이야기를 말없이 들었다. 비앙카는 제시의 죽음이 도저히 믿겨지지 않는다며 복받쳐 오르는 슬픔으로 하염없이 눈물을 흘렸다. 그녀는 어두운 도시의 그림자에서 벗어나 하루 빨리 고요하고 평화로운 고향의 일상 속으로 돌아가고 싶다고 말했다. 한편으로는 앞으

LSD는 그림과 같은 화려한 모양의 블로터나 우표 등의 형태로 유통되기도 한다. LSD 이용자들은 밝고 강렬한 형상들이 눈을 감은 상태에서도 보이는 환상이나 인식 왜곡 증상을 경험한다.

로 이 일이 마을 사람들에게 알려지면 약혼자에게 버림을 받을지 모른다며 두려워했다. 그리고 이 무거운 기억을 껴안고 평생 어떻게 살아가야 할지 막막하다고 털어놓았다. 매켄지 반장은 그녀의 손에 따뜻한 차를 쥐어주며 나지막한 목소리로 이렇게 말했다.

"비앙카, 마음속에 수많은 목소리들이 쉴 새 없이 당신을 괴롭히고 있죠? 앞으로도 꽤 오랫동안 후회와 눈물로 밤을 지새울지도 몰라요. 그때마다 쓰디쓴 기억들을 삼키려고만 하지 말고 되도록 표현하려 애써 봐요. 분명한 사실은 당신이 매일 조금씩 더 그 기억에서 멀어져갈 거라는 겁니다."

이때 문이 열리고 수염을 길게 기른 비앙카의 아버지가 보였다. 매켄지 반장은 그녀의 어깨를 다정하게 두드리며 상처는 언젠가 아물 것이라고 한 번 더 힘주어 말했다.

지금도 인생의 짐이 견딜 수 없이 힘겹게 느껴질 때마다 매켄지 반장이 비앙카에게 전한 마지막 말을 나지막이 되뇌어본다. 물론 비앙카는 고향에 돌아가서도 그날의 악몽을 쉽게 지우지 못할 것이다. 폭풍처럼 몰려든 불행이 소중히 지켜왔던 모든 것을 순식간에 삼켜버릴 때 고통스러운 상황은 결코 끝나지 않고 영원히 그 자리에 머물 것만 같다.

모든 것이 언젠가는 제자리로 돌아온다. 물론 보기 흉한 흉터가 남을 수도 있다. 하지만 시간 속을 항해하는 동안 우리는 적어도 고통을 견뎌낼 수 있을 정도로 무뎌질 것이다. 그때가 되면 인생에 불쑥 문을 두드리는 정체 모를 운명에 울부짖는 누군가에게 위로의 말을 해줄 만큼 우리 영혼은 단단해져 있을 것이다.

이번에는 스스로에게 다짐하듯 되뇌어본다.

"언젠가는 내 가슴속 이 욱신거림도 무뎌지겠지."

그녀의 헤로인 롤리팝

뉴욕은 세계 패션과 산업의 중심지인 만큼 각종 패션쇼나 이벤트 공연이 곳곳에서 벌어진다. 이날, 디자이너 마르틴 롤랑은 존스 비치 백사장에서 신규 런칭한 수영복 전문 브랜드 '그리니치'의 출시를 기념한 수영복 패션쇼를 열었다. 같은 시각, 맨하탄 도심의 미라클 호텔 야외 풀장에서는 비키니 파티쇼가 열렸다. 모든 장면이 실시간으로 대형 전광판과 인터넷을 통해 동시 방영된 이날의 쇼는 뉴욕뿐 아니라 전 세계로 생중계되었다. 아름다운 모델을 비롯해 파티를 즐기러 찾아 온 뉴요커들이 풀장 입구에서 나누어 준 그리니치 수영복을 입고 물놀이를 즐기는 모습만으로도 많은 이들의 이목을 집중시키기에 충분했다.

드디어 그리니치의 메인 광고 모델인 가수 알리사 코쿠노바가 런웨이에 등장했다. 활짝 미소를 지으며 롤리팝 사탕을 입에 물고 나타난 그녀의 아름다운 모습은 사람들의 탄성을 자아냈다. 이윽고 백댄서들의 파워풀한 춤과 함께 공연이 시작되었다. 푸르스름한 조명이 무대를 달빛처럼 비추고 드라이아이스 안개가 자욱하게 피어올랐다. 그 순간 어디선가 날카로운 비명이 터졌고 사람들의 웅성임이 커졌다. 늘씬한 팔다리로 우아하게 춤을 추던 알리사가 중심을 잃고 비틀거리더니 그대로 바닥에 쓰러져 숨지고 말았다.

나는 용의자를 찾기 위해 대기실로 찾아가 쇼의 출연자들을 차례로 만났다. 그러다 알리사 매니저의 가방 속에서 수십 개가 넘는 롤리팝 뭉치를 발견했다. 그는 롤리팝이 자신의 것이 아니며 알리사의 부탁을 받고 심부름을 했을 뿐이라고 발뺌을 했다. 이번 수영복 패션쇼뿐 아니라 최근 뮤지컬 〈환상〉에 출연해 실오라기 하나 걸치지 않은 알몸 연기를 보여주었

캘리는 마르퀴즈 예비 테스트를 통해 사건 현장에서 발견한 롤리팝 사탕이 아편류 마약이라는 것을 알아낸다. 헤로인 과용이나 헤로인 속 첨가제에 대한 알레르기 반응으로 주사바늘을 꽂은 채로 급작스럽게 사망하는 사례가 종종 발견된다. 뒷골목 제약소에서 합성된 헤로인에 함유된 독성물질이나 코카인, 알코올 등과의 혼용은 죽음에 이르게 할 수 있다.

던 그녀가 사탕이 가득 든 가방을 짊어지고 다녔다는 것이 의아했다.

확인을 위해 마르퀴즈 예비 테스트를 실시해보았다. 사탕은 자주색으로 변했다. 이 테스트의 시약은 포름알데히드와 농축 황산의 혼합액으로 아편류에 대해 간단하게 검사할 수 있다. 이 검사를 실시했을 때 아편 류가 함유되어 있다면 자주색으로 변화한다.

그동안 알리사가 입에 물고 있던 롤리팝은 다름 아닌 마약 사탕이었던 것이다. 사탕을 분석한 결과 헤로인뿐 아니라 모르핀morphine보다도 50~100배가량 강력한 것으로 알려진 합성 진통제 펜타닐fentanyl이 섞여 있었다. 매니저는 알리사가 브로드웨이 뮤지컬 공연의 인기에 힘입어 최근에 전국 순회공연을 다녔다고 했다. 알리사는 공연 중에 공중에 날아오르는 장면을 연기하다 무대 아래로 굴러떨어져 부상을 입었다. 그러나 계약 조건 때문에 남은 공연을 취소하지 못하고 무리한 일정을 소화해내야 했기에 늘 전신의 통증을 호소했다고 했다. 통증과 스트레스로 고통스러워하던 그녀는 어느 순간인가부터 롤리팝 없이는 무대에 오르지 못할 정도로 의존해왔다. 그뿐 아니었다. 알리사의 집에서는 알약과 함께 패치도 발견되었는데 여기서도 동일하게 펜타닐 성분이 검출되었다.

아편제는 아편 및 모르핀, 코데인codeine과 같이 아편에서 추출할 수 있는 천연 성분뿐 아니라 아편 유도제인 헤로인 그리고 이들과 유사한 효과를 내는 메타돈methadone, 부프레노르핀buprenorphine 등의 합성된 약물들까지 다양하다.

아마도 우리가 꿈꾸는 유토피아는 아무런 고통 없는 세상일 것이다. 호메로스의 〈오디세이〉에도 아편에 대한 구절이 있는 것으로 보면 시대를 막론하고 향락 목적의 아편 이용에 대해 사람들이 열광적이었다는 것을 짐작할 수 있다.

"제우스의 딸 헬렌은 와인에 네펜시스를 부었는데 이는 나쁜 일을 잊게 만들어준다. 이 음료를 마시면 부모가 돌아가시거나 형제, 사랑하는 이가 눈앞에서 죽어도 울지 않게 된다."

하지만 어찌 보면 그것은 이 세상의 본질과 전혀 다른 것이 아닌가. 잠시 고통과 시름을 잊을 수 있지만 정신적 포로가 된 대가를 톡톡히 치러야만 한다. 아랍권의 경우, 코란에서 술을 엄격하게 금하는 대신 아편을 이용하는 일에 비교적 관대했기 때문에 이것은 이슬람 문화의 일부로 정착하게 되었다. 그들은 투사였을 뿐 아니라 교역에 능했으므로 양귀비의 씨앗은 인도와 중국까지 널리 뻗어나가게 된다.

앞서 코카인이 함유된 빈 마리아니처럼 아편 음료수가 인기리에 팔리던 때도 있었다. 1680년 영국의 히포크라테스라 불리던 내과 의사 토마스 시드넘Thomas Sydenham은 아편, 사프란, 계피, 와인에 녹인 정향을 섞어 아편팅크 음료를 제조했다. 이를 비롯해 유사 음료가 유럽과 미국에서 대중화되었다. 『어느 영국인 아편 중독자의 고백』이라는 작품으로 유명한 영국의 작가 토마스 드 퀸시Thomas de Quincey와 영국의 대표 여류 시인, 엘리자베스 바레트 브라우닝Elizabeth Barrett Browning 역시 아편팅크를 애용한 것으로 알려져 있다.

한편 서구의 이런 성향과 다르게 중국에서는 아편을 음료로 복용하기보다는 흡연하는 것이 더 유행이었다. 그래서 쉼 없이 아편을 빨아대는 것이 중국인의 상징적인 모습으로 인식되기까지 했다. 1729년에 이르러 아편 흡연이 금지되었지만 아편 이용은 계속되었고 이 수요 때문에 인도로부터 아편 밀수가 성행했다. 영국 정부가 그 과정에 끼어들어 홍콩을 손아귀에 넣고 각종 통상권을 획득하게 된다.

1800년 초에 프리드리히 세르튀너Friedrich Sertürner는 아편의 활성성분을 분리해냈고 꿈의 신, 모르페우스의 이름을 따서 모르피움morphium이라 불렀다. 이후 주사기가 발명되면서 모르핀을 혈류에 직접 투여할 수 있게 된다. 이 약물은 미국의 남북전쟁과 프러시아-프랑스 전쟁을 계기로 군인들의 통증을 줄인다는 명분으로 투여되었다. 그로 인해 참전 군인들은 고향으로 돌아온 이후 모르핀에 의존하게 되었는데 이를 '군인 병'이라 불렀다. 한편 1989년 독일의 바이엘 사는 모르핀보다 3배 정도 강력한 헤로인이라는 진통제를 선보였다. 월남전 당시에도 베트남산 헤로인을 비롯한 약물을 구하는 일이 결코 어려운 일이 아니었고 참전 군인들 중에는 약물로 전쟁의 스트레스를 달래는 이들도 있었다. 미군의 10~15%가 헤로인에 중독된 것으로 추정되었으나 우려와 달리 예편 후 예상했던 귀향 군인들에 대한 최악의 시나리오는 나타나지 않았다.

사회적 인식도 약물 유행에 중요한 한 몫을 한다. 90년대의 패션 산업계에서는 '헤로인 스타일heroin chic', 즉 마르고 눈이 움푹 들어간 모델이 인기를 누렸다. 또한 헤로인 중독자의 전형적인 모습이 매력적 이미지로 미화되기도 했다. 당시에 대단한 인기를 누렸던 〈펄프 픽션〉, 〈트레인스포팅〉과 같은 영화에서도 이런 인식을 부각시킨 장면들이 등장한다.

양귀비는 0.9 -1.2m 가량의 일년생 식물로 꽃은 흰색, 분홍색, 보라색, 붉은색이 있다. 기원전 1500년경의 『에버스 파피루스Ebers Pappyrus』라는 이집트 문서에 등장하는 수많은 처방 중에 아편이 들어 있었다.
많은 이들은 이것이 아편을 의학적 용도로 사용한 시작점이라고 여기고 있다.

금단 현상으로는 설사, 구역질, 경련, 신경질, 통증, 발한 등의 불쾌한 증상이 불행감과 함께 나타나는데 금단증상을 느끼게 될지 모른다는 두려움도 약물에 대한 의존성을 높이는 데 한몫한다. 또한 헤로인 남용자들은 내성 때문에 투입량을 계속해서 늘려야 하며, 한편으로는 헤로인을 넣지 않고 주사만 맞아도 조건반사적 만족감을 느끼는 경우도 있다고 한다.

헤로인 남용자들의 우려되는 증상 중 하나는 호흡이 느려지는 것인데 이 사실을 알고 있는 살인자들은 고농도 헤로인을 주사하여 목숨을 빼앗고 헤로인 과다 복용으로 위장하기도 한다. 하지만 뒷골목에서 구하는 헤로인은 약국에서 사는 약처럼 정확한 농도와 분량이 라벨에 기재된 것이 아니므로 과다 복용의 문제는 언제든지 나타날 수 있다.

헤로인 중독자들의 의존성을 의학적으로 감독하여 치료하기 위해 합성 아편제인 메타돈을 투여하는 프로그램이 시행되고 있다. 메타돈은 2차 세계대전 중 개발된 마약성 진통제다. 이 프로그램은 중독자들이 헤로인보다 작용 시간이 긴 메타돈을 정기적으로 복용하여 헤로인에 대한 갈망을 낮춤으로써 정상적인 생활로 돌아오게 하는 방식이다. 하지만 메타돈 프로그램 역시 또 다른 아편계 약물에 의존하게 하며 매일 메타돈을 타기 위해 상담소를 방문해야 하는 상황은 치료라기보다 사회적 통제 수단에 가깝다는 비판도 제기되고 있다. 헤로인을 15년간 끊었다가도 이들 중 25%

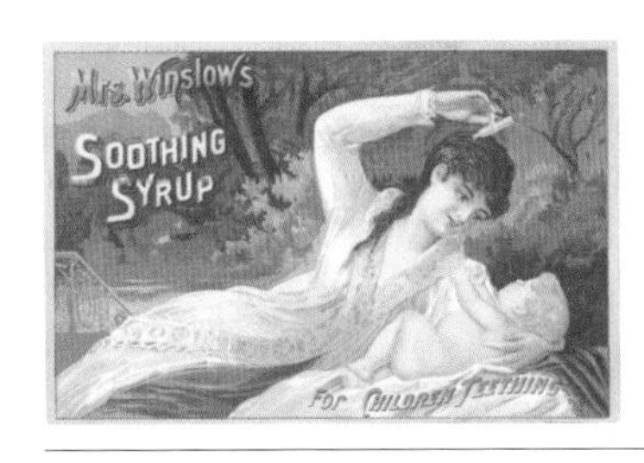

19세기에 아편을 팅크제로 마시는 방법은 사회적으로 용인되었다. 당시 아편팅크는 가정상비약과 같은 존재였다.
특히 이 광고는 일하러 가야 하는 젊은 엄마들이 주요 고객이었음을 보여준다.

가 다시 헤로인에 손을 댄다는 연구 결과는 헤로인 남용자들이 중독의 손아귀에서 벗어나는 것이 얼마나 어려운 일인지를 보여준다.[47]

로건 반장도 아편성 약물인 하이드로코돈hydrocodone 성분이 함유된 바이코딘vicodin 남용자였다. 과학수사대에서 늘 성실하게 일하는 수사관이기 때문에 아무도 그가 약물 중독자라고 의심하지 않았다. 로건 반장은 범인과 몸싸움 끝에 언덕 밑으로 굴러 떨어져 허리 부상을 입고 수술까지 받게 된다. 퇴원 후에도 그 통증은 지속되었고 진통제를 처방받게 된다. 로건 반장은 일을 하다 통증이 느껴질 때마다 진통제를 입에 털어 넣었고 통증이 오지 않을 때에는 통증이 찾아올까봐 두려워 약물에 강박적으로 집착했다. 남용자들의 뇌는 아편성 약물이 주는 평온함이 지속되지 않으면 초조하고 불안해진다. 그래서 만족감의 수준을 지속하기 위해 스스로 약물을 반복적으로 투여한다.

재즈의 여왕 빌리 홀리데이Billie Holiday도 헤로인 중독자였다. 그녀는 44세의 길지 않은 삶을 진정제와 함께 뉴욕 메트로폴리탄 병원에서 마감해야만 했다. 더욱 안타깝게도, '병명: 마약 중독 말기 증상, 치료 방법: 없음'이라는 진료 기록이 남아 있었다. 그녀가 남긴 〈당신을 원하는 나는 바보겠죠I'm a Fool to Want You〉라는 음악이 흘러나올 때마다 그녀가 헤로인을 두고 하는 독백 같다는 생각이 들기도 한다.

드 퀸시는 아편팅크를 처음 복용하고 난 후의 경험에 대해 "1페니의 행복이며 휴대용 황홀경"이라고 표현했다. 그러나 그는 행복감을 인생 속에서 자연스럽게 찾으려 하지 않았기에 아편제에 의지해야 했고 한동안 본업인 글을 쓸 수 없는 상황에까지 이른다.

어쩌면 고통은 아직 우리가 삶에 깨어 있다는 것을 깨닫게 해주는 감정일지 모른다. 그리고 우리는 고통의 억센 손아귀에서 벗어나려 버둥거리며 스스로도 인지하지 못했던 능력을 발견해낼 수 있게 된다. 힘겨운 여행의 끝자락에 이르면 어느 새 낡고 해진 고통의 옷을 벗고 행복이란 이름의 고운 옷으로 갈아입을 채비를 할 것이다. 누구든 할 수만 있다면 안락함과 평온함 속에 영원히 머물고 싶을 것이다. 하지만 그런 이상적 상황에서는 결코 스스로를 단련할 자극을 받을 수 없다. 그리고 우리는 어느덧 권태라 불리는 삶의 방해꾼에 사로잡히게 된다. '순간의 절박함'이야말로 현실의 삶 속에 놓인 거대한 장벽들을 뛰어넘을 수 있게 만들기 때문이다.

에필로그

술잔 속 검은 유혹

이곳은 어디일까? 눈을 떠보니 낯선 곳이었다. 침대 옆 테이블 쪽으로 팔을 뻗어보니 컵 받침에 '킹스턴 호텔'이라는 글씨가 눈에 들어왔다. 어떻게 나는 이곳에서 잠들었던 걸까?

어제 나는 헤로인 사탕 사건에 대한 수사 자료 수집과 실험을 마쳐야 해서 밤늦은 시간까지 야근을 했다. 어느 정도 업무를 끝내고 시내에 있는 '코발트'라는 클럽에 들렀다. 시계를 보니 벌써 새벽 한 시가 넘어 있었다. 금요일 밤이라 그런지 클럽은 이미 수많은 사람들로 발 디딜 틈조차 없었다. 사람들이 현란한 조명 아래 강한 비트의 음악에 맞춰 한껏 몸을 흔들고 있었다. 바텐더에게 블랙러시안을 주문했다. 한 잔을 비웠을 무렵 바텐더가 또다시 술잔을 내밀었다. 헌터에게 증거 사진 자료를 받으려면 내일도 출근을 해야 했기에 곧 자리에서 일어날 생각이었다. 주문한 적이 없다고 말하자 어떤 신사가 내게 칵테일을 보냈다고 말했다. 다음 무대를 위해 조명이 꺼진 무대 저편, 어둠 속에서 한 남자가 손을 흔들어보였다. 그의 얼굴을 확인해 보려했으나 또 다른 밴드의 공연이 시작되었다. 어디선가 마이크를 테스트하는 굵고 부드러운 목소리가 들려왔다. 나도 모르게 단숨에 술잔을 비우고 말았다. 그들은 공연의 시작을 알리며 관객들에게 인사말을 시작했다. 졸음이 쏟아졌다. 그리고 낯선 누군가와 말을 주고받았던 것이 어슴푸레 기억이 났다. 그 후로 킹스턴 호텔에서 눈을 뜰 때까지 아무런 기억이 없다.

어젯밤 낯선 호텔에서 내게 무슨 일이 일어났던 것일까? 누군가 술잔에 의도적으로 약물을 넣었던 것 같다. 어제 무슨 일이 있었는지 기억해내려 노력했지만 헛수고였다. 서둘러 호텔에서 나와 범죄연구소로 향했다. 다행히 내 몸에 폭행의 흔적은 없었다. 범인은 왜 나를 낯선 곳에 데려다 놓고 이렇게 재워놓았던 것일까?

며칠 후, 나는 범죄연구소에 도착한 편지 한 통을 읽고서야 그 이유를 알게 되었다. 편지를 열어보니 짧은 글귀가 적혀 있었다.

'그날 밤의 경험을 결코 잊지 마라. 너를 계속해서 지켜볼 것이다.'

이 말이 과연 무슨 뜻일까 곰곰이 생각에 잠겼다. 얼마 전 나는 술에 탄 GHB Gamma-hydroxybutyrate에 정신을 잃고 성폭행을 당한 여성의 사건과 관련하여 법정에 출두한 적이 있었다. 용의자가 자신의 술잔에 약물을 넣고 강간을 했다고 주장했지만 그 여인의 몸에서 GHB는 검출되지 않았다. 그녀는 이 일로 자책감과 수치심 때문에 괴로워하며 힘겨운 시간을 보냈다. 드디어 용기를 내어 주변 사람들에게 알릴 결심을 했을 때는 체내에 이미 아무런 물리적 증거가 남아 있지 않았다. GHB는 대사 작용으로 체내에서 빨리 소실되기 때문이다. 나는 법정에서 검사 결과 그대로를 증언해야 했다. 그녀의 몸에서 GHB가 검출되지 않았다는 사실과 함께 GHB 복용 후 뒤따르는 생리적 효과에 대한 설명을 간단히 덧붙였다. 내가 증언

캘리는 어젯밤 클럽에서 칵테일을 마신 후 정신을 잃고 낯선 호텔에서 눈을 떴다. 이른바 "클럽 약물"라고 부르는 것에는 GHB, 로히프놀, LSD, 케타민 등이 있다. 클럽 약물들은 술잔에 몰래 타 성폭행에 악용할 수 있을 뿐 아니라 알코올과 함께 복용하면 건강을 심각하게 위협할 수 있다.

을 할 때 피해자의 어머니는 시선을 아래로 떨구며 눈물을 닦아내고 있었다. 그다음으로 그녀가 용의자와 클럽에서 몸을 부비며 춤을 추었고 새벽까지 다정하게 데이트를 즐기는 모습을 보았다는 목격자들의 진술이 이어졌다. 용의자의 변호인은 약물을 술잔 속에 넣었다는 주장은 터무니없는 망상일 뿐이며 술에 취한 것은 사실이지만 합의하에 성관계가 이루어졌다고 반박했다. 결국 의식을 잃고 성폭행을 당했다는 주장은 끝내 받아들여지지 않았다. 그로부터 일주일 후 나는 그녀가 스스로 목숨을 끊고 말았다는 소식을 뉴스를 통해 전해 들었다.

앞서 여러 약물들이 체내에서 섞였을 때 나타나는 위험성에 대해 언급했다. 코카인과 알코올 혹은 코카인과 헤로인 같이 약물을 혼용해 향락을 즐기는 것은 어쩌면 러시안룰렛 게임의 희생자가 되기를 자처하는 것과 같다. 어떤 이들은 여러 약물들을 섞어 원하는 효과를 한꺼번에 얻고자 하지만 이러한 행동은 약 효과의 상승으로 치명적인 상태에 빠지게 할 수 있다.

인류는 고대로부터 향락과 의료상의 목적으로 다양한 천연 혹은 합성 약물을 이용해왔다. 오늘날에는 백신부터 피임약까지 수많은 목적의 약물이 개발되어 이용되고 있다. 그 종류를 보면 알코올이나 카페인처럼 합법적인 약물부터 헤로인이나 코카인 같이 사용시 범죄자가 되는 마약까지 헤아릴 수 없이 다양하다. 물론 인간들은 앞으로도 끊임없이 약물을 몸속에 주입할 것이며 지금껏 그래왔듯 자신이 원하는 긍정적인 작용이 일어나길 기대할 것이다.

예나 지금이나 사람들은 감정을 고양시켜 허용된 범위의 탈선에 탐닉하고 있다는 것을 인정하지 않을 수 없다. 고통에 빠진 사람은 무거운 삶의 굴레에서 해방되기를 바라며 쾌락이나 안정감을 느끼기 위한 도구를 스스로 찾아 헤매기도 한다.

아리스토텔레스가 "인간은 사회적 동물"이라 말했던가. 인간은 즐거움을 나누거나 특정 시대에 유행하는 문화를 함께한다는 동질감을 얻기 위해서 특정 약물을 사용하기도 한다. 사람들은 흔히 남들과 함께 약물을 이용한다면, 혹은 의사가 처방했다면 무조건 안전할 것이라 생각한다. 특정 약물을 복용하고 난 후에야 온몸이 편안해지고 에너지가 넘치게 된다고 믿기도 하고 갑자기 집중력이 한층 높아진 것 같은 착각에 빠지기도 한다. 또 약물을 사용하면 감정을 섬세하게 만들 수 있고 자극을 극대화할 수 있어 특정 직업에 도움이 된다고 믿기도 한다. 하지만 현실을 잊기 위해, 혹은 재미삼아 약물을 시도하는 것은 더욱 높은 강도의 약물을 찾게 만들고 습관적 남용에까지 빠져들 수 있다는 것을 잊지 말아야 한다.

나는 이번 마약 공동 수사 작전의 마지막 현장이 될 클럽 '아담의 비밀'에 와 있다. 오늘 밤, 뉴욕 최고의 인기 클럽인 이곳에서 불법 약물의 공급책과 남용자들을 수사하게 될 것이다. 사람들은 클럽이나 술집에서 알코올과 함께 약물을 복용하고 있다. 흔히 '클럽 약물'이라고 부르는 것들로는 엑스터시ecstacy, GHB, 로히프놀rohypnol, LSD, 케타민ketamine 등이 있다.

그중 GHB와 로히프놀은 데이트 강간 약물로 악명이 자자하다. 음료에 섞는 수용액상의 GHB는 국내에서 '물뽕'이라는 속칭으로 널리 알려져 있다. 한때 근육량을 증가시킨다고 간주되어 보디빌더의 영양보충제로 관심을 끈 적도 있다. 중추신경 억제제인 GHB을 복용하면 술처럼 이완, 진정 작용이 느껴지고 그 양을 더 늘리면 구토, 어지럼증 등의 증세가 나타난다. 이 약물을 수면제나 알코올에 섞어 과량 복용하면 의식을 잃거나 혼수상태가 될 수 있다. 하지만 이 약물은 체내에서 빠른 속도로 소실되는 특성 때문에 피해자는 자신의 상황을 객관적으로 입증하는 데 어려움을 겪게 된다.

로히프놀은 알코올에 의해 효과가 높아지며 거리에서는 '루피스Roofies', '로슈Roche' 등의 속칭으로 불리기도 한다. 색과 맛이 없는 이 약물을 술에 타면 피해자가 무방비 상태가 되며 약에 취해 경험한 사건들을 기억하지 못하게 된다. 그래서 호프만 라로슈 사Hoffmann-La Roche는 술잔 내 로히프놀의 존재를 알리기 위해 음료수에 용해되었을 때 파란색을 띠도록 정제해 판매하고 있지만, 범인들은 같은 색 칵테일에 녹여 이를 감추거나 어두운 곳에서 이용하기 때문에 이것도 큰 도움을 주지 못하고 있는 실정이다. 그뿐 아니라 아직도 뒷골목 유통망을 통해 무색 제제가 판매되고 있다.

클럽 약물 중에 일명 '비타민 K'라고 불리는 마취 환각제, 케타민ketamine도 있다. 앞서 이종격투기 선수 사건에서 보았던 PCP와 화학적으로 유사한 약물이지만 PCP보다 작용 시간이 짧다. 이 약제는 마리화나, 담배와 함께 흡연하거나 액상, 주사제로도 이용된다. 꿈속에 있는 것 같은 환각 상태가 되며 고용량 복용 시 육체에서 이탈하여 죽음에 다가선 것 같은 극도의 공포 상태를 경험하는 경우도 있다. 이를 '케이-홀k-hole'이라고 부른다. 앞서 GHB나 로히프놀처럼 누군가가 술잔에 넣어둔 케타민에 의해 도취 상태가 되면 상대의 행동에 저항할 수 없고 어떤 일이 일어났는지 기억하지 못할 수 있기 때문에 앞서 두 약물처럼 데이트 강간에 악용될 위험성이 높다.

엑스터시는 클럽에서 머리를 흔들며 춤을 출 때 이용하기에 일명 '도리도리'라 불리기도 한다. 엑스터시는 흥분 효과와 환각 효과를 모두 보이는 약물로 알려져 있다. 엑스터시는 독일의 머크 사에서 지혈제로 개발되었으나 대중에게 판매된 적은 없다. 하지만 엑스터시는 뒷골목 유통망으로 쉽게 구할 수 있는 알약 형태의 파티용 마약이다.

엑스터시의 화학적 정체는 길디 긴 본명에서 드러난다. 메틸렌디옥시메스암페타민3, 4-methylenedioxymethamphetamine. 이것이 엑스터시의 이름인데 이를 줄여 'MDMA', 혹은 'X'라고 부르기도 한다. 긴 이름의 마지막 부분에 암페타민이 등장하는 데 이것이 암페타민 유사체라는 특성을 이해하는 데 도움을 준다. 엑스터시는 정신과 치료에서 공감력을 높이기 위한 약물로 이용되기도 했다.

엑스터시는 흔히 클럽에서 춤을 출 때 이용하는 것으로 알려져 있지만 아이러니하게도 이 약물의 급성 효과 중 하나는 열사병을 일으킬 수 있다는 것이다. 열기로 가득한 클럽에서 엑스터시를 복용하고 정신없이 몸을 흔들다보면 심장마비를 일으켜 죽음의 무도회가 될 수 있다는 뜻이다. 또한 신장 기능에 부담을 줄 수 있다고 알려져 있다.

사실 약물은 어디에나 있다. 그래서 정작 이용에 있어서는 사회 문화적, 법적 규제에 따른 심리적 부담도 많은 영향을 끼칠 수 있다. 일상에서 규제 대상이 아닌 술(알코올)을 마실 때는 마약을 이용할 때와 같은 죄책감을 느끼지 않는다. 거리낌 없이 마실 수 있는 술이 마음 맞는 상대와 즐거운 시간을 보내기 위한 용도로 꽤 오래 전부터 많은 이들이 이용해왔다는 것은 부정할 수 없는 사실이다. 하지만 그 정도에 그치지 않고 상대의 각성의 정도를 높이거나 경계심을 늦추기 위해 특정 약물을 술잔 속에 넣는다면 스스로 예상한 것 이상의 결과를 초래할 수 있다는 것을 잊지 말아야 할 것이다. 더구나 뒷골목 유통망을 통해 구입한 약물의 작용은 순도, 독성 물질의 함유 정도를 확인할 방법이 없을 뿐 아니라 개인의 특성, 특정 음식, 치료를 위해 처방된 약물 등의 영향으로 발작이나 심하면 사망까지 이르게 할 수 있다. 물론 이 점이 범죄에 이용될 수 있다는 것은 두말할 필요가 없다.

나는 지금 클럽에서 수사를 마치고 연구소로 돌아와 증거자료를 정리하고 있다. 다행히도 앞서 일어난 사건으로 외상을 입지는 않았다. 하지만 경고를 의식한 탓인지 누군가 나를 지켜보고 있다는 느낌이 사라지지 않아 불안한 마음이 드는 것은 어쩔 수 없었다.

내 책상 위에는 연구소 앞 카페에서 사온 커피가 놓여 있다. 일을 하는 내내 이렇게 커피를 들이키는 것이 습관처럼 되어버렸다. 이 종이컵 안에도 그동안 대중들의 사랑을 듬뿍 받으며 다양한 문화를 만들어온 향정신성 흥분제가 들어 있다. 그 약물의 정체는 바로 카페인이다. 약물이라고 부르는 게 왠지 어색할 정도로 생활의 일부가 된 카페인도 고농도라면 독성을 야기할 수 있다. 고카페인 음료의 과다 복용 후 심장마비로 사망한 이들의 기사도 심심치 않게 볼 수 있다. 병원에서도 마찬가지어서 간호사의 실수로 카페인이 3.2g이 주사되어 환자가 사망한 예도 있다. 물론 카페인 역시 다른 약물처럼 섭취를 중단하면 졸음, 두통, 집중력 저하 등의 금단증상이 나타난다. 또한 임신 후기의 유산 및 골다공증의 위험을 높일 수 있는 것으로 알려져 있다.

한 사회가 특정 약물을 대하는 태도는 화학적 혹은 독성학적 요인뿐 아니라 문화, 역사적인 면이 강하게 작용한다. 지구상의 모든 사람들은 시대를 불문하고 행복해지기를, 그리고 감정적으로 고양되기를 소망해왔다. 그뿐 아니라 필요하다면 밤새 깨어 일할 수 있기를, 고대해오던 그 순간에 부디 최고의 능력을 보일 수 있기를 바란다. 또한 건강하고 통증을 더 이상 느끼지 않기를, 그리고 고통스러운 현실을 잊고 숙면을 취할 수 있기를 바란다. 그때 약물을 이용하는 것은 마음속의 수많은 소망 중 어떤 하나를 이루고 싶은 이유 때문일 것이다.

어느덧 현대인들에게 '휴식'이라는 것의 의미가 금지되지 않은 약물을 받아들이는 과정, 이를 테면 알코올, 카페인 음료를 마시고 담배를 태우는 일 등이 된 건 아닌가 싶기도 하다. 사업상 회의에 참석하면서도 혹은 친구들과 파티를 열 때도 카페인이나 알코올과 같은 약물은 필수적 존재로 여겨진다. 더구나 많은 사람들은 그것이 합법적 약물이라면 자신을 마비시키는 것에 대해 양심에 꺼릴 하등의 이유가 없다고 생각한다. 오히려 이것을 받아들이는 것이 사회생활에 있어 꼭 필요한 일 가운데 하나라 여기게 되었다.

카페인은 중독성이 있는 정신 자극제이지만 법적 금지 목록에 들어있지 않으며 니코틴과 알코올처럼 이용의 최저 연령이 정해져 있지도 않다. 술과 담배 역시 이용을 꺼려하는 사람도 있지만 합법적으로 구입할 수 있으며 많은 사람들이 사교를 위해 긍정적인 것이라 인식한다.

치료를 위해 병원에 입원해본 사람이라면 느껴보았을 것이다. 환자는 침대에 가만히 누워 있어도 약제와 주사제가 끊임없이 자기 몸속으로 들어가는 상황에 놓이게 된다. 의사는 고통을 호소하는 사람들에게 중독성 약물을 처방하기도 하고 환자 상태에 따라 주입 농도를 높이기도 한다. 1800년대에는 홈쇼핑 주문 카탈로그에 아편 음료가 있었고 이를 마시는

당신은 왜 약물을 하는가?
우리가 고민해야 할 것은 비단
그 약물이 합법이냐 불법이냐의
문제만은 아니다.
그것은 빠른 속도로 개발되고
있는 치료 약물들을 포함해
일상에서도 어떤 종류의
약물이든 선택하며 살아가기
때문이다.

것이 사회적 금기 사항에 포함되지 않았다. 오히려 그 시절, 어떤 주부는 이 음료로 알코올의존자인 남편을 저녁 내내 재워 술 마실 기회를 줄일 수 있을 거라 생각하며 덜컥 구매를 결정했을지도 모른다. 지금은 술 마시는 일이 친교의 한 수단이 되었지만 1920년 미국에서는 금주법이 시행되었고 당시 알코올의 섭취는 불법이었다. 이처럼 특정 약물에 대한 합법성 여부는 시대, 문화 및 지역에 따라 상이하다. 한편 이란과 사우디아라비아에서는 술을 마시는 것이 금지되어 있다. 네팔, 인도, 미국의 일부 지역에서는 마리화나를 합법적으로 피울 수 있다. 지리적 혹은 문화적 요소도 약물의 이용 및 제한에 많은 영향을 미친다.

미하이 칙센트미하이Mihaly Csikszentmihalyi는 '몰입flow 이론'을 통해 시간, 생각 혹은 공간을 뛰어넘어 무언가에 빠져드는 순간, 즉 외적 조건에 관계없이 스스로의 행동을 조절할 수 있게 되는 순간에 이르러 운명의 주체인 나라는 느낌으로 고양되며 비로소 행복을 맛보게 된다고 말했다. 다시 말해, 행복은 삶의 순간순간 몰입하고 있을 때 찾아온다는 것이다. 약물로 스스로를 무력화시키고 현실에서 도피하는 상황은 궁극적으로 인생을 파괴하는 행위가 된다. 현실이라는 치열한 무대를 방관하고 약물이 주는 향락에 정신을 전부 내어주는 것은 내 삶의 구경꾼이 되기를 자처하는 일이며 그만큼 행복과 멀어질 수밖에 없다. 스스로를 소중히 여기지 않고 약물이 준 짧은 시간만을 탐닉한다면 더 많은 시간을 보내야 하는 현실에는 좌절감과 비참함만 남게 될 것이다.

약물에 한번 중독되면 약물은 건네준 일시적 쾌락보다 더 많은 것을 빼앗아간다. 약물이 주는 달콤함 때문에 삶 자체를 내팽개쳐버리게 되는 셈이다. 중독의 마수에 붙잡히면 빠져나갈 수 없도록 점점 더 숨통을 조여온다. 그때마다 항복을 거듭하며 무기력해져가고 그 손아귀에 삶이 통째로 찢겨나가게 될 때까지 악순환이 반복되기도 한다.

실존의 햇살이 따갑다고 해서 환각의 그림자 뒤에 영영 몸을 숨긴 채 살아갈 수만은 없다. 온전한 행복은 마비되지 않은 따가운 현실 속 삶, 그대로를 껴안을 때 비로소 소유할 수 있다.

SEASON 10 예고

매켄지 반장과 함께 브루클린의 주택가에서 발생한 사건 현장으로 향한다. 피해자인 모니카는 밀워키에서 경찰관으로 근무했는데 6개월 전 절도범을 체포하는 과정에서 실탄을 발사해 산모가 사망했다. 이후 그녀는 죄책감과 비난에 괴로워하다 퇴직을 하게 된다. 몇 달간 전업주부로 살아오던 모니카는 엎친 데 덮친 격으로 남편의 외도 장면을 목격하고 별거를 결심한다. 그녀는 고향인 뉴욕으로 돌아와 노모와 함께 살았고 우울증과 분노조절장애에 시달리면서 주위 사람들과도 거리를 두었다고 한다.

뇌졸중으로 거동이 불편한 모니카의 어머니는 주간에 시니어 데이케어에 맡겨졌는데 통원 차량을 운전하는 기사의 증언에 따르면 어머니가 돌아올 시간에 맞춰 모니카가 집 앞으로 마중을 나오곤 했다고 한다. 이날은 대문이 활짝 열려 있었고 전화를 해도 받지 않자 운전사가 차에서 내려 할머니의 휠체어를 밀고 집 안까지 들어갔다. 정원을 손질하려 했는지 호스, 물뿌리개, 모종삽, 화분 등이 마당 가득 널려 있었다. 그는 거실 바닥에 모니카가 쓰러져 있는 것을 발견했고 다급히 신고를 했다. 경찰이 도착했을 때 모니카는 이미 숨을 거둔 상태였다. 최초로 이곳에 출동한 경관은 그녀가 한 손에 총을 쥐고서 눈을 부릅뜨고 사망해 있었다고 말했다.

매켄지 반장과 나는 먼저 집 안 곳곳을 살피며 범인이 남긴 흔적이 있는지를 확인했다. 그녀의 손에 쥐어진 총에서 두 발이 발사되어 있었다. 관자놀이의 상처가 눈에 띄였다. 표피는 박탈되어 있었고 그 가장자리에는 화약 잔사가 침착되어 있었다.

매켄지 반장은 내게 발사 거리에 따른 총상의 특징적 모습을 관찰하라고 말한 뒤 부지런히 셔터를 눌러 사건 현장의 모습을 담았다. 시신의 머리 맡 탁자에는 모니카가 남긴 것으로 보이는 유언장이 놓여 있었다.

'내 과오로 목숨을 잃은 이들에게 죄스러운 마음을 어떻게 씻어낼 수 있을까요. 실망만 안겨드리고 떠나가게 되어 죄송할 따름입니다. 이제 모든 것을 잊고 편히 쉬고 싶습니다.'

나는 이 글을 소리 내어 읽다가 매켄지 반장에게 물었다.

"반장님, 총상 위치로 보건데 자살이겠죠?"

"관자놀이의 총상만으로 자살이라 단정할 수 없어요. 물론 권총으로 자살하는 이들이 흔히 관자놀이를 겨누긴 해요. 하지만 이마, 심장뿐 아니라 입에 물고 발사하는 경우도 발견돼요."

"하지만 자살 노트까지 발견되었잖아요. 그동안 너무 힘들었던 것 같은데요. 우울증을 극복하지 못했던 탓일까요?"

"어머니의 말에 따르면 모니카는 왼손잡이라더군요."

"그래요? 왼손잡이인 그녀가 굳이 오른손으로 총을 쏠 필요는 없을 텐데요."

"왼손잡이라도 양손을 다 쓰는 경우도 있죠. 오른손으로 총을 잡고 자살을 시도할 수 있다는 가능성도 염두에 두어야 해요."

그는 또다시 고개를 숙여 한참 동안 시신을 관찰했다.

캘리는 사망한 모니카의 관자놀이 총구흔을 관찰하고 있다. 매켄지 반장은 총창이 발사거리에 따라 다른 모습을 나타낸다고 설명했다. 모니카의 죽음은 과연 자살일까? 타살일까?

"캘리, 여길 봐요. 손등에는 피 한 방울 없이 깨끗한데 발사된 총에는 피가 잔뜩 튀어 있군요."

"미처 그건 못 봤네요."

"이건 총알을 맞았을 때 그녀가 총을 쥐고 있지 않았다는 것을 의미해요 게다가 자살을 결심한 날에 정원에 있는 나무에 물을 주고 화분을 옮겨 분갈이를 했다는 것도 정황상 납득이 되지 않아요. 그런데 현관문을 강제로 열려고 한 흔적은 없네요. 모니카의 주변 인물부터 수사해야겠어요."

나는 침착하려 애쓰며 침을 한번 삼키고는 말했다.

"그렇다면 모니카는 살해당한 거군요."

그는 어깨를 한 번 으쓱이더니 설명을 계속했다.

"아직 단정할 수는 없어요. 좀 더 수사를 해봅시다. 그리고 시신의 총창gunshot wound을 관찰할 때 탄두가 몸으로 들어가는 부분인 사입구와 빠져나오는 부분인 사출구가 있는지 살펴봐요. 그리고 탄환이 몸속으로 어떠한 경로로 움직였을까 생각해보세요. 현장의 탄피, 탄두, 화약 잔여물 등을 관찰하면 중요한 단서를 얻는데 도움이 된답니다.

SEASON 10

C-4는 폭발했다

데프콘 1단계

마약합동작전이 끝난 후 로건 반장은 내게 새로운 과제를 남기고 라스베이거스로 돌아갔다. 내가 아직 이곳 뉴욕에 남아 있는 이유는 애슐리 대원이 다른 주로 전근을 가면서 그녀를 대신할 새로운 요원이 훈련 과정을 거치는 동안 뉴욕 과학수사대에 남아 2주간 더 연장근무를 하게 되었기 때문이다. 더군다나 로건 반장은 뉴욕을 떠나기 전 과학수사요원으로 사건 현장 근무를 계속하기 위해서는 사격 점수를 획득해야 한다는 숙제를 던져주었다. 그동안 바쁘다는 핑계로 차일피일 시험을 미루어왔는데 이제는 피할 길이 없다. 캘리의 사원카드를 보면 입사 때부터 상당히 뛰어난 점수로 사격 시험을 통과했던 기록이 남아 있다. 제출 기한이 얼마 남지 않아 무척 걱정이 되었으나 로건 반장은 이곳 뉴욕에서 근무하는 동안에 시험에 응시할 수 있도록 조치를 취해주었다. 드라마 세상에 온 후 지금껏 경찰 수사를 하고 있지만 총을 사용해본 적은 한 번도 없었다. 사실 이곳에 올 때까지 총을 실제로 본 적도 없었다.

초보자인 나는 우선 총의 모양을 눈으로 익히는 것부터 시작했다. 요즘은 업무를 마치고 사격장으로 달려가 연습에 몰두하고 있다. 지금까지 총에 전혀 관심도 없었던 내가 사격을 배워 당장 점수를 획득하는 것은 결코 쉽지 않았다. 물론 사고 위험이 있는 현장에 나갈 때마다 반장의 지시에 따라 총을 휴대하기도 했으나 상대를 위협하기 위한 용도였을 뿐 직접 총을 쏘아본 적은 한 번도 없었다.

하지만 요즘 들어 매일 사격 연습을 하다 보니 총기에 대해 점점 관심이 생긴다. 매켄지 반장과 함께 전직 여 경관 모니카의 사망 사건을 수사할 때 그는 총기 발사 거리에 따라 총구 주변에 특정 형태가 나타난다고 말했다. 다시 말해 총상을 관찰하면 사건 당시 가해자의 위치를 짐작할 수 있다는 것이다. 모니카의 관자놀이에는 새까만 화약 잔사가 침착되어 있었다.

접사된 경우에는 가스와 탄환이 피부와 뼈 사이로 들어가 별 모양 혹은 삼각형으로 찢긴 모양이 관찰된다. 하지만 밀착되지 않고 작은 공간이 있었다면 원형 구멍이 관찰되며 표피가 박탈된 부근에는 잔사가 침착된다. 특히 피부로부터 60cm 이내라면 연소되지 않은 화약 잔사에 의한 붉은 점들이 보이는데 분산 정도는 거리가 멀어질수록 커진다. 이처럼 연소되지 않은 화약이 살갗을 뚫어 생긴 점묘화 현상은 사건 현장에서 발사 거리를 예측하는 데 유용하다. 권총에서 나온 화약과 잔사는 1m 이상에서는 발견되지 않으며 총알에 의해 벗겨진 상처만이 관찰된다.

총기의 탄알은 피해자의 몸에 닿을 때까지 비행한다는 사실을 기억하자. 이곳에서는 무기가 스스로의 안전을 지키기 위한 명분으로 사용되고 있다. 역사를 살펴보면 인간은 활과 화살부터 원자폭탄에 이르기까지 다양한 무기를 이용해 상대보다 물리적으로 유리한 고지를 차지하기 위해 끊임없이 노력해왔다.

오늘 오후에는 매켄지 반장과 함께 한 재판에 증인으로 참석할 예정이다. 아직 2시간 정도 시간 여유가 있었기에 얼마 남지 않은 테스트가 걱정되었던 나는 사격 연습장으로 향했다. 금요일 오후라 그런지 전용 사격 연습장에는 사람들이 그리 많지 않았다. 적막 속에 총성이 요란하게 울려 퍼졌다. 나는 부스 하나를 사이에 두고 누군가와 교대로 총성을 냈다. 한동안 사격에 집중하던 그 누군가는 신통치 않은 내 사격 실력이 신경 쓰였는지 총을 내려놓고 가까이 다가왔다.

"캘리였군요. 여기는 어떤 일로?"

매켄지 반장이었다.

"곧 테스트가 있어서요. 재판에 참석하기 전에 연습 좀 할까 했는데. 전 영 사격에는 소질이 없나 봐요. 무거운 총을 들고 서서 자세를 취하고 있으려니까 팔이 너무 아파요."

매켄지 반장은 가까이 다가와 내 자세를 바로잡아주었다.

"뭐 이 정도 가지고 그래요. 핸드 캐넌이라는 초기의 총은 크기가 1.2미터나 되었는데."

"그 정도 크기라면 총이 아니라 대포인 걸요. 휴대용 대포!"

"그러게요. 핸드 캐넌은 발사체가 90미터까지 날아갈 정도로 위력을 지녔죠."

"괜찮으시다면 오늘은 반장님께 총기에 대해 배워야겠는걸요."

그는 빙그레 웃더니 설명을 계속했다.

"총구의 속도는 발사체의 무게나 화약의 종류 등에 영향을 받죠. 원통

캘리가 9mm 피스톨을 손에 쥐고 사격 연습에 열중하고 있다. 권총에는 리볼버와 피스톨이 있다. 총열 내부의 강선rifling에는 홈은 튀어나온 부분land과 패인 홈 부분groove이 있다. 여기서 튀어나온 부분 사이의 직경이 총의 구경이 된다.

형의 긴 통로를 총열이라 합니다. 생성된 폭발력은 오래 가속될수록 전진 속도가 높아져요. 그래서 총열이 길어지면 발사 속도가 더 빨라지게 됩니다."

이는 '힘과 가속도의 법칙'이라고도 불리는 뉴턴의 제2법칙으로 생각해볼 수 있다. 어떤 물체에 힘이 가해지면 가속되고 그 크기는 힘에 비례하지만 질량에는 반비례한다는 운동 법칙이다. 총알은 총열이란 터널을 지나며 세상으로 나갈 준비를 한다. 답답하고 고통스러운 시간을 겪으면서 가속된 총알은 더 폭발적인 힘을 발휘하게 된다. 우리의 인생사도 마찬가지일 것이다. 세상을 향해 뻗어가는 힘은 답답한 인생의 긴 터널을 인내하며 건너는 과정 중에 생겨난다.

그렇다고 총열을 무작정 크게 설계하면 총이 너무 무거워진다. 핸드 캐넌은 너무 무거워서 혼자서는 작동할 수 없었다고 한다. 한 사람이 조준하는 동안 다른 한 사람은 총신을 붙잡고 있어야 했었기에 핸드 캐넌의 작동을 위해 늘 두 사람이 한 조로 움직여야 했다. 핸드 캐넌을 두고 쩔쩔매고 있는 두 군인들의 모습을 상상하자 입가에 웃음이 피식 터져 나왔다. 내 권총은 대포만큼 크지도 않은 데 매번 놓칠까봐 걱정이 되곤 했다.

"반장님, 이렇게 두 손으로 쏘지 않으면 총을 놓칠 것 같아서 걱정이 되요."

"작용이 있다면 반작용이 존재하기 때문이죠."

나는 총을 쏠 때마다 반동이 느껴져서 양손으로 붙잡고 쏘곤 했다. 권총이 흔들려서 튀어 올라 총을 놓칠까봐 걱정되었기 때문이다. 이런 반동을 느끼게 되는 것은 작용과 반작용에 관한 뉴턴의 제3법칙, 즉 '모든 작용에는 같은 크기의 반작용이 존재하는데 힘의 방향만 다르고 크기는 동일하다'로 이해할 수 있다. 총구 속도를 발생시키는 힘이 있다면 진행 방향과 반대되는 힘도 존재한다는 것을 의미한다. 이런 반동력은 사수의 팔과 어깨가 지레가 되어 회전을 일으킨다. 그 힘 때문에 총열은 뒤 쪽뿐 아니라 위쪽으로도 향하게 된다.

"이야기를 듣다보니 어쩐지 그동안 풀리지 않고 마음에만 담아두었던 인생 숙제가 풀린 것 같은 느낌이 들어요."

"캘리에게 어떤 마음의 숙제가 있었는지 물어도 될까요?"

"매번 전진하지 못하고 제자리만 맴돌고 있는 것 같아 괴로웠어요. 그래서 한때는 모든 것을 포기하고 싶었죠. 소망하는 곳을 향해 나아가려 하는 마음이 절실할수록 현실의 상황은 더욱 소용돌이 속에 빠져드는 것만 같았어요."

"그랬군요."

"방금 전 반장님이 하셨던 말이 마음속에 큰 울림으로 남네요. 불과 하루 동안에도 많은 일들이 일어나죠. 사격을 하다 보니 문득 늘 원해왔던 성장뿐 아니라 그만큼의 반작용이 함께 짝이 되어 일어난다는 것을 깨달았어요. 붙잡고 있어도 밀리거나 튀어 오를 것 같은 느낌, 무언가 잘못되어간다는 불안감이 드는 것이 절망적 상황에 빠졌다는 의미가 아니었어요. 어쩌면 그 모든 일들이 삶에 일어나는 그저 자연스러운 일들 중 하나라는 생각이 드네요."

반장은 내 말을 가만히 듣고 있다가 고개를 끄덕였다. 내가 조준하는 모습을 지켜보다 또다시 다가와 뒤에서 팔을 뻗어 자세를 잡아주었다. 아무렇지도 않은 듯 정면의 과녁을 바라보고 있었지만 얼굴이 확 달아오르는 것이 느껴졌다.

"캘리, 탄알이 발사될 때는 어떤 일이 생길까요?"

"저도 그 원리는 좀 알고 있답니다. 총열 내부에 화약의 폭발이 일어나 탄환 뒤의 기체가 팽창하죠."

"맞아요. 방아쇠를 당겨서 공이치기가 뇌관을 때리면 화약이 폭발하게 됩니다. 추진제가 점화되고 내부 가스가 팽창되면 탄환이 발사되는 거예요."

"그게 어디 총알뿐일까요?"

그는 영문을 몰라 하며 나를 쳐다보았다. 나는 잡고 있던 권총을 꼭 쥐어 보이며 이렇게 말했다.

"마음이 뜨겁다는 것은 우리를 전진하게 하죠. 열정을 마음에 간직한 사람은 그 추진력에 의해 꿈을 향해 나아가게 되요."

매켄지 반장의 입가에 부드러운 미소가 번졌다. 그때 그의 휴대폰에 문자메시지 알람이 울렸다.

"출발합시다. 법정에 가야 할 시간이 되었네요."

반장과 나는 보스턴항공기 짐칸과 화장실에 폭발물을 설치한 사건의 용의자 베아트리스 부룩의 재판에 참석했다. 매켄지 반장이 재판의 전문가 증언에 참여했고 실험 분석과 증거 수집을 도왔던 나는 참고인으로 출석했다. 법정의 분위기 때문인지 매켄지 반장은 평소보다 더 침착해 보였다. 우리는 재판 과정을 지켜보며 사건에 대한 증언을 모두 마쳤다. 재판이 종료되고 출입문 밖으로 나가려는데 여기저기서 고함이 들려왔다. 색색의 피켓을 든 수십 명의 사람들이 시위를 벌이고 있었다. 갑자기 시위대의 함성이 잠잠해지나 싶더니 어디선가 총성이 들려왔다. 요란한 엔진 소리를 내는 오토바이를 타고 검정색 헬멧을 쓴 괴한이 다가왔다. 그는 베아트리스의 승용차 쪽으로 총을 겨누더니 연달아 방아쇠를 당겼다. 안타깝게도 운전석에 앉아 있던 베아트리스는 물론이고 곁에 있던 변호인 로바토 씨까지 총에 맞아 그 자리에서 숨지고 말았다.

캘리는 매켄지 반장과 함께 베아트리스 부룩의 재판에 출석했다. 재판을 마치고 돌아가던 그녀쪽으로 총알이 날아왔다. 이 사건으로 그녀와 변호사 로바토가 총에 맞아 숨지고 말았다. 캘리는 매켄지 반장에게 배운 대로 시신에서 사입과 사출 상처를 확인해 보았다.

두 사람의 시신은 부검을 위해 데스먼드 박사에게 인도되었다. 분석실로 넘길 시료를 받으러 부검실로 들어갔을 때 데스먼드 박사는 멀찍이서 지켜보던 나를 손짓으로 부르더니 시신에서 사입과 사출 상처를 보여주었다. 이렇게 총상에 의해서 관통된 상처는 탄환의 사입 상처뿐 아니라 사출 상처가 있을 수 있으며 이는 사건 구성에 있어서 중요한 역할을 한다. 데스먼드 박사의 말처럼 사입부는 피부를 뚫으며 들어가는 쪽으로 함몰된 모양이었고 사출부는 피부가 바깥쪽 방향으로 벌어진 모양을 하고 있었다. 그는 사출 상처가 사입 상처보다 더 큰 경우가 많으며 총알이 뚫고 지나기 때문에 출혈도 많다고 설명했다. 나는 범인의 총에서 나온 총알을 수집하기 위해 현장으로 향했다.

총열의 내부에는 강선이라 불리는 나선 홈이 있는데 총알이 회전해 날아가는 궤적을 안정화시켜 준다. 총열마다 홈 숫자, 깊이, 나선의 방향이 다르므로 강선은 총알 위에 특정 형태의 홈을 만들게 되고 이것은 범행 현장에서 발견된 총알들이 어떤 총기에서 나온 것인지를 확인하는 데 이용될 수 있다.

실험실에 돌아와서도 탄환 비교 수사를 계속했다. 시험 발사 후 비교입체현미경에 놓고 탄환을 회전시키는데 대조 탄환의 특징적 강선과 비교하면서 동일한 형태가 나올 때까지 돌린다. 이 실험을 통해 용의자가 소지

1차 세계대전 중 대포 내부의 강선을 청소하기 위해 한 여성이 총열 내부로 들어 올려지는 광경이다.

한 총에서 나온 탄환과 현장에서 발견된 탄환의 미세 줄무늬 패턴이 일치한다는 것을 알아냈다.

손등과 손바닥에 잔류물이 남게 되므로 용의자들에 대한 발사 잔류물 검사도 함께했다. 총기에서 총알이 발사되면 납, 안티몬, 바륨 같은 다양한 화학 잔류물이 남는다. 하지만 그 잔류물은 손을 씻었을 때 쉽게 사라진다는 점에 유의해야 한다. 접사 혹은 근거리 발사의 경우에는 주변에 있는 물체에 발사 흔적을 남길 가능성이 있다.

총기에도 전자제품처럼 일련번호가 있다. 매켄지 반장은 사건 현장 근처에서 총기를 수집해왔다. 범인이 연삭기로 일련번호가 새겨진 부분을 갈아서 지워버린 상태였다. 매켄지 반장은 내게 이것을 복구하라고 말했다. 범인들은 숫자가 없어졌으니 일련번호를 알 수 없을 것이라고 여겼을 것이다. 그러나 금속은 결정구조를 가지고 있다. 일련번호를 금속에 새기면 숫자 밑의 금속이 압력을 받게 되고 이 부분의 금속 구조는 약해진다. 그러므로 금속 표면을 갈아버렸다 해도 표면상 숫자만 지워졌을 뿐 일련번호 아래의 숫자들은 아직 눌린 상태로 남아 있을 것이다. 그 원리를 이용해 표면을 연마한 후 산으로 처리하면 일련번호가 새겨졌던 부분이 주변보다 빠르게 용해되어 번호를 구분할 수 있게 된다. 이렇게 찾아낸 일련번호로 이 사건의 범인인 총기 주인을 연행할 수 있었다.

핸드메이드 나트륨 폭탄

매켄지 반장의 호출로 출동한 곳은 다이아몬드 거리의 한 저택이었다. 지중해 건축 양식으로 지어진 이곳은 이젠 오십 줄이 된 노장 배우 세바스찬 겔러웨이의 라스베이거스 별장이었다. 최근까지 그는 아내가 있는 로스앤젤레스의 집을 떠나 어머니 그레이스와 함께 이곳에서 살았다고 한다. 세바스찬의 정부 에바는 원래 그레이스를 돌보는 하녀였는데 똑똑하고 붙임성이 좋아 그녀의 눈에 들었고 이곳을 관리하는 지배인이 되었다. 20살 연하인 그녀에게 한눈에 빠져버린 세바스찬은 파파라치들의 눈을 피해 어머니를 돌본다는 핑계로 이곳에서 에바와 함께 살았다고 한다. 얼마 전 세바스찬이 돌연 계단에서 굴러 사망한 후 이번에는 그레이스까지 사고로 숨진 채 발견되자 원인을 조사하기 위해 이 저택에 오게 된 것이다.

사고 당시 저택에는 그레이스와 하녀 한 명만이 남아 있었다고 한다. 그들을 마지막으로 본 목격자는 정원사였다. 정원사가 저녁 7시에 퇴근할 때 즈음 그레이스는 그를 이층으로 따로 불러 잔디 관리에 대한 잔소리를 늘어놓았다고 했다. 그레이스를 만나고 일층으로 내려왔을 때 그는 에바가 요가에 열중하고 있는 모습을 보았다.

요즘 들어 그들은 그레이스가 맞춤 제작한 대리석 벤치를 두고 신경전을 벌이고 있었는데, 이날은 하루 종일 서로 말을 섞지 않고 하녀를 통해 용건을 주고받았다고 한다. 그레이스는 저녁 식사를 마치고 항상 정원을 산책했고 대리석 벤치에 앉아 애견들의 재롱을 보며 죽은 아들에 대한 그리움을 달랬다. 그러던 어느 날 그레이스는 에바가 자신이 애지중지하는 대리석 위로 파라솔을 옮기더니 요란한 음악을 틀어놓고 선탠을 즐기는 걸 보았다. 화가 난 그레이스는 일꾼들을 시켜 그녀의 파라솔을 부숴버렸고 이 때문에 둘은 한참 동안 언쟁을 벌였다고 한다.

세바스찬이 별세한 후 법적 배우자가 아니었던 에바는 더 이상 이곳에 눌러살 이유가 없어졌지만 유산상속 문제가 복잡하게 얽혀 있는 거대한 이 집에는 갈등이 수북이 쌓여 있는 상황이었다.

그레이스의 시신은 야외 수영장에서 발견되었다. 우리는 저택의 외부부터 수색을 시작했다. 이날 그녀의 전담 하녀는 아들의 생일파티 준비 때문에 평소보다 일찍 퇴근을 했다고 말했다. 그레이스는 발견 당시 맨발이었는데 잔디밭의 다른 지점에서 신발을 한 짝씩 찾을 수 있었다. 하녀들은 예민하고 체면과 격식을 따지는 그레이스가 맨발이었다는 것이 도저히 믿기지 않는다며 고개를 절레절레 흔들었다. 그렇다면 그레이스가 무엇인가에 위협을 느끼고 정원을 지나쳐 온 것이 틀림없다.

피해자가 식사를 마치고 정원에 산책 오는 시간을 미리 알고 있던 누군가는 그녀가 놀랄 만한 무언가를 준비해두었던 것이다. 그레이스는 늘 그래왔듯 이날도 두 마리의 애견들을 데리고 별다른 의심 없이 잔디밭을 천천히 걸어갔다. 그 순간 잔디밭의 스프링클러가 헤드를 핑글핑글 돌리며 작동을 시작했다. 순식간에 물이 콸콸 뿜어져 나왔다. 잔디가 마르지 않도록 주기적으로 물을 주기 위해 만들어놓은 이 장치 안에서 무언가가 폭발적으로 반응을 했다.

그렇다면 스프링클러 안에 범인이 넣어둔 것은 대체 무엇일까? 바로 나트륨(소듐)이었다. 나트륨 금속과 물의 반응은 화학 실험 시간에 학생들의 눈을 반짝이게 하는 인기 실험 아이템 중 하나다. 화학 이론에는 하품만 하던 학생들도 이 실험에는 뜨거운 관심을 보인다. 범인 역시 학창 시절에 나트륨과 물이 만나 소란스럽게 반응하는 것을 재미있게 배웠을지 모른다. 나트륨은 물과 만나 격렬한 반응을 한다. 처음에는 나트륨이 물 위에서 분주하게 헤엄쳐 다니는 모습을 볼 수 있을 것이다. 하지만 조금 더 지켜보면 곧 달아올라 폭발해버린다. 길길이 날뛰던 나트륨은 기운이 빠진 것처럼 물속으로 잠수해버리고 결국 수산화나트륨으로 남는다. 이때

페놀프탈레인 몇 방울을 떨어뜨리면 짙은 용액은 핑크색으로 변한다.

폭탄 하면 엄청난 기술을 요하는 것 같지만 영화 속 폭탄 기술자처럼 뇌관이나 도폭선을 설치하지 않아도 눈에 거슬리는 상대를 겁줄 정도라면 간단한 재료만으로도 폭발물을 만들 수 있다.

어둑해진 저녁에 아무도 없는 저택의 정원을 거닐며 산책을 즐기던 피해자는 자지러지게 놀랐을 것이다. 그녀는 누군가를 부를 새도 없이 정신없이 집으로 뛰어갔다. 허둥대며 달려가다 신발이 벗겨져버렸다. 공포에 질려 신발을 다시 신을 겨를도 없이 수영장을 맨발로 뛰어가다 발목을 접질렀고 그 바람에 바닥에 미끄러져 뇌진탕으로 사망하게 된 것이다.

이렇듯 주기율표 첫째 줄에 자리 잡고 있는 알칼리 족 원소들은 물을 만날 때마다 폭발적으로 반응을 한다. 이들을 등유kerosene 감옥에 가두어 놓지 않으면 물이나 공기를 만나 제멋대로 반응해버리고 만다.

젤리 폭탄과 비료 폭탄

다음 폭발 사건의 현장은 프로포드 대학교의 화학 실험실이었다. 실험실에서 까맣게 타버린 시신의 주인공은 교육대학원에서 과학교육을 전공하고 있는 이사벨 에거튼으로 밝혀졌다.

이사벨은 이번 학기부터 록펠러 중학교에서 교생 실습을 시작했다. 그녀의 노트북 바탕화면에서 수업에 사용할 다양한 문서가 발견되었다. 실험실 테이블과 바닥 여기저기에는 알록달록한 젤리들이 굴러다니고 있었다. 이 예비 선생님은 염소산칼륨potassium chlorate과 글루코오즈glucose의 반응을 보여주는, 일명 슈거폭탄 실험을 준비하고 있던 것이다. 그녀가 어린

학생들의 관심을 끌 수 있는 비장의 카드로 고심 끝에 선별한 실험이었을 것이다. 이사벨이 남자 친구인 짐에게 보낸 마지막 문자메시지가 이를 증명해주었다.

'아이들 수업 준비는 거의 다 됐어. 염소산칼륨에 열을 가한 다음 젤리를 넣고 불꽃을 내며 연기가 치솟는 반응을 확인하면 끝이야. 성공적으로 잘 마무리되면 다시 문자할게!'

하지만 짐은 끝내 그녀의 다음 문자를 받지 못했다. 학부에서 화학을 전공한 이사벨은 당연히 전공 강의를 듣고 실험을 배웠다. 그런 이사벨이 어떻게 이런 사고를 당하게 된 것일까?

그녀는 간질(뇌전증) 환자였다. 이사벨이 실험에 몰두해 있을 때 하필이면 발작이 시작되었고 불꽃이 치솟고 있는 장치 쪽으로 의식을 잃고 쓰러진 것이었다. 이사벨이 혼수상태에 빠졌을 때 화재는 이미 온 실험실로 번졌고 그녀는 끝내 사망했다.

간단한 제조법만 숙지하면 초보자라도 단 몇 분만에 제법 위력적인 폭탄을 만들어낼 수 있다. 설탕이나 밀가루, 전분처럼 흔한 재료도 폭약 성분이 된다. 인도네시아 어부들 중에는 물고기를 잡기 위해 염소산칼륨과 석유를 유리병에 담아 불을 붙이고 바다에 던지는 방법을 쓰기도 하는데 이 소형 폭탄 때문에 바다 생태계가 상당히 파괴되고 있다고 한다. 48

어떤 이들은 사회에 대한 불만을 토로하기 위해, 혹은 재미삼아 폭탄 제조에 몰두하고 직접 만든 폭탄의 위력을 지켜보며 기뻐하기도 한다. 등산객이 발견한 드럼통에서 부패가 상당히 진행된 시신이 나와 수사를 벌이고 있을 때였다. 하염없이 비가 내리고 있었지만 철수하지 못하고 서둘러 수사 작업을 진행했다. 그때 한 노인이 다가와 주택가에서 좀 떨어진 곳에 있는 오두막에서 낯선 이들이 모여 폭발물을 터뜨리는 모습을 보았다고 말했다. 얼마 전 자신의 개가 산책로에 설치된 정체불명의 폭발물을 가지고 놀다 죽었다며 이를 조사해달라고 간곡히 부탁했다. 그들은 인적이 드문 오두막에 폭약 연구소를 차려놓고 두 달에 한 번, 폭발물 제조 동호회 모임을 갖고 있었다. 그리고 그날이면 굉음 때문에 이웃 주민들과 마찰을 빚어왔던 것이다.

처음에는 별다른 구조 같지 않아 생각 없이 오두막 안에 들어갔지만 내부를 둘러보고 숨이 멎을 것만 같았다. 집안 곳곳에는 그들이 제작한 것으로 보이는 각종 수제 폭탄들이 굴러다니고 있었다. 벽에는 액자에 담긴 회원들의 사진들과 진도표가 걸려 있었다.

이들은 인터넷과 전문 서적을 뒤져 수제 폭탄 만드는 법을 수집했다. 그리고 정규 모임을 통해 실물로 제작하고 폭발력을 실험해보았다. 이들은 이 오두막을 "창작실"이라고 불렀다. 마치 음식을 만들기 위한 식재료처럼 액체 폭약과 시약들이 아무렇게나 식탁 위에 널브러져 있었다. 나무로 만든 벽장에는 파이프 폭탄이 수북이 쌓여 있었다. 창고도 역시 마찬가지였다. 문을 열어보니 폭발 성능을 테스트하려는 온갖 종류의 수제 폭탄이 가득했다. 드럼통에서 발견된 시신도 폭발 실험 중에 사망한 회원이었다. 물론 노인의 개도 그들이 만든 폭발물에 생명을 잃은 것이다.

폭발물 처리반의 펠릭스 반장도 오두막에 쌓여 있는 어마어마한 양의 폭발물을 보고 입이 딱 벌어졌다. 그들은 오두막 주위뿐 아니라 산책로를 따라 마을까지 내려와 폭발물 수색 작업을 벌여야 했다. 위험한 취미를 가진 사람들의 창작실은 하루아침에 사라져버렸고 회원 명부와 폭탄물 위에 기재된 이름을 근거로 이들은 모두 체포되었다.

매켄지 반장과 나는 주택가에서 발생한 또 다른 폭발사고 현장으로 이동했다. 폭탄물이 가득한 오두막에 들어가 극도의 긴장 속에 수사를 한

탓인지 피곤이 몰려왔다.

"캘리, 얼굴에 핏기가 하나도 없네요. 괜찮아요?"

"나트륨 폭탄에 젤리 폭탄까지, 도대체 이번에는 무슨 폭탄일까요?"

힘없이 내뱉은 대답을 듣고 그의 표정에 근심이 어렸다.

"그보다 어디 아픈 건 아닌지?"

"폭발 현장 수습 업무가 고된 게 사실이지만 전 괜찮습니다. 반장님."

"이번 사건의 수사도 쉽지 않을 겁니다. 힘내요. 캘리."

이슬람 교도들의 예배가 있던 금요일에 사원이 우르르 무너져 내렸다. 이곳은 원래 교회당이었으나 당국에서 모스크 건축을 오랫동안 허락해주지 않자 문을 닫는 교회 건물을 사서 개축을 한 것이었다. 최근 반이슬람 감정이 확산되자 갖가지 혐오 범죄가 극성을 부렸다. 사원으로 들어가는 사람들을 칼로 위협하거나 화염병을 던지는 것 정도는 흔한 일이었다. 급기야 성직자를 총으로 위협하던 청년들이 경찰에 구속되자 사원 앞에는 반이슬람 세력들의 집회가 끊이지 않았다.

이번 폭발 사고로 5명의 이슬람 교도들이 사망했고 수십 명의 이슬람 교도들이 무너진 건물의 잔해 속에서 구조되었다. 주변을 지나던 주민들까지 크고 작은 상처를 입었다.

"비료 폭탄이었어."

이 사건은 반이슬람 극단주의자들이 오클라호마시티의 연방정부청사 폭탄 테러를 모방해 저지른 사건으로 밝혀졌다. 모스크 앞에서 질소비료(질산암모늄), 니트로메탄, 연료유를 실은 밴을 폭파시켰던 것이다. 질산암모늄ammonium nitrate은 농업용 질소 비료나 성냥 제조에 널리 쓰인다. 1905년에 독일의 프리츠 하버Fritz Haber가 공기 중의 질소를 고정해 암모니아를 생성하는 방법을 개발하여 공업적 대량생산이 이루어졌다. 물을 만나면 흡열반응에 의해 주위의 온도를 떨어뜨리기 때문에 냉찜질팩에 이용되기도 한다. 질산암모늄은 상온에서 안정하지만 연료와 섞여 강력한 폭발을 일으킨다. 이 성질을 이용한 ANFOAmmonium Nitrate Fuel Oil(초유폭약)는 질산암모늄과 경유를 혼합한 폭약으로 건설 현장이나 광산의 발파용으로 널리 이용되고 있다.

테러리스트들이 일으킨 의도적인 사고가 아니더라도 질산암모늄의 제조나 운반 과정에서 대규모 폭발사고가 생기기도 한다. 미국의 텍사스 시티는 질산암모늄과 두 번이나 이런 악연이 이어졌다.[49] 1947년 항구에 정박 중이던 선박에서 질산암모늄이 폭발했는데 580여 명이 사망했고 5,000여 명 이상이 부상을 입었다. 이 악몽은 2013년에 비료공장 화재사건으로 반복되어 14명의 사망자와 200여 명의 부상자를 냈다. 공장 내에 진입했던 소방관들은 무수암모니아가 누출된 상황인지도 모르고 물을 뿌렸고 이로 인해 폭발이 일어난 것으로 알려져 있다.

앞서 말한 폭발 사건처럼 비료폭탄은 오클라호마시티 연방정부 건물

1995년에 일어난 오클라호마시티 연방정부청사 폭탄 테러의 범인으로 밝혀진 티모시 맥베이와 공모자 테리 니콜스는 질산암모늄 비료, 니트로메탄, 경유를 가득 실은 트럭을 건물 앞에서 폭발시켰다.

테러에도 악용되었다.[50] 질산암모늄은 연료와 섞어 전폭약을 장착하기만 하면 강력한 폭발물로 변신하게 되므로 이 위험 때문에 질소 비료의 이용을 아예 금지해버린 나라도 있다. 2004년에 발생한 북한 용천역 기차 폭발 사고도 그 원인이 질산암모늄과 유류를 싣고 달리던 열차가 충돌했기 때문인 것으로 알려졌다. 폭발 사고로 도시는 온통 검은 연기로 뒤덮였고 약 40%가 초토화되었다. 이 사고로 주민 150명이 사망했고 1,000여 명이 부상을 당했다고 한다.

나는 꼬박 2주 동안 폭발 사고 현장으로 출근해 증거를 수집해야 했다. 매켄지 반장과 함께 핸드메이드 폭탄 만들기가 취미인 사람들을 만났을 뿐 아니라 폭발물에 의한 사고와 테러 사건에도 참여했다. 물론 폭발물의 종류와 특성에 대해 직접 체험해볼 수 있는 값진 기회였지만 폭발의 잔재를 헤치고 다녀야 하는 현장 감식은 상당한 육체적 노동을 요구하는 작업이었다.

아직도 매켄지 반장과 나는 현장을 수습하고 있다. 증거 수집에 여념이 없다가도 눈 밑으로 흘러내린 머리카락을 쓸어 넘기는 그를 먼발치에서 바라볼 때마다 가슴이 아려왔다. 그와 함께 할 수 있는 이 시간도 이제 거의 끝나가고 있었다.

C-4와 마지막 소원

뉴욕 한복판에도 어느새 여름이 찾아왔다. 내일이면 라스베이거스로 돌아가야 한다. 매켄지 반장은 송별회를 겸한 바비큐 파티에 대원들을 초대했다. 처음에는 그의 집으로 초대하는 줄 알았는데 보내준 주소는 공원

한복판이었다.

카네기 공원으로 들어서자 주말을 맞아 즐거운 한때를 보내는 사람들로 북적였다. 뉴욕 시민들은 햇살에 몸을 맡기고 이 도시의 아름다운 여름을 만끽하고 있었다. 연인과 함께 목청을 높여 노래를 하거나 테이블을 펴고 카드놀이를 하는 이들도 있었다. 누군가는 커다란 나무 그늘 아래에서 휴대폰으로 영화를 감상하다가 은근슬쩍 여자 친구의 이마에 입을 맞추기도 했다. 애완견과 산책을 하며 멋진 풍광을 한껏 즐기기는 사람들도 있었다. 공원의 여유로운 모습을 보고 있자니 왠지 마음이 풍성해지는 것 같았다. 싱그러운 미풍에 실린 풀 향기가 가슴속 깊은 곳까지 전해졌다. 사람들의 그치지 않는 웃음소리가 이곳의 분위기과 어우러져 낙원에 들어선 것만 같았다.

시원하게 물이 뿜어 나오는 분수대를 지나쳐 안쪽으로 들어가니 보들보들해 보이는 잔디가 깔린 드넓은 광장이 눈에 들어왔다. 샌들을 벗어 들고 그 위를 걸어가다보니 저만치 낯익은 이들이 모여 맥주 파티를 벌이고 있는 모습이 보였다. 수사대원들이 간이 피크닉 테이블에 앉아 대화를 나누고 있었다. 매켄지 반장은 가끔씩 주변을 살피며 한쪽에서 고기를 굽고 있었다. 늘 정장을 입던 그가 오늘은 어두운 회색 진에 스트라이프 남방 차림이었다. 이마 아래로 흘러내린 머리카락이 햇볕과 부딪혀 반짝거렸다. 그는 자신의 머리를 쓱 매만지더니 나를 향해 반갑게 손을 흔들었다.

길지 않은 시간이지만 생사고락을 함께 했던 뉴욕의 수사대원들과도 이제는 작별 인사를 나누어야 한다. 마약과 폭발물 사건을 수사하며 이곳 뉴욕에서 너무도 바쁘고 힘겨운 시간을 보냈다. 그래서인지 비록 단 하루의 휴식일지라도 초콜릿보다도 달콤하게 느껴졌다.

매켄지 반장을 보는 것도 오늘이 마지막이리라. 낯선 이곳에서 마음을 기댈 사람을 드디어 찾았지만 드러낼 수 없는 비밀을 안고 그를 사랑할 수는 없는 일이다. 이미 마음 깊이 자리 잡은 매켄지 반장을 향한 감정을 쉽게 떨쳐버릴 수 없을 것 같지만 고백 따위는 하지 않기로 했다. 이 여행의 끝이 언제일지 알 수 없기 때문이다. 그의 옆모습을 바라보고 있으니 벌써부터 마음 한구석에 그리움이 밀려왔다. 라스베이거스로 돌아간 뒤에도 그와 함께했던 화사한 뉴욕의 풍경을 결코 잊지 않을 것이다.

이때 매켄지 반장의 휴대폰이 울렸다. 그는 벗어두었던 재킷에서 전화기를 찾았다. 매듭이 헐거워져 단추 하나가 덜렁거리는 것이 보였다. 그가 재킷의 이곳저곳을 뒤지는 동안 단추가 바닥으로 툭 떨어져버렸다. 그는 통화에 열중한 나머지 이를 알아채지 못했다. 나중에 돌려주려고 떨어진 금색 단추를 주워 주머니에 넣어두었다.

최근 시장 선거에 출마를 선언한 존 트레이시의 선거 사무실에서 그의 수행비서가 살해된 채 발견되었다.

"반장님! 저도 같이 가겠습니다."

"내일 출발하려면 쉬는 게 좋지 않겠어요?"

어제까지 이곳에서의 근무 일정은 모두 끝났지만 그와 조금이라도 함께하고 싶었다. 새로 부임할 린다 맥밀리언 대원은 내일 오전에야 이곳에 도착할 것이다.

"걱정 마세요. 떠날 채비는 다 해두었어요. 이번 현장까지 제가 마무리하고 라스베이거스로 돌아가겠습니다."

그도 내 마음을 아는지 고개를 끄덕였다. 매켄지 반장은 교통 상황을 감안해 사건 현장까지 걸어서 이동하는 편이 좋겠다고 했다. 나란히 뉴욕의 거리를 걸어가는 동안에도 그는 분주히 누군가와 통화를 했다. 그와 함께 하는, 그리고 마지막이 될지도 모르는 이 순간순간들이 내겐 아쉽기만 했다. 오늘따라 거리의 일상적인 풍경도 왠지 의미심장하게 다가왔다. 이렇게 무심히 지나쳐 가는 모습들도 얼마지 않아 그리운 풍경이 되어 마음 속에 남겠지. 문득 그와의 마지막 사건이라 생각하니 잘 끝내고 돌아가야겠다는 마음이 들었고 뭔가 새로운 기회가 생긴 것만 같았다. 그를 바라보고 있으려니 눈가에 눈물이 고였다. 고개를 숙여 소매로 급히 눈물을 훔쳐냈다.

건물의 현관에 들어서면서 늘어뜨렸던 머리를 뒤로 묶었다. 오늘은 이곳에 와서 처음으로 작업복이 아닌 차림으로 사람들을 만났다. 현장에 올 줄은 생각도 못했는데 이렇게 얇은 원피스 차림으로 사건 현장으로 들어가려니 불편하게 느껴졌다. 작업복으로 갈아입을 곳을 찾고 있는 데 매켄지 반장이 나를 불렀다. 그가 가리킨 곳에 오른쪽 가슴에 총을 맞고 쓰러져 있는 그 비서의 시신이 보였다.

매켄지 반장은 총을 꺼내들더니 조심스럽게 앞으로 나아갔다. 나도 그를 엄호하며 뒤를 따랐다. 인기척이 없는 복도에는 3대의 자판기만 덩그러니 놓여 있었다. 멀리서 보았을 때 자판기 내부에 무엇이 있는지 잘 보이지 않았지만 양쪽에 무언가를 테이프로 칭칭 감아놓은 상태였다. 매켄지 반장은 일렬로 늘어선 자판기 안팎에 있는 물건이 무엇인지 확인하려고 앞서 걸어갔다. 그가 잠시 숨을 멈추었다. 무언가를 발견하고 놀랐는지 뒷걸음치다 발을 헛딛고 휘청거리기까지 했다.

"반장님, 괜찮으세요? 무엇이 있나요?"

"캘리, 자판기의 안팎이 무두 폭약으로 채워져 있군요. C-4인 것 같아요. 어서 여길 빠져나갑시다. 서둘러요!"

매켄지 반장은 자판기에 붙은 그 폭발물을 군용폭약 C-4라고 말했다. 1차 세계대전 중에 개발된 C-4는 현장에서 손으로 변형시킬 수 있다. 이 가소성 폭약의 주요 물질은 RDXRoyal Demolition Explosive, hexahydro-1,3,5-trinitro-l,3,5-triazine로 1987년 발생한 대한항공 858편 폭파 사건 때에도 C-4를 사용한 것으로 알려져 있다.

우선 건물 내부에 있는 사람들을 대피시켜야 했기에 우리는 서로 다른 방향으로 흩어졌다. 시간이 없었다. 매켄지 반장도 본부와 상황을 주고받으며 사람들을 대피시켰다. 나도 문을 두드리며 건물에 아직 남아 있던 사람들에게 밖으로 피하라고 고함을 질렀다. 사람들의 목소리가 여기저기서 들려온다 싶더니 복도는 금세 사람들로 가득해졌다. 누군가 눌렀는지 비상사이렌 소리가 요란하게 울려 퍼졌다. 혼비백산한 사람들이 허둥대며 우르르 출구로 몰려나갔다.

계단을 돌아서 출입문 쪽으로 나아가려 할 때 눈앞에 매켄지 반장이 보였다. 엄청난 굉음이 터져 나왔고 곧이어 쿠르르 하는 소리와 함께 먼지 구름이 모든 것을 덮어버렸다. 문을 나서기도 전에 두 번째 굉음이 들렸다. 땅이 울릴 것 같은 충격으로 건물이 흔들렸다. 매켄지 반장은 나를 힘껏 안고 바닥에 엎드렸다. 파편들이 그의 몸 위로 내려앉는 것이 느껴졌다. 그는 거친 숨을 몰아 내쉬었다. 분명 나를 기억하고 있었다. 매켄지 반장의 입술이 내 볼의 눈물을 따라 미끄러져 입술에 맞닿았다. 그리고 그는

C-4는 TNT보다 둔감하지만 성능은 더 좋고 다루기도 더 쉽다. 사우디아라비아, 다란의 군인 아파트 폭발 사건 같은 테러에도 이용되었다

내 귓가에 이렇게 속삭였다.

"재즈 바에서 당신을 처음 본 그 순간부터 슬픔이 몰려왔어요. 언젠가 내 곁을 떠나갈 운명을 느꼈기 때문이죠."

매캐한 냄새 때문인지 코끝이 아려왔다. 그리고 또다시 쾅 하고 엄청난 폭발 소리가 들리자 건물은 요동치며 무너져 내리기 시작했다. 그는 더욱 힘껏 나를 껴안았다. 눈을 감았다. 그의 심장소리만이 들려왔다. 뿌연 먼지가 눈앞에 가득했지만 우리는 정신을 잃을 때까지 서로의 숨결을 나누었다.

갑자기 눈앞이 번쩍하더니 하얀 빛이 사방으로 퍼져나갔다. 그렇게 나는 빛을 따라갔다.

마지막 순간은 외롭지 않았다. 내내 이 순간을 떠올릴 만한 추억을 가슴에 담고 다시 눈을 감았다. 아니, 나는 삶의 가장 아름다운 순간을 관통해갔다.

C-4는 폭발하고 말았다. 건물 내부는 거대한 굉음과 함께 온통 잿더미에 휩싸였다. 천장과 벽이 우르르 무너져 내리기 시작했다.
캘리는 가장 아름다운 순간에 눈을 감았다. 하얀 빛을 따라 천천히 걸어갔다. 한발 한발 다가설 때마다 주위는 더욱 밝아졌다.

SEASON 11

흔적에 대하여

주위는 온통 하얀색뿐이다. 천국인 것 같다. 아니면 나는 지금도 꿈을 꾸고 있는지 모른다.

링거액을 바꾸기 위해 간호사가 침상으로 다가왔다. 내가 갑자기 눈 뜨자 놀랐는지 짧게 비명을 지르며 뒷걸음질을 쳤다. 그녀는 붉게 상기된 얼굴로 한동안 나를 멍하니 바라보더니 흥분된 목소리로 내게 물었다.

"지수님, 이제 정신이 드세요?"

간호사는 내게 한국어로 묻고 있다. 내가 한국어를 한다는 것을 어떻게 알았는지 궁금해졌다.

"김지수 환자님, 제 말이 들리시면 손가락 한번 움직여보세요."

나는 손가락을 올려 꼼지락거려보았다. 김지수? 그럼 다시 현실로 돌아온 걸까?

"여기가 어디죠? 어떻게 여기에 온 거예요?"

간호사의 하얗고 가지런한 이가 보였다. 그녀는 약간 떨리는 목소리로 말을 이어갔다.

"사고를 당하셨어요. 여긴 희망 병원입니다."

"지금까지 여기서 줄곧 잠들어 있었나요?"

그녀는 내 질문에 가볍게 고개를 끄덕였다. 문을 열리더니 황급히 의사가 들어왔다. 의사는 간호사에게 몇 가지 지시를 내리더니 이렇게 말했다.

"깨어나셨군요. 무엇이든 기억나는 일이 있으면 말씀해보세요."

"모두 다 기억나는 걸요. 운전 중이었어요. 가슴에 심한 통증을 느꼈고 허둥대다 길을 잃어버렸죠. 그리고는 낯선 곳에 들어섰어요."

"그래서 어디로 가셨나요?"

"비는 한없이 쏟아지고 도대체 어디인지 분간할 수 없었어요. 그래서 무작정 거리를 하염없이 달렸죠. 그때 길 한가운데에 노란 비옷을 입고 안전모를 쓴 사람이 보이는 거예요. 우회하라는 수신호를 보내더군요. 나는 그가 지시하는 대로 영어로 '디투어'라고 써 있는 표지판을 따라 돌아갔어요."

"그래서 도착한 곳은 어디였나요?"

"표지판을 따라 천천히 가다 돌풍 속으로 빨려들고 말았죠. 그리고…."

나는 여기서 말끝을 흐리고 말았다. 그는 믿지 않을 것이다. 만약 드라마 세상으로 들어갔었다는 말을 한다면 나를 미친 사람쯤으로 여길 것이 틀림없다.

"그래서요?"

"여행을 했어요."

의사는 내 답변에 난감하다는 표정을 지었다. 나는 감정을 추스르느라 잠시 심호흡을 한 후 용기를 내어 다시 말을 이었다.

"드라마 속 세상으로 들어갔답니다. 그곳에서 텔레비전에서 보았던 모든 일이 일어나고 있었어요. 제 이름은 캘리였어요."

나는 조심스럽게 그의 표정을 살폈다.

"흠, 이해합니다. 선생님은 제 말을 믿지 않으시는군요."

그는 심각한 표정으로 입을 오물거리더니 차트를 바라보며 꽤 오랫동안 생각에 잠겨 있었다.

"환자분, 얼마 간 혼란스러울 수도 있습니다. 뇌에 가해진 충격 때문입니다. 기억의 일부를 잃어버렸거나 기억이 손상되었을 가능성이 있어요. 발견 당시에는 가벼운 외상이 있었는데 지금은 모두 치료되었고요. 그동안 의식이 없는 상태로 누워 있었으니 운동 치료를 시작하겠습니다. 정상 상태로 돌아오는 시간에는 개인차가 있으니 너무 무리하지 마세요."

"알겠습니다. 선생님."

"그래도 사고 당시 상황을 정확히 기억하고 있으니 다행입니다. 기억나지 않는 부분이 생기거나 도저히 납득할 수 없는 장면들이 떠오르더라도 당황하지 마세요. 시간이 지나면 증상이 호전되는 경우가 많습니다."

깨어난 지 30분도 되지 않았는데 잠이 몰려왔다. 다시 눈을 감았다. 그때 병실 문이 열리는 소리가 들렸다. 누군가 내 손을 잡았다.

"고모, 괜찮으세요?"

"우리 규현이가 왔구나."

"깨어나셨군요. 이제 괜찮으신 건가요?"

"물론이지. 그런데 어떻게 내가 이곳에 입원하게 된 거지?"

"가족들과 서른일곱 번째 생신 파티를 했잖아요. 기억나시죠? 고모는 케이크 앞에서 눈물을 펑펑 흘리셨어요. 다들 당황해서 어쩔 줄 몰라 했죠. 바깥에서 자동차 엔진 소리가 들려 나가보니 고모는 이미 사라져버렸어요."

"걱정 많이 했겠구나."

"네, 비바람이 몰아치는 날이었으니 모두들 걱정이 이만저만이 아니었죠. 모두들 고모를 찾아 나섰는데 헛수고였어요."

"그래서 사라졌던 내가 어떻게 발견된 거지?"

"고모는 계속 소식도 없었어요. 며칠 지나서 찌그러진 차안에서 발견되셨죠. 사실 그때 우리도 뉴스에서 고모를 봤어요. 그렇게 구급차에 실려 병원으로 옮겨졌고 지금까지 의식이 없으셨죠."

"발견 당시 모습은 어땠대?"

"저도 그날 현장에 없어서 정확히는 모르겠어요. 간호사에게 전해들은 이야기로는 온몸에 잿더미를 뒤집어쓴 채 쓰러져 있었다고 하던데요. 그리고 신기한 건 이곳으로 옮겨지는 날에도 그리고 지금까지 줄곧 미소를 짓고 있었대요. 그건 그렇고, 대체 어딜 다녀오신 거예요?"

"아주 먼 곳에."

규현이는 침을 한번 꼴깍 삼키며 내게 물었다.

"거기서 무슨 일이 있었어요?"

"길 위에서 삶과 죽음을, 그리고 과학을 만났지."

내 대답에 규현이도 좀 전의 그 의사와 똑같은 표정을 지었다. 잠시 후, 그는 내가 무안할까봐 걱정이 되었는지 금세 미소를 지으며 화제를 돌렸다.

"오랫동안 주무셨으니까 얼른 일어나셔야죠? 의사 선생님도 열흘 정도 경과를 지켜보시고 퇴원 날짜를 결정하신데요."

"그건 그렇고, 규현아, 어디 가서 거울 좀 구해올래?"

규현이는 자리에서 벌떡 일어나 간호사실로 달려가서 거울을 빌려왔다. 거울 속에 비친 내 모습을 찬찬히 내려다보았다. 아름다운 캘리의 모습은 온데간데 없었다. 그렇다면 나는 어디에 다녀온 걸까? 정말 이들의 말처럼 여기 계속 누워 있었다면 머릿속에 생생한 기억들은 다 무엇일까? 그저 꿈을 꾸었단 말인가?

의사에게 여러 차례 물어봐도 사고로 뇌에 충격이 가해지면 이런 일이 일어날 수 있으니 안정을 취하라는 말만 반복했다. 이 모든 일들이 혼란에 빠진 뇌가 만들어낸 허상일 뿐이라는 게 도저히 믿기지 않았다. 지금도 문득 함께했던 대원들이 생각난다. 보고 싶다. 로건 반장, 스티븐, 브루노 박사, 매컬리 박사, 스펜서, 헌터, 패트릭 그리고 그 사람… 매켄지 반장까지, 그야말로 생사고락을 함께했던 그들의 얼굴이 아직도 눈앞에 선하다. 때로 머릿속 신경이 엉켜버린 듯 두통이 찾아왔고 모든 사고가 마비되어버린 것 같은 느낌이 들기도 했다. 분명히 나는 로건 반장을 만나 라스베이거스의 사건 현장을 누비며 과학수사관으로 활약했다. 매컬리 박사와 밤새 뼈 조각을 맞추었고, 브루노 박사에게 곤충으로 살인 사건을 풀어내는 법을 배웠다. 스티븐에게 혈흔분석법을 배우고, 해군 과학수사본부에 들어가 패트릭과 탄저균 살포를 막기 위해 밤새 잠복근무를 했다. 매켄지 반장과 함께 마약과 폭발물 수사에도 참여했다. 죽음과 가까운 순간, 미친 듯이 뛰던 그의 심장 소리가 아직도 귓가에 들리는 듯했다. 그 시간들이 못 견디게 그리웠다.

"고모, 여행지에서 무슨 일이 있었어요?"

생각에 잠겨 있던 내가 대답이 없자 규현은 또 다른 질문을 던졌다.

"고모, 깨어나시고 계속 영어로 말하시네요. 원래 이렇게 영어를 잘하셨어요? 발음도 원어민 수준이신걸요. 여행지가 미국이나 영국 이런 곳이었나봐요. 이런 현상도 뇌의 충격 때문인지 이따 의사선생님 오시면 여쭈어봐야겠다."

규현이의 말에 지금까지 내가 영어를 쓰고 있었다는 사실을 문득 깨달았다. 꿈인지 망상인지 미국 수사관이었던 나는 현실 세계에 돌아와서도 계속해서 영어를 쓰고 있다. 영어를 곧잘 하기는 했지만 이렇게 미국인처럼 떠들 정도는 아니었다.

혹시 실제로 그곳에 다녀온 건 아닐까? 물론 아무도 믿어주지 않을 테지. 사고 충격 때문에 헛소리를 하고 있다고 생각할 거야.

아니, 그 누구도 내 이야기를 믿어주지 않아도 상관없다. 지적이고 아름다운 수사관 캘리로 살았던 시간 속에서 나는 행복했으니까. 그 시간은 하늘이 내게 내려준 마지막 선물이었을 것이다. 여기까지 생각이 미치자, 어쩌면 죽음 저편의 세계도 드라마 세상처럼 재미있고 신나는 모험이 기다리고 있을지도 모른다는 생각이 들었다. 예전처럼 마냥 슬프지만은 않았다.

그래도 규현이는 이해하지 않을까? 아니다. 나 같은 아줌마가 무슨 힘으로 여기저기 다녔냐고 농담쯤으로 받아들일 것이 뻔하다.

"아까 고모한테 거기서 무슨 일이 있었냐고 물었지? 수많은 모험이 기다리고 있었어. 누군가의 억울한 죽음을 밝혀내야 했거든"

"멋진 꿈이네요. 저도 고모처럼 영어 잘하게 되는 꿈을 꾸면 좋겠어요. 그러고 보니 눈이 다 충혈되었어요. 이제 누워서 안정을 취하세요."

"아니, 아직 괜찮아."

"기억을 되찾으시려고 너무 안간힘을 쓰셔서 그래요. 어서 눈 감고 푹 주무세요."

나는 규현이의 걱정에도 불구하고 그 후로도 며칠 동안 뜬눈으로 밤을 지새웠다. 너무나 많은 생각이 스쳤지만 답을 찾지 못했다. 기억의 미로 속에 꼼짝없이 갇혀버린 것만 같았다. 그날 이곳에서의 기억은 표지판을 보고 낯선 길로 들어섰던 것으로 끝이었다. 이 병원에 도착했을 때 온몸에 검댕을 묻힌 채 여기저기 타박상을 입은 상태였다고 했다. 그렇다면 이곳으로 오기 전에, 매켄지 반장과 함께 폭발 현장에 있었던 것일 수도 있다. 하지만 폭약이 터진 이후에 어떻게 현실에서 깨어나게 되었는지에 대해서도 설명할 길이 없다. 매켄지 반장은 살아있을까?

고개를 설레설레 흔들었다. 정말 머리가 어떻게 된 것 같다. 드라마 세상에 갔었다니, 말도 안 되는 일이다.

며칠 간 가족들과 친구들이 차례로 나를 찾아왔다. 그들은 내가 깨어난 것을 진심으로 기뻐했다. 이렇게 보름간 병원에서 회복기를 보냈다. 충격으로 생긴 뇌의 오동작이건 아니면 죽음의 공포 때문에 빠져든 망상이건 내가 잠든 사이 어떤 일이 있었는지 끼워 맞추려는 시도는 더 이상 하지 않으련다. 그 모험이 사실이었는지 여부는 중요치 않다. 적어도 내 마음 속에서 모든 일이 이루어졌다고 믿기 때문이다. 조금 긴 꿈을 꾸었다 한들 그곳에서 평생 소망해왔던 일들을 해볼 수 있었던 것으로 족하다.

서른일곱 번째 생일날, 내 인생을 되돌려달라고 신에게 간곡히 기도했다. 눈앞에 환하게 켜진 37개의 촛불을 보며 죽을 때까지 37번의 기적이 일어나게 해달라고 욕심껏 기도했다. 내가 잠든 사이, 신은 마지막 선물을 준비했던 것이다. 기폭(깃발)을 뜻하는 한자 '襂'와 같은 독음의 삼, 그리고 행운을 뜻하는 '칠'이 교차하는 시간에 나는 행유의 깃발을 꽂고 그 길로 여행을 떠났었다.

사람이 태어난 후 사흘, 그리고 죽은 후 이레 동안을 부정하다고 꺼리는 기간을 뜻하는 '생삼사칠生三死七'. 나는 37세의 생일에 삶과 죽음이 교차하는 시간 속으로 빨려 들어갔고 그곳에서 새 삶을 시작했던 것이다. 내게 다가온 죽음은 헤진 삶의 거죽을 한 꺼풀 벗겨냈고 이것은 새로운 드라마의 시작이었다. 삶은 죽음 앞에 이렇게 새로이 태어났다.

현실의 나는 더 이상 매력적인 캘리가 아니다. 까다롭고 소심한 아줌마로 돌아왔지만 내 영혼에는 기적이 찾아왔다. 지난 37년간 한 번도 깨닫지 못하고 있던 사실, 지금 이 순간 살아 숨 쉰다는 것에 대한 소중함을 가슴 깊이 느끼고 있기 때문이다.

나는 달라졌다. 물론 암이 찾아오기 전에 이 값진 진실을 깨달을 수 있었다면 지난 인생을 허비하지 않았을 텐데, 라는 아쉬움도 있었다. 이제부터라도 죽음에 대한 두려움에 사로잡혀 원망과 절규 속에서 남은 생을 헛되이 흘려보내지는 않으리라 다짐했다.

규현이는 아직도 내 병실을 지키고 있다. 내일 시험이 있는지 아니면 숙제를 하는 것인지 열심히 뼈 이름을 외우고 있었다. 나도 모르게 어린이날 특집 쇼에서 불렀던 〈본 송〉이 입가에 맴돌았다. 몇 마디 흥얼거렸을 뿐인데 규현이도 금방 내 노래를 따라 불렀다. 지루하고 우울한 병실 생활에 지친 환자들은 신기한 일이라도 벌어진 듯 하나둘 우리 곁으로 몰려들었다. 그들의 시선이 우리 쪽으로 향한 가운데 규현이의 즉흥 랩이 시작되었다. 나 역시 그의 랩에 맞춰 온몸이 흠뻑 젖도록 춤을 추었다. 규현의 랩이 끝나자 여기저기에서 박수갈채가 쏟아져 나왔다. 주위를 둘러보니 환자들뿐 아니라 병실을 지나던 간호사와 의사들까지도 걸음을 멈추고 이 광경을 바라보고 있었다.

"고모, 멋져요! 고모가 잠든 사이 분명 특별한 일이 있었어요. 그게 느껴져요. 고모는 분명 달라졌어요."

나는 거친 숨을 고르며 고개를 끄덕였다.

"난 비로소 깨어났단다."

규현이는 아직도 흥이 가시지 않았는지 어깨를 들썩이고 있었다.

"비결이 뭘까요? 젊음의 에너지가 느껴져요."

"그날, 촛불을 불기 전에 소원을 빌었지. 그리고 기적이 일어난 거야."

"어떤 기적이요?"

"음 설명하기 어려운데, '디투어'의 의미를 깨닫게 된 것이란다. 그게 기적이었지."

"도대체 여행 중에 누굴 만났는데요?"

"수많은 사람들, 그중에 거리에서 억울하게 눈감은 사람들을 가장 많이 보았지."

나는 계속해서 말을 이어갔다.

"우리 인생 여행의 마지막이 언제일지 그 누구도 알 수 없단다. 그래서 매일의 삶은 우리에게 일어나는 기적과 같은 존재야."

"이 순간이 기적이라면… 마치 철학자의 말 같아요."

"잠들어 있던 동안, 나는 언제나 꿈꾸어왔던 인생을 살아보았어."

"혹시 지금도 또 다른 기적이 일어나기를 바라고 있으세요?"

"비로소 깨달았으니, 기적은 단 한 번만으로도 충분하다고 생각해. 이미 그 기적은 지금 이 순간에도 펼쳐지고 있기 때문이야. 이젠 단 한 순간도 그냥 흘려보낼 수는 없어."

"저는 얼른 어른이 되고 싶은 걸요."

"그래?"

"다른 사람들의 특별한 인생이 부러워요. 만화나 소설 속에 등장하는 인물들처럼 살아보고 싶다는 생각이 들기도 하고요. 어쩌다 이렇게 평범하게 태어난 걸까요? 항상 왜 이 모양인지 몰라요."

"규현아, 어른이 되어도 인생은 결코 완벽하게 변하지 않는단다. 한 번 더 다른 인생을 살아볼 기회가 생긴다 해도, 아니 새롭게 태어나 죽기를 영원히 반복한다 해도 여전히 그건 마찬가지일 테지. 다만 삶의 그릇이 비워지지 않도록 매일매일 노력해야 할 뿐이야."

"휴, 백날 기를 써봐야 모두 소용없는 일이었네요."

"그게 말이다. 음, 인생은 원래 콩나물시루 같은 거야. 물을 아무리 부어도 밑으로 흘러내리고 말지만 그 물로 콩나물이 자라나지. 그래서 물을 붓는 노력은 부질없는 짓이 아니야. 그런 노력이 없다면 콩나물도 자라지 못할 테니까."

나는 물을 한 모금 마시고 계속해서 말을 이어갔다.

"살다보면 채워지지 않는 허상들 때문에 가슴앓이를 할 때도 있을 거야. 물 붓는 일에 열중해 살아가다보니 열심히 시루를 채우는 일에만 관심을 쏟게 된 거지. 나 역시 지난 삶을 탓하기만 했었어. 하지만 그곳에서 비로소 깨닫게 되었지."

"그게 뭔데요?"

규현이는 대답을 기다린다는 듯이 나를 물끄러미 쳐다보았다.

"문제는 나 자신이었어. 꿈꾸기만 했을 뿐 행동하지 않았던 거야."

규현이는 무언가를 결심한 듯 의미심장한 표정을 지어 보였다. 말이 나온 김에 코마 상태에서 내가 경험한 일에 대해 전하고픈 말이 아직 많이 남았지만 어떤 것부터 시작해야 할지 몰라 입을 다물었다.

어떤 기억은 점점 희미해지고 있었고 사라져버렸던 어떤 기억들이 불쑥 떠오르기도 했다. 망각이 그곳의 기억을 모두 삼켜버리기 전에 이 모든 경험을 글로 남겨야겠다는 생각이 들었다. 메모지에 기억나는 일부터 써내려갔다. 걱정스러운 눈빛으로 지켜보던 규현이가 조심스럽게 입을 열

었다

"고모, 깨어나신 지 겨우 며칠밖에 지나지 않았는데 너무 무리하시는 거 아네요?"

"기억이 점점 사라져가고 있어. 사랑하는 이들에게 남기고픈 말이 너무 많아. 그들이 나처럼 마지막 순간에서 고통스럽지 않기를 바랄 뿐이야."

"왜 그런 말을 하세요. 꼭 죽을 날 받아놓은 분 같아요. 유언을 남기시는 것 같아 슬퍼져요."

"규현아, 이리 가까이 와서 앉아봐."

규현이는 읽던 책을 내려놓고 침대 가까이로 다가왔다.

"우리 규현이도 곧 어른이 되겠지. 어떤 어른들은 자신이 만들어놓은 굴레 속에서 살아가고 있단다. 때로는 그 굴레를 벗을 용기도 필요해."

규현이는 눈을 깜박이며 내 말을 들었다.

"행복을 원한다고 파도 없는 곳을 찾아 헤매지 말고 삶의 파도 그 자체를 즐겨보렴. 그리고 인생의 퍼즐 조각이 파도에 밀려올 때마다 하나하나 맞추어가는 것도 생각보다 재미있는 일이란다."

"맞아, 그래서였구나."

나는 어리둥절해서 규현이를 쳐다보았다

"혹시 그 일 때문인가요? 저도 깜빡했어요. 아직 모르시겠군요. 고모가 깨어나셔서 기쁜 나머지 말씀 드리는 걸 잊고 있었어요."

내가 잠든 사이에 무언가 중요한 일이 일어났던 것 같다.

"무슨 일이라도 있었니? 혹시 나에 대한 이야기야?"

"네."

"좋지 않은 일이니?"

규현이는 고개를 좌우로 흔들더니 이렇게 말했다.

"고모가 행방불명된 후에, 로얄 병원에서 여러 번 전화가 왔어요. 고모 혼자 진료를 받으셨다고 하던데요."

"왜 연락이 온 거지?"

"아버지가 의사 선생님을 찾아갔어요. 어떤 이유인지 알 수 없지만 다른 사람과 검사 결과가 바뀌었나봐요. 말기 암 판정은 오진이었대요."

"뭐라고?"

그의 말에 놀라 나는 더 이상 말을 잇지 못했다

"원장님까지 나와서 사과를 했다나봐요. 하지만 이건 정말 기쁜 일이잖아요? 걱정 많이 하셨을 텐데 이제야 말씀드려서 죄송해요."

어쩌면 이 모든 소동은 사십 해도 되기 전에 찾아온 암 때문에 생긴 마음의 소용돌이였는지 모른다. 하지만 이것은 마음속 깊은 곳에 갇혀 있던 꿈을 해방시켰고 미래의 일로만 여겨왔던 행복을 되찾게 했다. 내 삶의 주인공으로 남은 인생에 온전히 뛰어들 수 있는 용기를 갖게 된 것이다.

한참 뒤에도 나는 몇 번이나 사고 지점을 찾았다. 하지만 소용돌이가 시작됐던 입구가 어디인지 도저히 알 수 없었다. 나를 새로운 세계로 이끈 것은 세찬 돌풍만은 아니었을 것이다. 막다른 골목에서 하늘은 '폴드fold'(게임을 포기하는 것)가 아닌 '디투어detour'(우회) 카드를 선택하는 것의 의미를 깨닫게 했다. 끊임없이 목표를 향해 전진하다 내 영혼은 어느덧 피투성이가 되어버렸다. 높고 단단한 인생의 장벽을 깨어보려 온몸을 부딪쳐봐도 소용없는 일이었다. 그럴 땐 새로운 세상에 들어갈 때 그랬던 것처럼 우회하는 길을 따라 돌아가보는 것도 괜찮은 선택이 될 수 있다. 언뜻 모든 것을 손에서 내려놓는 것처럼 보일 수 있지만 삶은 그 여정에서 목적으로 향하는 출입문을 우리에게 활짝 열어준다.

규현이는 병실을 지키는 일이 지루했는지 텔레비전을 켰다. 무엇을 보고 있는지 화면에서 눈을 떼지 못했다. 한참 동안 이야기를 나누었더니 피곤이 몰려왔다. 눈을 감고 잠을 청했다.

가슴이 철렁했다. 놀라운 일이 일어났다. 텔레비전에서 익숙한 목소리가 흘러나오고 있었다. 내 목소리, 아니 캘리의 목소리였다. 나는 깜짝 놀라 눈을 크게 떴다. 그리고 침대에서 일어나 텔레비전 앞으로 천천히 걸어갔다. 규현이가 머리를 긁적이며 이렇게 말했다.

"주무시는 데 방해가 되었나봐요. 소리 줄일게요. 죄송해요."

"아니야. 그게 아니고…."

나는 더 이상 말을 잇지 못했다. 테이블에 놓인 물병에서 물을 따라 마른 입술을 축이고는 다시 입을 열었다.

"지금 보고 있는 드라마가 뭐니?"

"이거 새로 시작한 드라마예요. 고모도 '프리즈'라는 드라마 아시죠? 그 방송이 다 끝났거든요. 이 드라마는 그 후속편이예요."

"저 여배우가 주인공이니?"

"네, 아마 잘 모르실 거예요. 더구나 신인 여배우라. 주인공이 드라마 속의 과학적 원리를 설명해줘요. 그동안 드라마에 적용된 과학의 원리를 몰라 답답했던 사람들을 위한 속편이라고 보면 되요."

"신인 여배우라고?"

"네, 고모! 인기가 요즘 급상승 중이죠. 저도 감칠맛 나는 연기에 푹 빠졌어요."

"어떤 이야기인데?"

규현이는 넋이 나간 것처럼 텔레비전에서 눈을 떼지 못하는 내 모습을 신기한 듯 바라보았다.

"의외인데요. 언제부터 고모가 드라마에 그렇게 관심이 많으셨어요? 아, 맞다. 이 드라마는 어느 날 주인공이 드라마 세상으로 휩쓸려 들어가면서 시작돼요. 이전에 방영되었던 드라마 속 사건 수사에 참여하게 되죠. 그때 등장했던 각 분야의 전문가들을 만나 직접 배우기도 하고요."

나는 여전히 멍하니 화면만 바라보고 있었다.

"그녀뿐 아니라 다른 배우들의 연기도 자연스럽고 실감나요. 저는 요즘 본편하고 비교하면서 보고 있거든요. 그동안 과학수사 드라마를 보면서 그냥 지나쳤던 내용이나 궁금했던 원리를 차근차근 정리해주니까 배우는 재미도 쏠쏠해요."

내 귀를 믿을 수가 없었다. 순간 '캘리'라는 이름이 입안에서 맴돌았다. 이 말을 입 밖으로 뱉어야 할지 망설이다 잠시 호흡을 가다듬었다.

"혹시 말이야. 여배우 이름이 캘리니?"

"어! 어떻게 아셨어요?"

"어떤 사람인지 잘 아니?"

"캘리에 대해서는 알려진 바가 거의 없어요. 연예인들 신비주의 전략 아닐까요? 방송이 시작되기 전부터 화제였는데 예능프로그램에 한번 나오는 법이 없다니까요. 어떻게 생각하면 좀 으스스해요. 캘리를 실제로 만난 사람이 아무도 없으니까요."

규현이는 갑자기 무엇이 떠올랐는지 손가락을 부딪쳐 소리를 냈다.

"그거 아세요? 이 드라마가 방송국에서 제작된 게 아니라는 소문도 있어요."

"좀 더 자세히 설명해줄 수 있니?

"왜 드라마 시작하기 전에 제작을 담당한 피디 이름이 나오잖아요. 저 드라마에는 그 부분이 없어요. 촬영한 것이 아니라 편집만 한 거죠. 저도 어디선가 읽은 건데요. 방송국 피디가 우연히 한 경매에 참여했다가 저 필름을 발견했다는 이야기가 있어요. 캘리가 하루 빨리 방송에 나와서 말도 안 되는 소문들을 해명해야 할 텐데."

온몸에 기운이 쭉 빠지고 멍해졌다. 나는 반복해서 이렇게 중얼거렸다.

"아니, 사람들은 캘리를 다시 만날 수 없을 거야."

화면을 바라보았다. 목을 졸려 정신을 잃고 납치되었던 그 사건이다. 저 장면에서 나는 비소중독으로 사망한 피해자에게 라인슈 반응 테스트를 했다. 게이 댄서가 약국에서 사온 염산으로 테스트를 준비하고 있는 동안 실험을 빨리 끝내지 않는다고 내게 총구를 들이댔다. 시키는 대로 하지 않으면 당장 해치워버리겠다는 그들의 목소리가 귓가에 맴돌았다.

캘리의 모습은 아름다웠다. 그녀의 아름다움은 비단 외적인 것만은 아니었다. 스스로 선택한 삶을 당당히 지키기 위해, 또 정의를 위해 당당히 맞서 싸우는 지혜와 용기를 가진 자의 아름다움이었다.

"고모, 왜 다시는 캘리를 볼 수 없다고 단호하게 말씀하시는 건지, 통 이해할 수 없네요."

아직도 나는 화면 속 캘리를 뚫어져라 쳐다보고 있었다.

"비소중독이었어."

"엥, 뭐가요?"

"피해자의 사인 말이야."

"고모가 그걸 어떻게 알아요? 이거 재방송인가? 아닌데."

"잘 알고 있지. 이니, 그 모든 일을 확실히 기억하고 있단다."

화면을 계속해서 응시하며 나는 팔꿈치를 더듬어 보았다. 그곳에 인장처럼 동그란 모양의 흉터가 남아 있었다. 범인이 총구에 염산을 묻혀 들이 댔을 때 입은 화상 상처다.

그제야 생각이 났다. 돌풍 속으로 휩쓸려 들어갔던 날, 우비를 입고 내게 수신호를 보내던 사람이 누구인지를. 그는 다름 아닌 데니였다.

심장이 평소보다 빠르게 뛰었다. 병실 밖에서 노크 소리가 들리고 간호사가 들어왔다. 퇴원 수속에 관해 상세한 설명을 마친 후 무릎 위에 무언가를 내려놓았다. 응급실로 들어왔을 때 입고 있었던 옷이라고 했다. 먼지투성이가 된 원피스를 건네받은 나는 우선 주머니부터 뒤져보았다.

눈물이 소리 없이 볼을 타고 흘러내렸다. 그곳에는 매켄지 반장의 재킷에서 떨어진 금빛 단추가 있었다. 그의 심장과 가장 가까운 곳에 있었던 바로 그것이었다.

이렇게 나의 서른일곱 번째 소원은 이루어졌다.

정신을 차려보니 병원이었다. 그동안 꿈을 꾼 것일까. 간호사가 이곳으로 이송되며 입고 있었던 옷을 무릎 위에 내려놓았다. 주머니 속에서 무언가가 만져졌다. 나는 심장이 멎는 것만 같았다. 그곳에 매켄지 반장의 금단추가 반짝이고 있었다.

주

| 시즌 0 |

1. 루미놀 테스트는 혈흔 추정 실험으로 루미놀이 산화제가 있는 조건에서 헤모글로빈에 반응하는 원리를 이용한 것이다. 혈흔 양성반응에서는 청백색 형광을 나타낸다. 오늘날에는 양성반응을 보이면 혈흔 확정 실험보다는 DNA 분석을 실시한다.

| 시즌 1 |

2. SMS 약어, Hugs and Kisses를 뜻한다.

3. 성 미카엘의 작품에는 사탄을 물리치며 내뱉은 "Quis ut Deus? (누가 하느님 같으랴?)"라는 글귀가 새겨진 방패를 들고 있기도 하다.

| 시즌 2 |

4. 『구약성서』「창세기」 4장 10절을 제시했다.

5. 다음 문헌의 혈흔의 분류체계를 참고했다.
   1) James, S. H., Kish, P. E. and Sutton, T. P. (2005) Principles of Bloodstain Analysis, CRC Press, Boca Raton, USA.

6. 비산혈흔의 속도별 분류는 1993년에 국제혈흔형태분석협회International Association of Bloodstain Pattern Analysts에 의해 정식으로 받아들여졌다.

7. Ramsland, K. (2008), True Stories of CSI: The Real Crimes Behind the Best Episodes of the Popular TV Show, The penguin group, New York.

8. Peters, T. J, Wilkinson, D. (2010). King George III and Porphyria: a Clinical Re-examination of the Historical Evidence". History of Psychiatry. 21 (1), 3-19.

9. Billingsley, F. (2011). Chime, The penguin group, New York.

| 시즌 3 |

10. Nelson, R. E. and Davis, C. J. (1972), Black Twig Borer, a Tree Killer in Hawaii, USDA

Forest Service Research Note PSW 274, U. S. Dept of Ag., Berkeley, CA, USA.

11. 생태학자 마크 모페트Mark Moffett 박사도 같은 시도를 했다.
https://www.youtube.co m/watch?v=h_JarbNaQ10 참조.

12. Goff, M. (2009), A Fly for the Prosecution, Harvard University Press, Cambridge, Mass, USA.

13. 이에 대해 다음 사이트를 참고할 수 있다.
http://news.bbc.co.uk/2/hi/science/nature/3597928.stm

14. Henry VIII: The Tudor Tyrant (2009), Amberley Publishing, Gloucestershire, England.

15. 12와 같은 책.

16. Gennard, D. (2012). Forensic Entomology: an Introduction, John Wiley & Sons, West Sussex, England.

17. Greenberg, B., and Kunich, J. C. (2002). Entomology and the Law: Flies as Forensic Indicators. Cambridge: Cambridge University Press, United Kingdom.

18. 발견된 유충이 발생 단계까지 성장하는 데 걸리는 시간을 시신이 발견된 장소의 온도 조건에 맞게 조정하는 방법을 소개한 부분으로 계산 과정 중에 곤충이 성장을 정지하는 기저 온도 값에 대한 고려는 하지 않았다.

19. 말라티온Malathion과 같은 살충제의 영향은 아래의 논문을 비롯한 등 다수의 문헌에서 제시되고 있다.
1) Gunatilake, K., Goff, M. L. (1989), Detection of Organophosphate Poisoning in a Putrefying Body by Analyzing Arthropod Larvae, Forensic Sci., 34(3), 714-716.

20. Kamal, A. S. (1958) Comparative Study of Thirteen Species of Sarcosaprophagous, Calliphoridae and Sarcophagidae (Diptera) I. Bionomics. Ann. Entomol. Soc. Am. 51(3), 261-271.

| 시즌 4 |

21. Walker, P. L. et al. (2009), The Causes of Porotic Hyperostosis and Cribra Orbitalia: A Reappraisal of the Iron-Deficiency-Anemia Hypothesis, American Journal of Physical Anthropology, 139, 109-125.

22. 본문 중 사진은 다음의 논문에 게재된 사진이며 저자의 허락을 받고 사용한다.
Beom, J. et al. (2014), Harris Lines Observed in Human Skeletons of Joseon Dynasty, Korea, Anat Cell Biol., 47(1): 66-72.

23. 다음의 문헌을 참고할 수 있다.
Byers, S. N. (2016), Introduction to Forensic Anthropology. Taylor & Francis.
Trotter, M. (1970) Estimation of Stature from Intact long Limb Bone. Personal Identification in Mass Disaster, Washington, D. C., Smithsonian Institutation Press.

Example

캘리는 Trotter, M. (1971)에 의한 다음 회귀식을 이용해 키를 산출했다.

- 백인 남자의 키(cm) = 2.38 × (넙다리뼈의 길이, cm) + 61.41

캘리에게 맡겨진 유골의 키를 산출해보자. 신원 미상인 백인 남자의 넙다리뼈 길이를 측정해보니 49.9cm이었다. 앞서 제시한 식에 의해 다음과 같이 피해자의 키가 산정된다.

- 피해자의 키 = 2.38 × 49.9cm + 61.41 = 약 180cm

| 시즌 5 |

24. Nysten, P. H. (1811), Vonder Erstarrung, welche die Korper der Menschen und Tiere nach dem Tode befalt. In: Recherches de physiologic et de chimie pathologiques, Paris.

25. 강대영 등 (2012), 법의학, 정문각, 서울, 한국

26. 1) Mortiz 공식은 다음과 같다.
   - 사후경과시간 = (37℃-직장온도℃)/0.83 ×보정계수
     단, 보정계수: 겨울 (0.7), 봄이나 가을 (1.0), 여름 (1.4)

   2) 섭씨를 화씨로 다음의 공식으로 바꿀 수 있다.
   - 화씨온도=(9/5)(섭씨온도)+32

27. 다음의 문헌을 참고할 수 있다.
DiMaio, D. and DiMaio, V. (2001), Forensic Pathology, CRC Press, New York, USA
Henssge, C. and Madea, B.(2004) Estimation of Time since Death, Forensic Science International, 167-175.

28. 사망 원인이 피부색을 변화시키는 상황을 초래하기도 한다. 황화수소 중독 시 시반은 녹색을 띤 적갈색을 보인다. 황화수소의 독성은 그 사이안산과 비슷한 정도라고 알려져 있다. 고무, 가죽 등의 산업분야 뿐 아니라 분뇨처리장, 소각장에서도 황화수소 중독이 일어날 수 있다.

| 시즌 6 |

29. 강대영 등 (2012), 법의학, 정문각, 서울, 한국

| 시즌 7 |

30. 가시 아메바에 의한 사망 사례는 다음의 문헌을 참고할 수 있다.
Im, K. and Kim, D. S. (1998), Acanthamoebiasis in Korea: Two New Cases with Clinical Cases Review. Yonsei Med J. 39(5), 478-484.

31. 캘리는 〈심슨 가족〉 시즌 9 'Trash of The Titans'를 시청하고 있다.

32. 유사 내용을 실험한 연구자의 다음 문헌을 참고할 수 있다.
1) Park, B. J. and Kidd, K. (2005), Effects of the Synthetic Estrogen Ethinylestradiol on Early Life Stages of Mink Frogs and Green Frogs in the Wild and in Situ., Environ Toxicol Chem., 24(8), 2027-2036.
2) Hogan, N. S. et al. (2008), Estrogenic Exposure Affects Metamorphosis and Alters Sex Ratios in the Northern Leopard Frog (Rana Pipiens): Identifying Critically Vulnerable Periods of Development. Gen Comp Endocrinol., 156(3), 515-523.

| 시즌 8 |

33. Reinsch, H. (1841). Ueber das Verhalten des metallischen Kupfers zu einigen Metalllösungen, Journal fur Praktische Chemie, 24, 244.

34. 다음의 문헌을 참고할 수 있다.
1) Williams, P. N. et al. (2007), High Levels of Arsenic in South Central US Rice Grain: Consequences for Human Dietary Exposure. Environ. Sci. Technol., 41, 2178-2183.
2) Meharg, A. A. (2007), Arsenic in Rice-A literature Review, Food Standards Agency contract C101045.

35. Macalpine, I., Hunter, R. (1966). The "insanity" of King George 3d: a Classic Case of Porphyria, Br Med J, 1, 65-71.

36. U.S. Officials Declare Researcher is Anthrax Killer, CNN. August 6, 2008.

37. 질병관리본부 (2015), 탄저균 배달 사고 관련 미군오산기지 조사 결과.

38. World Health Organization. (1970). Health Aspects of Chemical and Biological Weapons: Report of a WHO Group of Consultants.

39. Emsley, J. (2005), The Elements of Murder: A History of Poison, Oxford University Press, New York, USA.

| 시즌 9 |

40. Curtin, Karen et al. (2015), Methamphetamine/Amphetamine Abuse and Risk of Parkinson's Disease in Utah: A Population-based Assessment, Drug and alcohol dependence. 146, 30-38.

41. https://www.mcso.us/facesofmeth/main.htm

42. Levinthal, C. F. (2005). Drugs, Behavior, and Modern Society, Pearson Education, Auckland, New Zealand.

43. Kandel, D. B. (2003), Does Marijuana Use Cause the Use of Other Drugs?, Journal of the American Medical Association, 289, 482-483.

44. 아미시는 현대 문명의 이기, 예를 들어 자동차, 전기, 전화, 컴퓨터 등을 사용하지 않고 18세기의 전통적인 모습을 고수하며 살아간다. 미국 펜실베이니아 주와 오하이오 주 등에서 가족 단위의 공동체를 이루어 생활하고 있다.

45. Hofmann, A. (1980), LSD : My Problem Child, McGraw-Hill, New York, USA

46. Lee, M. A., and Shlain, B. (1992), Acid Dreams: The Complete Social History of LSD: The CIA, the Sixties, and Beyond, Grove Press. New York, USA.

47. https://archives.drugabuse.gov/NIDA_Notes/NNVol16N4/33year.html

| 시즌 10 |

48. Pet-Soede, L. and Erdmann, M. V. (1998), Blast Fishing in Southwest Sulawesi, Indonesia. Naga, The ICLARM, 21(2), 4-9.

49. Stephens, Hugh W. (1997). The Texas City Disaster, 1947, University of Texas Press, Austin, USA.

50. Mallonee, S. et al. (1996) Physical Injuries and Fatalities resulting from the Oklahoma City Bombing, JAMA, 276(5), 382-387.

사진 출처

47쪽 Raphael / PD
73쪽 Helmolt, H.F. / PD
122쪽 〈Lakeland Ledger〉 1978년 1월 8일
147쪽 herb1979 / CC0
148쪽 Glady / CC0
162쪽 John Hayman / PD
167쪽 신동훈(교신저자)
168쪽 Damavand333 / PD
170쪽 Groover edro / CC BY 2.0
188쪽 Sir Charles Bell / PD
196쪽 Walter, Bernhard / PD
201쪽 Juan Carreno de Miranda / PD
208쪽 istolethetv / CC BY 2.0
216쪽 Richard Verstegen / PD
217쪽 Aiman titi / CC BY-SA 3.0
220쪽 Antoine Wiertz / PD
241쪽 Marlenenapoli / CC0
249쪽 Christliches Medienmagazin pro / CC BY 2.0
251쪽 Dom brassey draws comics / CC BY 2.0
272쪽 gefrorene_wand / PD
280쪽 Katsushika Hokusai / PD
284쪽 UniBay / PD
285쪽 Hans Eworth / PD
287쪽 Derek280 / PD
290쪽 James Steele / PD
294쪽 Centers for Disease Control and Prevention / PD
295쪽 Centers for Disease Control and Prevention / PD
304쪽 Giovan Battista Langetti / PD
308쪽 PD
318쪽 Steve pb
322쪽 Ordercrazy / CC0, PD
323쪽 Face of Meth
324쪽 Dozenist / GFDL
327쪽 PD
328쪽 이윤진
336쪽 EMI / PD
340쪽 Psychonaught / PD
346쪽 MabelAmber / PD
347쪽 Miami U. Libraries / PD
375쪽 Horace Nicholls / PD
383쪽 Preston Chasteen / PD
388쪽 Kathryn Whittenberger / PD

일부 사진은 저작권자를 찾기 어렵거나 연락이 닿지 않은 경우가 있었습니다.
저작권자가 연락을 주시면 정식으로 허락 절차를 밟겠습니다.

캘리의 판타스틱 CSI 여행
드라마 속 의문의 죽음을 파헤치는 과학수사 이야기

1판 1쇄 펴냄 | 2017년 9월 8일
1판 2쇄 펴냄 | 2019년 3월 25일

지은이 | 이윤진
발행인 | 김병준
편 집 | 유승재
디자인 | 김은영
일러스트 | 이승현, 전다희, 천슬하
마케팅 | 정현우
발행처 | 생각의힘

등록 | 2011. 10. 27. 제406-2011-000127호
주소 | 경기도 파주시 회동길 37-42 파주출판도시
전화 | 031-955-1318(편집), 031-955-1321(영업)
팩스 | 031-955-1322
전자우편 | tpbook1@tpbook.co.kr
홈페이지 | www.tpbook.co.kr

ISBN 979-11-85585-41-3 03400

이 도서의 국립중앙도서관 출판시도서목록(CIP)은
서지정보유통지원시스템 홈페이지(http://seoji.nl.go.kr)와
국가자료공동목록시스템(http://www.nl.go.kr/kolisnet)에서
이용하실 수 있습니다.(CIP제어번호: CIP 2017021958)